I0072846

EDGAR DACQUE

VERMÄCHTNIS DER URZEIT
GRUNDPROBLEME DER ERDGESCHICHTE

Aus dem Nachlaß herausgegeben
von Joachim Schröder und Manfred Schröter,
mit einem bibliographischen Anhang
von Horst Kliemann
und 44 Bildern

MÜNCHEN 1948

LEIBNIZ VERLAG
BISHER R. OLDENBOURG VERLAG

Copyright 1948 by Leibniz Verlag (bisher R. Oldenbourg Verlag) München
Veröffentlicht unter der Zulassungs-Nr. US - E - 179 der Nachrichtenkon-
trolle der Militärregierung (Dr. Manfred Schröter u. Dr. Rud. C. Oldenbourg)
Auflage 5000. Schrift: Borgis Bodoni. Gedruckt und gebunden von
R. Oldenbourg, Graphische Betriebe G. m. b. H., München

Prof. Dr. Manfred Schröter, geb. am 29. 11. 1880 in München
Prof. Dr. Joachim Schröder, geb. am 14. 12. 1891 in Naumburg a. S.
Horst Kliemann, geb. am 16. 7. 1896 in Warnsdorf

INHALT

I

GESCHICHTE DER ERDE

II

GESCHICHTE DES LEBENS

III

METAPHYSISCHE FRAGEN

BIBLIOGRAPHIE

GESCHICHTE DER ERDE

Das Anorganische, Mineralische, Kristallische ist die unterste Stufe der sich manifestierenden Natur. Die Lebenskräfte des Kosmos sind noch gebunden in das Nichtphysiognomische, es gibt noch keine Individualität und keine in sich als Einheit geschlossene Gestalt. Alle Formenbildung kann in einem mechanischen Ablauf dargestellt werden. Dennoch erweist auch diese unterste Stufe der Natur schon ein inneres Pulsieren, dem nachzuspüren der Beginn einer Erkenntnis des inneren Lebens im Weltall ist.

I

GESCHICHTE DER ERDE

Das Anorganische, Mineralische, Kristallische ist die unterste Stufe der sich manifestierenden Natur. Die Lebenskräfte des Kosmos sind noch gebunden in das Nichtphysiognomische, es gibt noch keine Individualität und keine in sich als Einheit geschlossene Gestalt. Alle Formenbildung kann in einem mechanischen Ablauf dargestellt werden. Dennoch erweist auch diese unterste Stufe der Natur schon ein inneres Pulsieren, dem nachzuspüren der Beginn einer Erkenntnis des inneren Lebens im Weltall ist.

1. Die Erdrinde als Geschichtsbuch

Geheimnisvoll wie ein unbekanntes Land liegen vor dem Blick der meisten Menschen die Zeitalter der Vorwelt da. Nicht viele wissen, daß es eine Jahrmillionen währende Geschichte der Erde und des Lebens gibt; daß die Erdoberfläche und auf ihr die Lebewesen immerfort Veränderungen und Umwälzungen unterworfen waren.

Die erdgeschichtliche Forschung hat festgestellt, daß sich die Erdoberfläche und der gesamte Aufbau der Erdrinde seit unvordenklichen Zeiten veränderte und daß noch nie ein endgültiger fester Zustand erreicht wurde. Noch nie sind die Höhen und Formen der Gebirge so geblieben, wie sie zu irgendeiner Zeit einmal waren: stets haben sich in Zehntausenden und Hunderttausenden von Jahren, und auch in noch längeren Zeiträumen, die Länder und Meeresböden gesenkt und gehoben, hat sich das ozeanische Wasser dahin und dorthin verteilt, sind Gebirge aufgestiegen und wieder abgetragen worden, hat das Klima gewechselt zwischen Zuständen, in denen es bis an die Pole hinauf mild und warm war, und solchen, in denen große Klimagegensätze bestanden, die sich zuweilen bis zu Eiszeiten steigerten. Wir wissen aber nicht nur von alledem, sondern auch von untergegangenen Tier- und Pflanzenwelten, alles in wohlgeordneter zeitlicher Reihenfolge. Die vielberufenen „vorsintflutlichen" Tiere sind gar nichts Phantastisches, sondern etwas sehr Greifbares. Allem gegenüber aber erscheint der Mensch, soweit wir bis jetzt durch Funde von seiner naturgeschichtlichen Existenz Kenntnis haben, wie ein Spätgeborener.

Wie macht es der Erdgeschichtsforscher, um in diese vergangenen Zustände Einblick zu gewinnen, wo sie doch längst verschwunden sind? Wo liegt der Schlüssel zu den Geheimnissen der Urwelt?

Die Erdrinde besteht, wie jedermann sieht und weiß, aus allerhand Materialien: Kies, Sand, Ton, Mergel, Kalk, Sandstein, Tonschiefer, Gneis, Granit, Basalt, Porphyr, auch Kohle. Diese sind lose oder fest, geschichtet oder ungeschichtet. Alles, was natürlicherweise den Boden, die Erdrinde zusammensetzt, sei es an der Oberfläche, sei es tief unten, nennt der Geologe ein Gestein. Jedes Gestein verdankt seine Entstehungs- und Lagerungsart einem bereits abgelaufenen erdgeschichtlichen Vorgang, sei es einem begrenzt örtlichen, sei es einem allgemeinen, umfassenden. Jedes

Material, was es auch sei, ist durch irgendeinen oder durch mehrere zusammenwirkende erdgeschichtliche Vorgänge an die Stelle gelangt, wo es heute liegt.

Solcher Vorgänge gibt es im Prinzip vier: 1. Der Wasserkreislauf, der sowohl Gestein auflöst und abträgt, wie es auch niederschlägt und aufschichtet. Im weitesten Sinn gehört dazu nicht nur die beständige Arbeit des fließenden Wassers und der Niederschläge, sondern auch die gesamte Verwitterung und die Tätigkeit des Eises; 2. Die Tätigkeit des Windes. Der Wind entfaltet in vegetationslosen Gegenden gleichfalls eine abschleifende und aufschüttende Tätigkeit, insbesondere in den Wüsten, wo ganze Gebirgszüge durch die Schleiftätigkeit des sandbeladenen Windes abgefressen, Täler ausgefurcht und das Material in Form von Dünen wieder aufgehäuft wird. Die Verwitterung in den Wüsten aber vollzieht sich durch den steten Wechsel von einstrahlender Hitze und Nachtkälte; 3. Die aktive oder passive Tätigkeit der Organismen, sei es durch Mitarbeit an der Verwitterung, sei es durch Aufhäufung von Schalen und damit, besonders im Meer, durch organogene Sedimentbildung, endlich durch Kalkabscheidungen und Bauten, wie sie etwa Kalkalgen oder Korallen vollbringen; 4. Die vulkanischen Vorgänge. Unter solchen versteht man das Heraufdringen glühend geschmolzener Gesteinsmassen, des Magma, aus tieferen Zonen der Erdrinde, wobei diese Massen entweder bis auf die Oberfläche gelangen und dort explosiv oder nur quellend austreten oder sich nur in die Gesteinsschichten hineinpressen, sich ihnen einlagern, sie teilweise auch aufschmelzen und mineralisch umwandeln.

Durch irgendeinen dieser vier Mechanismen ist jegliches Gesteinsmaterial der Erdrinde irgendwann einmal abgelagert worden und dorthin gelangt, wo es uns heute entgegentritt. Vieles hat aber auch, nachdem es abgesetzt war, im Lauf langer oder kurzer Zeit chemische und strukturelle Veränderungen erlitten, wie sich auch durch Ausdünstungen oder Tiefenwässer auf Spalten oder durch chemische Ausscheidungen späterhin vielfach noch Erze aussonderten oder vorhandene Gesteine durch die aufgedrungenen Magmen umgewandelt wurden.

Dazu kommen nun die beständigen Hebungen und Senkungen der Länder und Meeresböden. Meeresböden mit den ihnen eingelagerten, meistens von den Ländern hereingebrachten Materialien wurden gehoben und zu Festland umgeformt, ja sie wurden auch zu alpinen Gebirgen aufgestaut — und so bestehen unsere Länder großenteils aus Schichtaufhäufungen früherer Meere bis in die höchsten Berge hinauf; oder sie bestehen aus früheren Wüstenbildungen, aus Fluß-, Seen- und Sumpfablagerungen oder auch aus organischem oder vulkanischem Material und aus übereinandergeschichteten Lagen und Massen von alledem. Das Ergebnis dieser durch die Jahrmillionen im Äußeren und Inneren der Erdrinde sich abspielenden Vorgänge nun ist zu sehen im Bau der Erdrinde mit ihren verschiedenen Materialien. So trägt jegliches Gestein die Kennzeichen seiner Entstehung an sich, und aus diesen Kennzeichen ist seine Geschichte, sein Werdegang, mithin auch der Werdegang des Stückes Erdrinde, das es zusammensetzt, abzulesen. So können wir durch Erforschung der Gesteinsarten sagen, was für ganz bestimmte Zustände in einer Gegend früher, sei es einmal, sei es nacheinander herrschten. Der Erdgeschichtsforscher sieht also, daß einst ein Meer brandete, wo heute ein stilles Land liegt; er sieht den mehrfachen Wechsel von Festland und Meer in der Schichtenfolge einer bestimmten Gegend; er sieht tätige Vulkane, wo heute ein bewaldetes Land oder Seengebiete liegen; er sieht Seen und Wälder, wo heute eine Wüste oder Inlandeismassen sich ausbreiten.

Es sind also die Gesteine der Erdrinde das Ergebnis eng oder weit um sich greifender erdgeschichtlicher Vorgänge. Soweit sie nicht rein vulkanischer Herkunft sind, haben sie sich niedergeschlagen in Räumen, wo es zu allen Zeiten auch ein Tier- und Pflanzenleben gab oder geben konnte. Wenn sich nun über oder unter Wasser Materialien aufhäuften, so gerieten vielfach, lebend oder tot, einzeln oder in Massen, Tiere und Pflanzen in die Schichtungen mit hinein. Deren Weichteile verwesten allermeist, selten wurden sie mumifiziert oder hinterließen mehr oder weniger deutliche Abdrücke; jedoch die Hartteile, also Skelette, Panzer, Schalen, blieben oft, wenn sie rasch eingebettet wurden, durch Mineralisierung, Pflanzen meist durch Verkohlung erhalten. Wenn wir daher die nichtvulkanischen Gesteine der Erdrinde durchforschen, finden wir darin häufig die Körper und Reste vorweltlichen Lebens. Das sind die Versteinerungen oder Fossilien. Eine Versteinerung, ein Fossil ist ein von Natur aus im Gestein gleichzeitig mit dessen einstiger Ablagerung begrabener Rest eines ehemaligen Lebewesens oder eines ihm zugehörigen Teiles oder Abdruckes, wobei die Substanz vielfach nicht mehr ursprünglich, sondern mineralisiert ist, was aber nicht hindert, daß sie bis in ihre mikroskopischen Feinheiten erhalten sein kann.

Die Deutung der Versteinerungen, die man ja auch in früheren Zeiten schon kannte, hat lange auf sich warten lassen. Fand man sie auf den Bergen, so meinte man wohl, einst habe das Meer an den heutigen Reliefformen so hoch hinauf gereicht; man wußte nicht, daß die Fossilien mitsamt den Schichten, aus denen sie ausgewittert waren, gleichzeitig entstanden waren und einst tief drunten vielleicht auf einem Meeresboden lagen. Fand man Knochen von großen vorweltlichen Land- oder Meerestieren, so bezog man sie auf die uralten Sagen und Mythen von Riesen und Ungeheuern. Im Mittelalter sprach man von Lusus naturae, Naturspielen, und meinte, sie seien so entstanden, wie vergleichsweise Eisblumen als scheinbare Blumen auf der Fensterscheibe. Oder man meinte, als Gott die Pflanzen und Tiere erschuf, sei der göttliche Hauch als Aura seminalis über die Gesteine hingestrichen, wobei viele Wesen, die sich bilden und zum Leben erwachen wollten, nicht zur vollen Entfaltung gekommen und noch vor ihrer Erstehung im Stein erstarrt wären. Im 18. Jahrhundert nahm man die Fossilien als wirkliche einstige Lebewesen und deutete sie als Reste des bei der biblischen Sintflut zugrunde gegangenen Lebens (Diluvianer) — bis man endlich um die Wende des 18. zum 19. Jahrhundert ihren wahren Charakter erkannte, damit auch die in den Schichtungen bezeugten Erdperioden sah, aber noch meinte, die fossilen Lebewesen gehörten scharf getrennten, durch jeweilige Katastrophen ausgelöschten früheren Tier- und Pflanzenschöpfungen an. Erst zuletzt im 19. Jahrhundert kam man zu der Überzeugung eines geschlossenen stammesgeschichtlichen Zusammenhanges der ganzen organischen Welt von den ältesten Zeiten bis heute. Auch die richtige Folge der erdgeschichtlichen Zeitalter wurde erst im Lauf des vorigen Jahrhunderts erkannt.

Die in den Gesteinen auftretenden Tier- und Pflanzenkörper sagen uns zugleich, in was für Lebensräumen die Gesteine, worin sie enthalten sind, einst abgesetzt wurden. Etwa einem Sandstein als solchem sehen wir es im allgemeinen nicht an, ob er in einem Meer, in einem Flußbett, in einem Süßwassersee oder in einem gelegentlich von Regengüssen überschütteten Wüstengebiet zusammengetragen wurde. Dazu verhelfen uns aber die Fossilien. Denn in einem Meeresgestein stecken eben Meerestiere und in einem Süßwassergestein Süßwassertiere oder -pflanzen. Gewiß kommt es auch vor, daß vom Land her in ein Flachmeer Landtiere und -pflanzen eingeschwemmt werden, wie auch umgekehrt von der Brandung an den Strand geworfene Organismengehäuse durch den Wind weit landeinwärts getragen werden, um dort in ein Süßwasserbecken zu geraten. Aber es ist Sache einer umsichtigen Forschung, die primäre Einlagerung von der sekundären zu unterscheiden, und ein gelegentlicher Zweifel wird durch die Art der Funde und die Ansammlung auch sonstiger Fossilien in den betreffenden Schichten bald behoben sein.

So ist also die Erdrinde das große Geschichtsbuch, aus dessen Blättern mit ihrer seltsamen Zeichenschrift wir die Vergangenheit der Erdoberfläche und des Lebens ablesen können. Aber hier stehen wir nun vor einer Schwierigkeit. Denn sobald wir das Buch öffnen wollen, finden wir es teilweise in einem schlimmen Durcheinander: seine Blätter sind meistens zerknittert, zerrissen, verfaltet, ihre Reihenfolge ist vielfach gestört, sie sind auch teilweise unvollständig und verschwunden. Um nur den extremsten Fall herauszugreifen: Ein alpines Gebirge ist ein stark gestörtes Stück Erdrinde, worin die einst mehr oder weniger waagerecht lagernden Gesteinsschichten stark durcheinandergefaltet, übereinandergeschoben und miteinander verknetet sind, gleichzeitig aber, wie auch sehr viele Schichtsysteme der Flachländer, durch Brüche aneinander abgesunken. Ferner wurde zu allen Zeiten neues Material abgelagert, das ja nicht aus dem Ungefähr kam, sondern den älteren, schon vorhandenen Ablagerungen entnommen wurde — soweit es nicht neu aus der Tiefe auf vulkanischem Weg hervordrang, dann der Verwitterung anheimfiel und dem Kreislauf des Wassers als Sedimentmaterial einverleibt wurde. Die wieder aufgearbeiteten älteren Ablagerungen waren aber doch selbst einst die Blätter ihrer Geschichtszeit, deren Material somit in einer neuen Zeitepoche zu neuen Belegblättern wurde. Das Buch muß also aus seinen Bruchstücken ergänzt und gelesen werden. Und so gilt es vor allem, diese wieder richtig zusammenzufügen, sie wieder in die wahre einstige Reihenfolge zu bringen, damit wir zusammenhängende Texte herstellen und sie lesen können.

So kommen wir zur Altersfrage der Schichtungen und Gesteine. Wir müssen von jedem Gestein, jedem Bruchstück eines solchen wissen, welchem ganz bestimmten erdgeschichtlichen Zeitmoment es angehört. Wir müssen ferner wissen, welche einzelnen Schichtvorkommen in jedem Land und in jeder Gegend mit anderen einzelnen Schichtvorkommen gleichzeitig abgelagert wurden. Wenn wir eine zuverlässige Geographie der Urwelt haben, wenn wir wissen und darstellen wollen, in welchen weiteren oder engeren Gebieten der Erde zu einer ganz bestimmten früheren Zeit etwa Land und Meer, Flüsse und Seen, Wüsten oder Vulkangebirge lagen, so kann das nur erreicht werden, wenn wir auch an weit voneinander entfernten Stellen gleichalte Ablagerungen erkennen und zueinander in Beziehung setzen.

An der einen Stelle war ein Meer, worin Kalkschlamm niedergeschlagen wurde; an einer anderen Stelle war ein Meer, in dem zu gleicher Zeit Sand und Geröll eingelagert wurde; an wieder einer anderen Stelle lag ein Seengebiet, worin ein feiner Tonschlamm sich absetzte. Wie stellen wir fest, welche nun erhärteten einstigen Ablagerungen im Felsgerüste der Erde gleichzeitig dagewesenen Räumen angehören, so daß wir alles zu einem richtigen geographischen Bild vereinigen können? Dazu können wir die fossilen Tier- und Pflanzenreste benützen, sie sind das einzige sichere Mittel, uns die Einordnung der Formationen zu ermöglichen. Es ist ein durchgehendes Gesetz in der Entwicklungsgeschichte des Lebens, daß sich ein fortlaufender Strom immer neuer organischer Formen über die Erde ergoß und daß in dieser unvorstellbaren Mannigfaltigkeit der Gestalten und Gestaltungen viel Gleiches und Gleichartiges zu jeweils derselben Zeit verbreitet war, Meeres- und Landorganismen; daß sich aber andererseits auch nie das Gleiche wiederholte, wenn es einmal ausgestorben oder durch die fortlaufende Entwicklung umgestaltet worden war. Viele Arten und Gattungen waren kurzlebig, viele langlebig; manche durchdauerten fast die ganze erdgeschichtliche Zeit, andere verweilten nur eine kurze Frist. Waren sie aber einmal verschwunden, so kam die gleiche Form nicht wieder.

Darauf beruht es, daß man bestimmte längere oder kürzere Zeitalter und Zeitstufen mit ganz bestimmten Tier- und Pflanzenarten benennen kann. Wie wir in der menschlichen Geschichte bestimmte Zeitalter durch Dynastien oder Kulturformen bezeichnen, ganz kurze Zeiten wohl auch durch einzelne hervorragende Männer, so können wir Zeitalter und Zeitstufen, aber auch engste kürzeste Zeitphasen der Erdgeschichte mit Fossilien belegen und markieren. (Abb. 1, 2). Wir suchen zu diesem Zweck möglichst solche Formen heraus, die in einer bestimmten engeren oder weiteren Zeitphase oder Zeitstufe überall auf der Erde verbreitet waren. Solcherweise

14

gelingt es, die mit gleichen oder gleichartigen organischen Formen ausgestatteten Schichten, wo sie auch auf der Erde lagern mögen, als gleichalt zu erkennen. Es wird also damit nicht ein absolutes Alter nach Jahren festgestellt, sondern ein relatives.

Dadurch können wir mit Bestimmtheit sagen, wo zu relativ gleicher erdgeschichtlicher Zeit etwa eine Meeresbedeckung auf der Erdoberfläche lag und wo nicht. Wir können sagen, wo Land lag und wo nicht. Wir können sagen, wo gleichzeitig Seen und Flüsse oder Sumpfwälder lagen. Treffen wir etwa in gleichalten Meeresablagerungen eingeschwemmte Landpflanzen oder sind die betr. Meeresschichten mit anderen seitlich verzahnt, in denen sich Landpflanzen finden, so zeigt dies unmittelbar an, daß in derselben Zeit ein Süßwassersee oder trockenes Landgebiet sich an den Meeresraum anschloß. Durch planmäßige Verfolgung der Schichtenausdehnung wird sich dann Umfang und Begrenzung solcher Komplexe weiterhin ergeben.

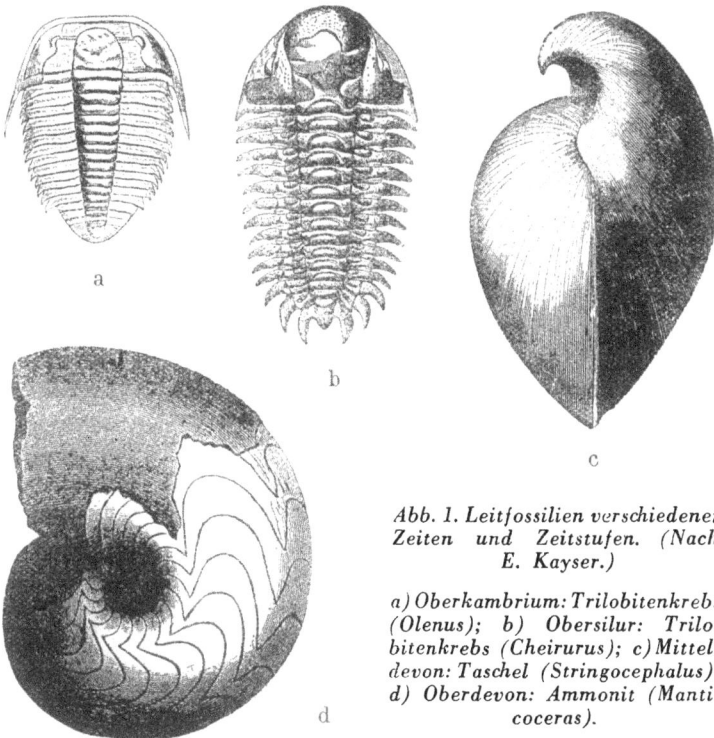

Abb. 1. Leitfossilien verschiedener Zeiten und Zeitstufen. (Nach E. Kayser.)

a) Oberkambrium: Trilobitenkrebs (Olenus); b) Obersilur: Trilobitenkrebs (Cheirurus); c) Mitteldevon: Taschel (Stringocephalus); d) Oberdevon: Ammonit (Manticoceras).

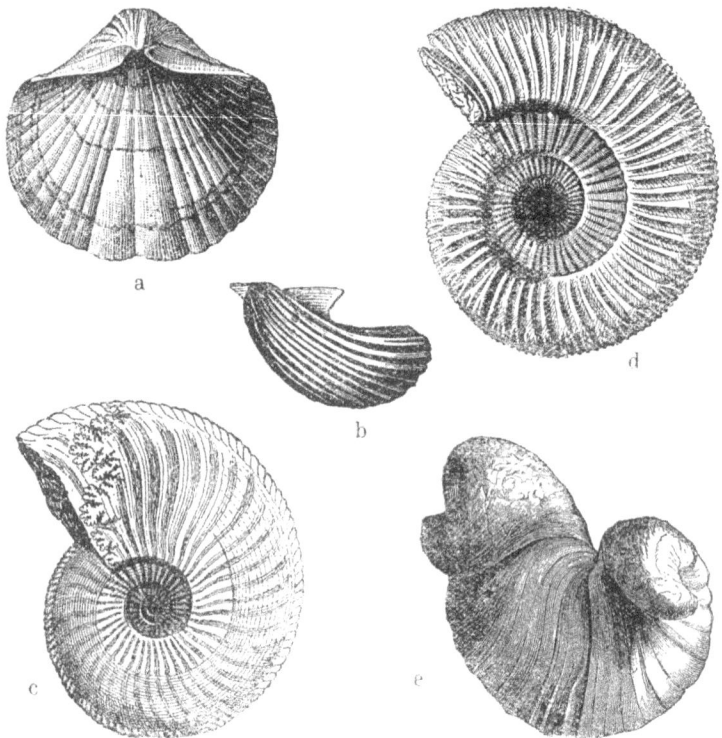

*Abb. 2. Leitfossilien verschiedener Zeiten und Zeitstufen. (Nach
E. Kayser.)*

*a) Oberkarbon: Taschel (Spirifer); b) Oberste Trias, Rhät.: Muschel
(Avicula); c) Mittlerer Lias: Ammonit (Amaltheus); d) Unterer
Malm: Ammonit (Perisphinctes); e) Oberer Malm: Muschel
(Diceras).*

Man nennt die zum relativen Altersvergleich brauchbaren Organis-
menformen „Leitfossilien", weil sie uns bei der Entwirrung der
einstigen geographischen Zusammenhänge leiten. Durch weltweite
Anwendung dieser Methode ist es gelungen, eine allgemein gül-
tige Zeitenfolge auszumachen, trotz des Durcheinanderliegens der
Blätter unseres großen Geschichtsbuches. Es ist gelungen, sie alle
im Geist wieder auszuglätten, zu ordnen, so als ob sie regelrecht
und unvermindert alle übereinander lägen. So ergab sich eine
geologische Zeittabelle. Sie beruht wesentlich auf den Meeresablagerungen, weil solche sehr weit verbreitet sind, zahlreich über-
einanderliegen und meist die besten und ausgiebigsten Fossilfunde

darbieten, was bei Landablagerungen alles weniger zutrifft. Trotzdem ist es über die Erde hin gelungen, auch die allermeisten Landablagerungen zeitlich dieser Tabelle einzugliedern, so daß wir
heute ein in vielen Einzelfällen exaktes, sonst aber zureichendes
Bild von der einstigen Verteilung des Wassers und Landes in den
früheren Erdzeiten besitzen: ein paläogeographisches Bild.

Am Schluß des II. Hauptteiles ist eine Übersicht über die Erdzeitalter und die Entfaltung des Lebens darin wiedergegeben. Die in
dieser Zeittabelle, auch Formationstabelle genannt, aufgeführten
Namen bedeuten somit ausschließlich auch nur Zeitbezeichnungen,
selbst wenn sie Worte wie Buntsandstein, Muschelkalk, Kreide
enthalten. Diese Namen sind eben einzelnen Gesteinsformationen
entnommen, an denen zum erstenmal als an charakteristischen
Gesteinen der betr. Zeitraum erkannt und erforscht wurde. Andere, wie Keuper und Lias, sind ortsständigen Bezeichnungen
lokaler Ausbildungen der betr. Zeitstufe entnommen, wieder andere wie Algonkium, Kambrium, Silur, Cenoman kommen von
Landschaften oder Volksstämmen, in deren Gebiet die entsprechende Zeitstufe erstmalig erkannt wurde. Trias bedeutet dreigeteilte Formation, Tertiär ist das Restwort einer Einteilung, die
zuerst von Primär-, Sekundär- und Tertiärformation sprach. Daß
man den Namen „Formation" gleichsetzt mit der Bezeichnung
Epoche oder Periode, kommt lediglich daher, daß eben die Formation zugleich auch als sichtbare Körperlichkeit greifbar die Zeit
als solche repräsentiert. Zu gleicher Zeit wurden aber stets die
verschiedenartigsten Materialien abgesetzt, so wie auch heute auf
der Erdoberfläche das alles sich tausendfältig abspielt.

Man unterscheidet in der Erdgeschichte zunächst drei große oder
Hauptzeit- und Weltalter: Erdaltertum (Paläozoikum), Erdmittelalter (Mesozoikum) und Erdneuzeit (Neozoikum). Jedes dieser
Weltalter wird eingeteilt in mehrere Hauptperioden, diese wieder
in einzelne Stufen. Mehr ist auf der Tabelle nicht angegeben.
Indessen ist damit die Feinheit der Stufeneinteilung keineswegs erschöpft. In der Juraformation beispielsweise lassen sich
etwa 18—24 Einzelphasen erkennen, von denen jede durch
eine besondere Tierwelt sowie einen bestimmten Land- und
Meereswechsel, ja teilweise auch durch gewisse klimatische Veränderungen ausgezeichnet ist.

Natürlich kann die Altersfolge der einzelnen Schichtungen und
ganzer Formationen nur richtig ermittelt werden, wenn man in

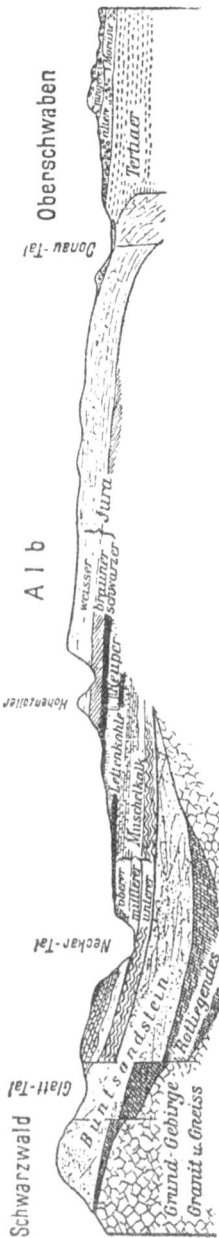

Schwarzwald

Glatt-Tal

Neckar-Tal

Hohentwiel

Alb

Donau-Tal

Oberschwaben

Tertiär

Jura { weisser brauner schwarzer }

Keuper

Lettenkohl. Muschelkalk

oberer mittlerer unterer

Buntsandstein

Rotliegendes

Grund-Gebirge Granit u. Gneiss

Abb. 3. Geologisches Profil durch Württemberg mit den aufeinanderfolgenden Formationen und Formationsgliederung; am Schwarzwald durch Verwerfungen gegen das Grundgebirge (Archaikum) abgesetzt. (Nach Fraas).

der Natur beobachtet, was in ungestörter, nicht verfalteter und umgestürzter Weise von Urzeit her normal übereinander liegt. (Abb. 3.) Erst durch Kombination solcher im wesentlichen örtlichen Folgen ist dann die Gesamteinordnung auch der gestörten und gefalteten Massen möglich geworden. Nachdem man einmal eine gut durchgearbeitete Leitfossilienkunde hatte, war es dann weiter möglich, auch in den gestörten Schichtungen die ursprünglich richtige Lage wieder herzustellen.

Ist beispielsweise ein ehemaliges Meeresgebiet heute gehoben und zu Festland geworden, sind die Schichtungen ganz oder größtenteils erhärtet, so werden sie vom Wasserkreislauf und der Verwitterung ergriffen und zernagt. So haben wir alsdann ein Land mit Höhen und Tälern, an deren Rändern die vorweltlichen Schichten heraustreten, „anstehen", also an allen Unebenheiten hervortreten und so auch abgebaut werden können. Wir haben auf diese Weise Querschnitte durch die Schichtfolgen, ein „Profil". Diese Profile geben uns die richtige Reihenfolge, und ihre Vergleichung und Kombination in den verschiedenen Gegenden gibt uns dann zunehmend nach oben und unten die Vervollständigung der Formationen — und dies ist die reale Gegenständlichkeit der Formations- oder Zeittabelle.

2. Vorweltlicher Land- und Meereswechsel

Wollen wir die Welt ringsum mit den uns derzeit möglichen wissenschaftlichen Methoden verstehen, so müssen wir vor allem aufhören, sie uns in festen Formen vorzustellen. Wir müssen sie als ein stetiges Fließen, als ein immer erneutes Werden begreifen. Jedermann kennt eine Anzahl Vorgänge und Erscheinungen, welche uns den Wechsel des Erdbildes heutigentags veranschaulichen und, in die früheren Zeiten zurückverfolgt, uns weitausgreifende Umwandlungen verständlich machen. Vor allem sei erinnert an die vulkanische Kraft, welche in ganz kurzer Zeit, so daß Generationen es miterleben, Berge und Gebirge aufschüttet, Inseln aus dem Meer aufsteigen und sie leicht wieder in die Luft blasen oder versinken lassen kann. Oder das Meer nagt sichtbar in Jahrhunderten und Jahrtausenden mit seiner Brandung an den Küsten, bewältigt zugleich mit Hilfe der Verwitterung die härtesten Felsmassen und dringt so allgemach und sicher landeinwärts. Wir denken etwa an Helgoland, das bis zur Zeit unserer Urväter noch ein großes Gebiet war und früher mit dem Festland in Verbindung stand; oder wir denken an die Meereseinbrüche in Holland, deren einem die Zuidersee in einer Nacht ihre Entstehung verdankt; oder an die ostfriesischen Inseln und die Halligen, die nur letzte Reste des dort vom Meer verschlungenen Landes sind. Zur Zeit des Urmenschen erstreckte sich das europäische Festland noch bis zur Doggerbank, wo ehedem auch die Rheinmündung lag. Zudem sehen wir, wie alles Land unaufhörlich durch die Verwitterung und den Wasserkreislauf abgetragen wird. Was die Flüsse seit Jahrtausenden in die Niederungen und in das Meer schleppen, was sie dort an Materialien aufhäufen, wie jahraus jahrein etwa die Alpen erniedrigt werden, indem dauernd Schuttströme hinausgetragen werden — das ist ein jedermann verständlicher Vorgang in der Umgestaltung des Erdreliefs, klein zwar im Augenblick, riesengroß aber in seiner Wirkung durch die Summierung in langen Zeiträumen.

Wenn die abtragenden Kräfte, die das Niveau auszugleichen streben, ungehemmt weiterarbeiten könnten, so müßten schließlich alle Gebirge verschwunden, alle Tiefen des Landes ausgefüllt und eine öde Gleichförmigkeit im Relief der Länder das Ergebnis sein. Ja, dieser Zustand wäre im Lauf der jahrmillionenlangen Erdgeschichte schon längst erreicht, wenn nicht diesen abtragenden und einebnenden, von außen auf den Erdball einwirkenden Gewalten andere, von innen her wirkende Kräfte entgegenstrebten, welche Länder heben oder senken, Meeresböden emporwölben oder noch tiefer versinken lassen und Gebirge emporfalten, und denen wir im wesentlichen das zuschreiben müssen, was uns als durchgreifender, weitgehender, heute noch keineswegs abgeschlossener erdgeschichtlicher Wechsel von Land und Meer erscheint.

Dort, wo das Meer an die Küsten schlägt, schafft es durch deren Zerstörung und Rückwärtsverlegung allmählich einen Flachstrand. Wir stellen uns weiter vor, es werde an einer solchen Küste der Meeresspiegel gesenkt oder, was hier dasselbe ist, das Land gehoben. Dann liegt jene Küstenterrasse wie ein Gesimse hoch oben und wird nicht mehr von der Brandung berührt. Weiter unten aber im jetzigen Brandungsgürtel entsteht ein neuer Strand. Tritt nach längerer Zeit noch einmal ein solcher Senkungs- bzw. Hebungsvorgang ein, so werden nun zwei Gesimse an der hohen Steilküste entlang laufen usf.

An vielen heutigen Küsten finden wir in der Tat solche alten Strandterrassen, oft in 200—500 m über dem jetzigen Meeresstrand, so beispielsweise in Skandinavien, Schottland, Nordspanien, Nord- und Südamerika. Die Frage ist nur, ob beim Zustandekommen dieser Erscheinung das Land sich gehoben oder der Meeresspiegel sich gesenkt hat, was in der äußeren Wirkung auf dasselbe hinauskommt. Es ist aber in den genannten Fällen zweifellos das Feste, nicht das Wasser, das die Bewegung ausführte. Denn in Skandinavien steigen die Strandterrassen, wo sie in die Täler hineinziehen, landeinwärts etwas an, was nicht sein könnte, wenn der Meeresspiegel gesunken wäre, weil dieser sich ja nur waagerecht senken oder heben kann. Sodann beobachtet man in anderen, den genannten Ländern benachbarten Gegenden zugleich die Anzeichen entgegengesetzter Bewegung; also hat auch hier der Meeresspiegel sich nicht gehoben, weil dieser nicht Niveauunterschiede nebeneinander aufweisen kann.

Ein anderes Anzeichen sind die im Meer ertrunkenen Flußtäler. Ein Flußtal, also eine von einem Strom im Lauf der Jahrtausende ausgefurchte Rinne mit ihrer charakteristischen Querschnittsform in hartem oder weichem Gestein kann nicht auf dem Meeresboden entstehen, zumal nicht quer zum Festland. Sehen wir also ein Stromtal an der Flußmündung sich auf dem Boden des Meeres unmittelbar fortsetzen, so ist der Schluß unausweichlich, daß es

20

ehedem über dem Meeresspiegel lag und später mit dem Umland darunter versank. Ein Beispiel hierfür ist die Kongofurche in Westafrika, die sich kilometerweit auf den untermeerischen Raum hinaus erstreckt; auch die norwegischen Fjorde, die Küstenkulissen der nordspanischen und kleinasiatischen Küste sind Flanken solcher versunkenen Flußtäler. Vielfach erkennt man auch an derselben Stelle eine doppelte Bewegung: zuerst versank das Land mit seinen Tälern, dann hob es sich wieder.

Es handelt sich bei den beschriebenen Hebungen und Senkungen nur um geringe Beträge, die sich noch innerhalb der 200-m-Grenze halten. Nimmt man an, das Meer rings um Europa würde sich um 200 m senken oder das Land um ebensoviel sich heben, was bei der großen Raumausdehnung verhältnismäßig wenig wäre, so würden weite Flächen im Umkreis des jetzigen Landes trockengelegt. Die britischen Inseln wären mit dem Festland verbunden. Ost- und Nordsee würden verschwinden, abgesehen von einer schmalen Rinne um das westliche Südnorwegen herum. Würde sich dagegen das Meer nicht nur im europäischen Umkreis, sondern allgemein um 200 m heben, also das Land um soviel senken, so kämen weite Strecken Europas, der größte Teil von Nordamerika und Südamerika, Westafrika mit der Sahara, fast ganz Sibirien mit Ausnahme des östlichen Teils, ganz Rußland, Norddeutschland und Westfrankreich unter den Meeresspiegel.

Ununterbrochen durch viele Jahrmillionen hindurch haben so das Land und das Meer ihre Grenzen gegeneinander verschoben. Das sehen wir an den in allen Gegenden aufgetürmten mächtigen Schichtenfolgen, die teils weit herausragen, teils tief versenkt druntenliegen, die uns nicht nur von ihrem Charakter als ehemalige Meeresböden Kunde geben und von dem, was am Meeresboden lebte, sondern eben auch mit ihrer viele Tausende Meter ausmachenden Mächtigkeit zeigen, um welche Riesenbeträge sich die Erdrinde gehoben und gesenkt haben muß.

Wir sehen also große, gewaltige Bewegungen der Erdrinde, wobei aus den Meerestiefen auch die Hochgebirge zu verschiedenen Zeiten aufgestiegen sind. Die etwa unsere Kalkalpen bildenden Schichtmassen sind nichts anderes als Sand- und Kalkniederschläge, die in urweltlichen Zeiten von urweltlichen Flüssen ebenso in das Meer transportiert und von organismischen Massen durchsetzt wurden, wie es heute noch, besonders in den Flachmeeren, geschieht. Die ursprüngliche gelagerte Dicke dieser alpinen Schicht-

massen beträgt mehrere tausend Meter. Dennoch haben sie alle
nur Flachmeercharakter. Daraus geht hervor, daß das einstige
alpine Meer nicht ein tiefer Trog war, der dann aufgefüllt wurde,
sondern daß es selbst dauernd ein Flachmeer von allerhöchstens
200 m Tiefe war, daß aber sein Boden im Lauf der Epochen sich
langsam um soviel senkte, als nun Schichtmassen zuletzt darin-
lagen. Dann aber kam es zur entgegengesetzten Bewegung, wodurch alles, wie etwa im Himalaja, um abermals Tausende von
Metern, dort bis 9000 m, emporstrebte, so daß auch in jenem
Höchstgebirge der Erde, wie in unseren Alpen, auf den höchsten
Gipfeln Meeresversteinerungen herauswittern. Die vorhin geschilderten jetztzeitlich beobachtbaren Hebungen und Senkungen der
Meeresküsten sind daher nur Teilvorgänge äonenlanger, noch viel
größerer und stärkerer Bewegungen, die bis in die fernsten Tage
der Vorzeit zurückreichen.

Wie erstaunlich rasch dieser vorweltliche Land- und Meereswechsel
oft vor sich ging, zeigt uns die im vorigen Abschnitt schon erwähnte Jurazeit, die wir in zwei Dutzend einzelne Zeitphasen
einteilen können. Wir geben nebenan zwei Kärtchen, die den
Land- und Meereswechsel in zwei herausgegriffenen Zeitstufen veranschaulichen. (Abb. 4.)

Können wir durch unmittelbare Beobachtung und Ausdeutung der
Ablagerungen und Schichtsysteme auf den uns zugänglichen Fest-
landsgebieten die wechselnden Land- und Meeresgrenzen in vor-
weltlicher Zeit feststellen, so ist es etwas anderes mit den Flächen, die heute von Ozeanen überdeckt sind; und das sind zwei
Drittel der Gesamterdoberfläche. Was wissen wir von diesen meer-
überdeckten Ozeangebieten? Waren sie auch einmal ganz oder
teilweise Land? Wir erschließen dies aus biogeographischen und
aus geologischen Momenten.

So lagern beispielsweise in Südafrika Gesteinsbildungen aus Süß-
wasserseen des späteren Erdaltertums und des frühen Erdmittelalters; sie brechen unmittelbar am Indischen Ozean ab, haben sich
also ersichtlich einst in das Areal dieses Meeres hinein noch fortgesetzt. Drüben in Vorderindien aber steht dieselbe Formation an
und auch sie bricht am dortigen Meeresrand unvermittelt ab. Es
läßt dies also den Schluß zu, daß ein großes verbindendes Land-
areal einst beide Gebiete vereinigte, zumal auch die in jenen Formationen beiderseits erhaltenen Tier- und Pflanzenreste weitgehend und teilweise völlig übereinstimmen. Eben dies begegnet

22

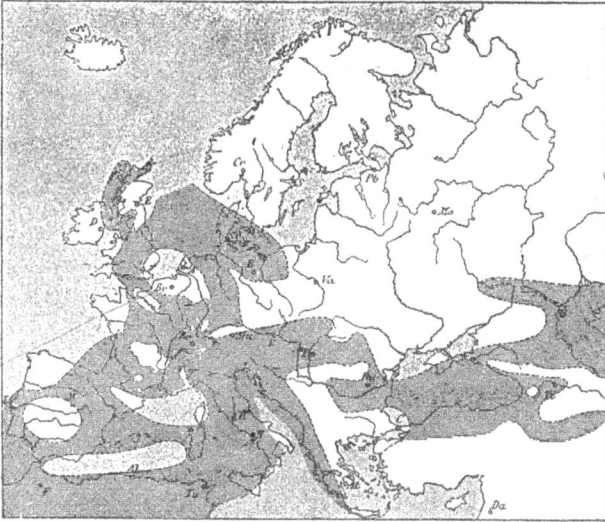

Abb. 4. Paläogeographische Karten von Europa. (Nach Lapparent.)
Verbreitung von Meer (fein schraffiert) und Land (weiß) zeigend. Oben:
während der Unterjurazeit (Lias); unten: während der Mitteljurazeit
(Dogger).

uns auch noch im östlichen Teil von Südamerika und deutet die einstige Verbindung mit Südafrika an. Oder ein anderes Beispiel: In Nordwestafrika bricht das Atlasgebirge am Rand des Atlantik plötzlich ab, seine Kämme setzen sich aber am Meeresboden westwärts weiter fort, und die Kapverdischen Inseln gehören noch zu diesem versunkenen Gebirgskörper. Die Kongofurche als Hinweis auf die einstige westwärts gerichtete Fortsetzung des afrikanischen

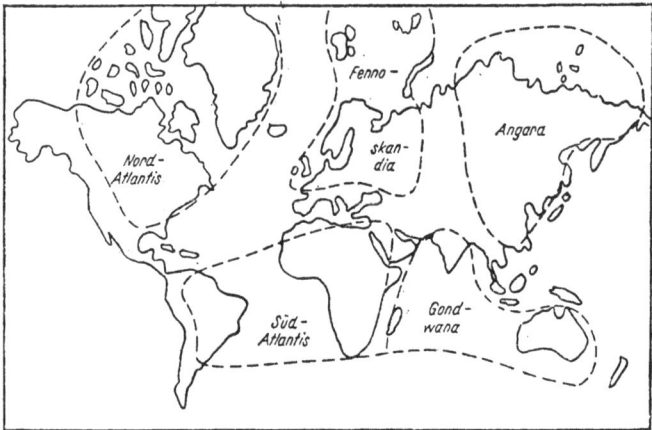

Abb. 5. *Die ältesten vorkambrischen Kontinentalkerne, eingezeichnet in eine heutige Erdkarte, so daß ihr Umfang gegenüber den jetzigen Kontinentalflächen und Ozeanen sichtbar ist. (Original.)*

Kontinentes wurde bereits erwähnt. Ferner sind in Westafrika und Südamerika teilweise die gleichen Süßwasserkrebse und -schnecken anzutreffen; sie können nicht über den weiten salzigen Ozean verfrachtet worden sein, kamen auch nicht durch den Menschen dahin. Alles das spricht für den einstigen Zusammenhang eines atlantischen Festlandgebietes.

Im frühen Erdaltertum dehnte sich vor allem ein sehr großer Kontinent auf der Südhalbkugel aus (Abb. 5). Er war ungleich größer als einige damals auf der Nordhalbkugel liegende Kontinentalgebiete, die sich im wesentlichen auf eine sibirische Landmasse, auf einen fennoskandinavisch-westrussischen und einen grönländisch-kanadischen Kern beschränkten. Wirft man einen Blick auf den Globus, so gewahrt man umgekehrt die Hauptlandmassen heute auf der Nordhalbkugel, während dagegen auf der Südhalbkugel jetzt das ozeanische Element vorherrscht und die

Kontinente nur spitz zulaufende dürftige Teile sind. Jener große alte Südkontinent aber umfaßte nicht nur Südamerika, Südafrika, Madagaskar, Indien und Australien, sondern wahrscheinlich auch noch einen großen Teil des Südpolargebietes.

Im Laufe des Erdmittelalters wird der alte große Südkontinent durch hereindringende Meeresarme allmählich zergliedert. Er zerfällt nun zusehends, es beginnen sich die australische, die afrikanische und die südamerikanische Region deutlicher voneinander abzuheben. Unterdessen hatte sich auch das dreigeteilte Kontinentalgebiet auf der Nordhalbkugel unter wechselnder Erweiterung und Wiederverengerung allmählich deutlicher ausgestaltet und streckenweise zusammengeschweißt. Unter vielem Hin und Her wurde dann in der Tertiärzeit der Südkontinent zerstückelt, wenn auch lange noch Madagaskar und Vorderindien zusammenhingen. Die Nordmassen wuchsen völlig zusammen und mehr und mehr wurden überall die heutigen Umrisse hergestellt. Jetzt aber, in der Quartärzeit, heben und senken sich in der eingangs geschilderten kleinphasigen Weise die Küsten aller Länder (die letzthin gehobenen Küsten wurden schon genannt); in sehr starker Senkung befindet sich der niederländisch-indische Archipel und vermutlich der ostasiatisch-japanische Rand.

Viel unsicherer ist es dagegen, was einst mit dem Stillen Ozean, dem Pazifik, war. Er ist über die halbe Erdkugel ausgedehnt, und wenn wir von den früheren Ländern und Meeren sprechen, so bedenken wir viel zu wenig, daß wir da eigentlich nur die eine Halbkugel ins Auge gefaßt haben. Aber was mit jener ungeheuren Wasserfläche damals war, als auf der einen Halbkugel die eben geschilderten Verhältnisse herrschten, wissen wir nicht mit gleicher Genauigkeit.

Nach astronomischer Lehre soll der Pazifik die Narbe sein, welche die Mondmasse bei ihrer Abschleuderung auf der Erde hinterließ. Aus bestimmten Erwägungen geht hervor, daß diese hypothetische Abschleuderung, wenn überhaupt, erst stattgefunden haben kann, als die Erde bereits eine feste Rinde besaß; es könnte also der Gedanke des Losreißens der Mondmasse an der pazifischen Seite des Erdballs wohl einige Wahrscheinlichkeit für sich haben. Doch es gibt andererseits geologische Gründe, die keineswegs jenes Areal so landleer in früherer Zeit erscheinen lassen, wie es sich heute unserem Blick darbietet. So bestehen die polynesischen Inseln vielfach aus dem gleichen Urgestein wie die alten nordischen und südlichen Landkerne auf der entgegengesetzten Erdhälfte. Auch tiergeographische Gründe sprechen für einstige Landzusammenhänge über den Pazifik hinweg. So leben gleiche bizarre Echsenarten in Neuseeland und Südamerika; es leben seit der Tertiärzeit die eigenartigen Beuteltiere in Südamerika und Australien oder teilweise dieselben Schlangenarten auf Madagaskar und in Südamerika. Auf den Galapagosinseln, westlich von Südamerika, leben Riesenschildkröten, die unmöglich auf diesem kleinen Archipel entstanden sein können; sie deuten auf ein vorher größeres weiteres Landgebiet. Um die Mitte der Kreidezeit kommen die Laubhölzer in Nordamerika erstmalig auf eine Weise zum Vorschein, daß man auf eine Entstehung in pazifischem Landgebiet schließen muß. Und für die jüngste Zeit deutet die Osterinselkultur mit ihren riesigen Steinfiguren gleichfalls auf einen verschwundenen Landkomplex mit alter Kultur.

Ein wesentliches Beweismoment für versunkenes pazifisches Land endlich sind die Korallenriffe. Korallen sind kleine, miteinander verwachsene und in Massen beisammenlebende Polypen, die mächtige Kalkklötze aufbauen. Sie können nur bis zu einer Tiefe von 40 m in warmem Meereswasser leben. Sinken die Küsten und der Flachmeerboden, auf dem sie siedeln, so sterben sie ab, junge Generationen bauen unentwegt über den toten Lagen weiter. Nun hat man auf den pazifischen Koralleninseln gebohrt und dabei stellenweise bis zu tausend Meter nur Korallenkalk durchsunken. Das bedeutet, daß sich dort der Untergrund um soviel gesenkt hat, so daß jetzt mächtige Riffklötze aus der Tiefe des Ozeans emporragen. Es hat also im Gebiet der Koralleninseln einmal Land und Küste gegeben.

Man hat, wie gezeigt, große transozeanische Landverbindungen für die Vorzeit angenommen. Doch dieser wohlbegründeten Auffassung stehen nun andere Erfahrungen gegenüber, die sich zur Lehre von der Permanenz der Kontinente und Ozeane verdichteten und für die Urzeit nur verhältnismäßig geringe Veränderungen annehmen ließen. Man steht hier vor großen und widerspruchsvollen erdgeschichtlichen Problemen, die wir kurz skizzieren wollen.

Zeichnet man auf einem idealen Erddurchschnitt die Tiefe der Ozeane und die Höhe der Kontinente in richtigem Maßstab ein, so erscheinen jene nicht als Becken und diese nicht als Buckel, sondern beide als konvexe Kugelflächen von verschiedener Höhenlage. Diesem Lageunterschied entspricht ein Gewichtsunterschied. Wären beide Bodenflächen, die ozeanischen und die kontinentalen, aus dem gleichen Gesteinsmaterial aufgebaut, so müßte ein und derselbe Körper über dem Ozean weniger wiegen als über dem Kontinent, weil über dem ersteren eine (mit Wasser nur aufgefüllte) Raumleere vorhanden ist. Trotzdem bleibt erfahrungsgemäß das Körpergewicht über einem Ozean, einem Flachlandgebiet und einem Hochgebirge wesentlich das gleiche. Es muß sich also der Erdkörper in einem Gewichtsausgleich befinden, dahingehend, daß die größere Materialmenge in der Kontinentalschale ausgeglichen ist durch ein weniger dichtes Material mit geringerem spezifischem Gewicht, dagegen die geringere Materialmenge im ozeanischen Raum durch ein dichteres Material von erhöhtem spezifischem Gewicht. Aus diesen und einigen anderen geophysikalischen Erwägungen gelangt man so zu der Vorstellung, daß in eine tieferliegende Krustenzone von der Dichte und dem Charakter basaltischer Gesteine eine andere, höherliegende Kugelschale, die kontinentale, vom Charakter der Gneisgesteine mit geringerem Gewicht etwa 120 km tief eingelassen ist und 8—10 km über sie hinausragt. Unterhalb der 120 km Tiefe sind alle Gesteine gleich. Diese kontinentale Kruste kann sich bei Fließbewegungen und Schwereverschiebungen im tieferen Untergrund (unter 60 km) heben oder senken, wie sich aus demselben Grund auch der Ozeanboden stellenweise, wenn auch träger, heben und senken kann. Dadurch kommt ein wechselndes Steigen und Sinken sowohl der Länder und Meerestiefen wie des Meeresspiegels zustande, es kommt zu Überflutungen (Transgressionen) oder Rückflutungen (Regressionen) über dem Kontinentalgebiet. Aber zugleich ist auch ein wirklicher Austausch von Kontinental- und Ozeanboden ausgeschlossen.

Können also doch keine so großen transozeanischen Landbrücken und Kontinentzusammenhänge existiert haben, wie wir sie etwa für das Erdaltertum auf der Südhalbkugel geschildert haben? Nach dem soeben Gesagten müßte das durchaus verneint werden. Aber wir sahen doch, daß gewichtige Gründe dennoch für solche Ozeanländer sprachen, daß also Kontinentalgebiet zu Ozeantiefen abgesenkt worden sein muß. Wir stehen somit vor einem vollkommenen Widerspruch, den wir nun weiterverfolgen müssen.

Denken wir uns einmal alles Wasser von der Erdoberfläche weggenommen und betrachten wir dann das Gesamtrelief, so erscheinen uns die Kontinente, wie gesagt, als flache niedere Tafeln, die Ozeane als flache Narben, so wie die Blatternarben eines Gesichts. Die Kontinentalränder sinken unvermittelt zu den Ozeantiefen mit einer Steilstufe ab, die größten Ozeantiefen, die Tiefseegräben aber liegen meistens nahe bei dieser Abfallstufe und nicht draußen in der Mitte der Ozeane, es sei denn, daß auch dort Inseln kontinentalen Charakters aufragen. Das Kontinentale ist von einem bald breiteren, bald schmäleren Streifen von etwa 200 m durchschnittlicher Tiefe umsäumt, der noch durchaus zum Gestein der Kontinenttafel gehört, dem Schelfband. Lassen wir das in Gedanken weggenommene Wasser wieder zurückströmen, so sehen wir, wie dieses Schelfband noch mitbedeckt wird. Es steht also Meerwasser noch mit auf den Rändern der Kontinente, über dem leichteren Gesteinsmaterial. Die Ozeane sind also voll Wasser, die „Narben" können es nicht einmal völlig in sich aufnehmen, es überflutet noch die kontinentalen Flächen. So unterscheidet sich echter Ozean über dem schweren Tiefengestein von den epikontinentalen, d. h. den auf dem Festlandssockel stehenden Meeren. Und nach der Annahme der Permanenztheorie sollte sich der einstige urzeitliche Land- und Meereswechsel auch nur in Epikontinentalgebieten abgespielt haben, während die echten Ozeane niemals Festland und das Festland niemals Ozeanboden gewesen wären.

Für diese wahre Permanenz von Kontinent und Ozean spricht noch ein anderes Argument. Wenn nach der ersten Theorie, wonach heutiger Ozeanboden einst oben lag und Land war, es so große Landmassen gab, daß etwa Südamerika, Afrika, Indien, Australien und die dazwischenliegenden Ozeanstrecken Kontinentalflächen waren, so erhebt sich zugleich die Frage, wo denn in früheren Zeiten das viele Meerwasser war, das heute die betreffenden Tiefen ausfüllt? Zwar sahen wir, daß früher die heute daliegenden Kontinente sehr weitgehend überflutet waren; aber diese Überflutungen waren nachgewiesenermaßen niemals von ozeanischer Tiefe, sondern es waren immer Flachmeere; sie genügten keineswegs zur damaligen Unterbringung der heutigen ozeanischen Wassermassen von tausenden Meter Tiefe. Denkt man sich die ganze Erdoberfläche eingeebnet zu einer gleichmäßigen Kugelfläche von überall gleichem Niveau, so würden die derzeitigen Wassermassen diese Kugelfläche 2640 m hoch bedecken. Das aber wäre, vom Gesteinsuntergrund abgesehen, echt ozeanische Wassertiefe.

Es muß daher unter Voraussetzung der gleichen Wassermenge auf der Erde zu allen bekannten erdgeschichtlichen Zeiten die durchschnittliche Ozeantiefe mehr als diese 2640 m betragen haben, weil nachgewiesenermaßen im Gebiet aller Jetztweltkontinente entweder schon Land oder nur Flachmeere lagen; das zeigen die Schichtungen aller Zeiten. Man müßte also eine unbedingte Permanenz der Länder und Ozeane annehmen und allen vorweltlichen Meereswechsel nur für Epikontinentalmeere gelten lassen; oder man muß annehmen, daß sich das Ozeanwasser irgendwie auf noch rätselhafte Weise im Lauf der Zeiten vermehrt hat, wenn wirklich einst Ozeanböden Land waren, d. h. jene angenommenen großen Kontinente über heutigem Tiefseeareal existierten.

Wie man sieht, stehen sich in der großen Frage des urweltlichen Land- und Meereswechsels zwei grundsätzlich verschiedene Auffassungen schroff gegenüber. Dieser kaum zu überbrückende Widerspruch scheint nun durch die Theorie der Kontinentalverschiebungen einigermaßen lösbar zu sein. Danach sollen die in dem zähplastischen subozeanischen Tiefenmaterial schwimmenden Kontinentalklötze bei lang in derselben Richtung andauerndem, selbst verhältnismäßig geringem Druck zerreißen und voneinander abtriften können und dies tatsächlich im Lauf der Erdgeschichte getan haben. Frühere Kontinentalzusammenhänge wären dadurch erklärbar, ohne daß man die großen transozeanischen Verbindungsflächen hinzunehmen müßte. Es könnten etwa zur einstigen Konstituierung des großen alten Südkontinentes die heutigen Massen von Südamerika, Afrika, Indien, Australien und dem Südpolarland dicht zusammengelegen haben und wären später auseinandergeschoben worden. Damit wäre der aus anderen, eingangs aufgezählten Gründen geforderte Landzusammenhang auf der Südkugel gleichfalls erklärt, ohne daß man Ozeanböden hinzunehmen müßte, die dann später angeblich abgesunken wären; ferner wären auch die tiergeographischen Zusammenhänge verständlich. So sei ganz Amerika auch von Europa-Afrika abgetriftet, wie die atlantischen Küsten beider Erdhälften beweisen sollen, die mit ihrer Linienführung durchaus ineinanderpassen. Heute lägen also die Kontinentalteile nur anderswo als einst, aber Ozeanwasser wäre nie verdrängt gewesen, es hätte immer die gleiche Platzmenge für sich zur Verfügung gehabt.

Wenn auch die ursprüngliche Idee, daß ganz Amerika von ganz Europa-Afrika abgeschwommen sei, sich nicht hat halten lassen,

so ist doch kein Zweifel, daß sich wirklich die oberen Krusten-
lagen der Erdrinde im Lauf der Zeit in ganz verschiedenen Richtungen voneinander weg oder teilweise auch aufeinander hin bewegt haben. Zu verschiedenen Erdzeitaltern sind ja große alpine
Bildungen vor sich gegangen, von denen wir schon sagten, daß sie
stark zusammengepreßte und verfaltete Streifen der Erdrinde
seien. Unter gewissen Voraussetzungen kann man den Betrag der
horizontalen Zusammenstauchung errechnen. So bekommt man für
die westamerikanischen Anden eine Flächenverkürzung von einigen
tausend Kilometern, für die Alpen im einfach angenommenen Fall
eine solche von über tausend Kilometern. Nun gibt es aber auch
viele andere derartige Gebirge, vor allem den Himalaja, die
Pyrenäen, die balkanisch-kleinasiatischen Faltungen, die ostasiatischen Bögen und die Rocky Mountains in Nordamerika, aus
älterer geologischer Zeit die Falten der europäischen Mittelgebirge,
die zentralasiatischen Gebirge, den Ural, die Appalachen und
sonst mehrere alte und uralte Gebirgsrümpfe in der Sahara, in
Ostaustralien, in Südafrika, Südamerika und auch am Südpol. Es
haben also immer wieder große horizontale Verschiebungen der
Erdrinde durch Faltung stattgefunden.
So ergibt sich als einstweilige Lösung des so widerspruchsvollen
Problems des vorweltlichen Land- und Meereswechsels, daß früher
zweifellos zusammenhängende Kontinentalgebiete existierten, die
heute verschwunden sind, daß aber dieses Verschwinden nicht
durchweg durch einen weitreichenden Abbruch von Kontinentalflächen in ozeanische Tiefen erfolgte, sondern daß solche Abbrüche
sich wohl in bescheidenen Grenzen hielten und zugleich waagerechte Vertriftungen stattfanden, wodurch ursprüngliche Zusammenhänge voneinander gelöst wurden. Es ist also kein strenges
Entweder-Oder, sondern ein Sowohl-Alsauch, das die richtige
Stellungnahme zur Permanenz- und Nichtpermanenzlehre kenn-
zeichnet. Aber es kommt noch weiter hinzu, daß die Erdrinde
ehedem auch noch nicht so gegensätzlich ausgeprägt war, wie sie
es heute ist; daß die Epikontinentalmeere daher ausgedehnter
waren und der Übergang in die Ozeantiefen sich nicht so schroff
vollzog; daß mithin eine Überführung der heute so gegensätzlich
ausgeprägten ozeanischen Kruste in die kontinentale noch weitgehend möglich war. Denn die jetzige starre Ausarbeitung des
Erdreliefs ist ein erst mit der späten Tertiärzeit vollendetes Ergebnis der großen gebirgsfaltenden Bewegungen.

30

Ganz im Gegensatz zu unserm Wissen über die Geographie der drei großen Weltalter: Erdaltertum, Erdmittelalter und Erdneuzeit, ist uns die genauere Kenntnis der Gestaltung der Erdoberfläche in den vorkambrischen Epochen, der Erdurzeit, noch versagt. Wir wissen, daß jene frühe Urzeit sich in zwei gewaltige Hauptepochen gliedern läßt, in das Algonkium und Archaikum. Wir wissen weiter, daß es auch damals schon Länder und Meere im gegenseitigen Wechsel gab; daß auch damals schon Flüsse ihre Materialien in die Niederungen und Meeresbecken einschütteten; daß auch damals schon Vulkane und gefaltete Krustenstreifen über die ganze Erde hin bestanden. Wir erkennen weiter, daß auch jene beiden Urepochen in einzelne Zeitalter zerlegbar sind und sind in der Lage, anzugeben, wo vermutlich die ältesten Festlandsgebiete lagen, die im allgemeinen denen der obigen Karte Abb. 5 entsprechen. (Vgl. auch Karte Abb. 9, S. 49.) Aber eine genauere Paläogeographie ist uns vor allem mangels entsprechend erhaltener Fossilien in den Gesteinen der Algonkiums und Archaikums versagt.

3. Vorweltlicher Klimawechsel

Unserer geschichtlichen Menschenzeit geht unmittelbar voraus die große diluviale Eiszeit. Eine Eiszeit ist nicht eine Epoche glitzernder Kälte, in der etwa der Boden überall gefroren war und Eis- oder Schneedecken sich überallhin erstreckten, sondern ist eine Zeit sehr verbreiteter schneeiger Niederschläge, wobei sich in bestimmten Gebieten starke Gletschermassen und Inlandeisdecken ansammelten und durch ihr Eigengewicht und entsprechende Gefällsverhältnisse sich einseitig oder mehrseitig ausdehnten und damit auch in mildere, der selbständigen Eisbildung nicht gerade günstige Gegenden gelangten.
Im Charakter der diluvialen Eiszeit als Klimaerscheinung zeigt sich unverkennbar ein Doppeltes: es waren damals die Winter wohl nicht wesentlich kälter, nur die Sommer um etwa 5^0 C kühler; und sodann: es fielen weit mehr Niederschläge als heutzutage, und diese Niederschläge gingen infolge des kühleren Gesamtklimas sowohl in den Polarzonen wie in den Hochgebirgen größtenteils als Schnee nieder. So entstanden die riesenhaften Vergletscherungen der Alpengebirge, die sich weit in das Vorland hinaus-

schoben, so auch die starke Eisansammlung im Polargebiet. Aus diesem wälzten sie sich herab bis weit in die gemäßigte Zone, am weitesten nach Süden in Nordamerika, etwa bis in die Gegend von St. Louis, das auf dem Breitengrad von Neapel liegt; bei uns bis nach Holland und an den Rand der deutschen Mittelgebirge, auch nach Nordrußland, über Grönland, Nordsee, Skandinavien, Ostsee hereindringend. In Sibirien ging das nordische Eis weniger weit südwärts, es macht geradezu den Eindruck, als ob der Eispol damals sich stark gegen Nordamerika hinunter verlagert habe. In den zwischen den Eisgebieten liegenden Zonen entstanden, insbesondere auf der Nordhalbkugel, weite Steppen, der Pflanzenwuchs ließ sehr nach, überall tummelten sich Herden von Elchen, Dickhäutern und vielem anderen Getier.

Aber die diluviale ist nicht die einzige Eiszeit während der Erdgeschichte. Eine sehr frühe zeigt sich zu Beginn der kambrischen Epoche, am Anfang des Erdaltertums. Ihre Spuren und Ablagerungen erstrecken sich über die ganze Erde und erwecken den Eindruck einer der diluvialen entsprechenden Anlage, die auf beiden Erdhalbkugeln, der nördlichen und südlichen, sich ausprägte, während, wie wir noch sehen werden, andere Eiszeitphänomene entschieden einseitig verteilt waren. Im Verlauf der kambrischen Zeit besserte sich das Klima zusehends, es erscheinen allmählich in den Meeren die ausgesprochen kalkschaligen Tiere, was physiologisch auf Wärmezunahme deutet. Wir gehen im Erdaltertum eine Stufe höher hinauf, in die Silurzeit, und erkennen eine große Wärme über die Erde hin, die sich bis in die Nordpolarzone geltend macht und im Zusammenhang damit eine geradezu üppig zu nennende Entwicklung der Kalkschaler verursacht. Bis in die Nordpolarzone gehen Riffkorallen, ein Faunenelement, das ganz besonders wärmebedürftig ist. (Abb. 6.) Unterstützt wurde der damalige Wärmeausgleich durch die zunehmende Verbreitung der Meeresbedeckungen seit mittelkambrischer Zeit, so daß ausgleichende Meeresströmungen ungehindert kreisen konnten. Trotzdem haben sich in der silurischen Formation Eisspuren gefunden, jedoch untergeordneter Art. Wir werden bald sehen, daß solche Erscheinungen keineswegs einer allgemeinen Wärmelage widersprechen müssen. Für die Devonzeit mag etwa dasselbe gelten, obwohl vielleicht damals einige deutlichere Klimagegensätze sich entwickelten. Denn während im Norden wüstenartige, sicher nicht kühle Gegenden lagen, wovon in einem späteren Abschnitt

noch des Näheren zu sprechen sein wird, scheint es auf der Südhalbkugel einige Eisströme gegeben zu haben, die im Kapland noch
in Spuren nachweisbar sein sollen.

Zur Karbon- oder Steinkohlenzeit verbreitete sich über die ganze
Erde hin ein sehr mildes, treibhausartiges Klima, auch die nordischen Meere waren warm, in Seengebieten auf den Ländern, wie

*Abb. 6. Nordische Korallen der
Silur- und Devonzeit. (Nach
E. Kayser.)*

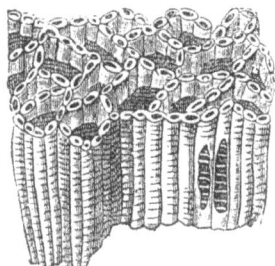

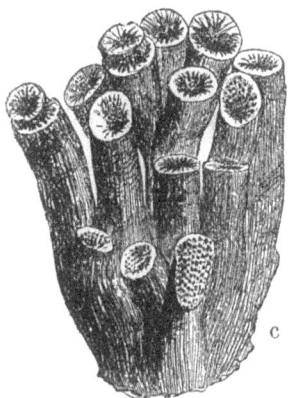

*a) Einzelbecher (Omphyma);
b) Tabulate, aus vielen aneinan-
dergereihten Zellröhrchen aufgebaut (Halysites); c) ästiger
Stock (Cyathophyllum). a und b
Obersilur; c Mitteldevon.*

auch am Rand der Kontinente in ausgedehnten flachen Meeres-
lagunen gediehen üppige Pflanzenwälder, die uns durch ihre Vertorfung die Steinkohlen geliefert haben. Dieser Auffassung von
der allgemeinen Milde des karbonischen Klimas widerspricht auf
den ersten Blick wohl die Tatsache einer mächtigen ausgedehnten
Eisbedeckung, die etwa von der Mitte der Steinkohlenzeit ab bis
in die Permzeit auf dem großen Südkontinent entstand. Doch
beides geht durchaus zusammen. Die feuchte Atmosphäre ließ dort
auf dem wohl durchweg sehr hochgelegenen, mit Gebirgen durch-
zogenen Land Gletscherströme sich entwickeln, die sich zu mäch-

tigen Inlandeismassen aufstauten, alles Umland bedeckten und auch in das Meer noch vorstießen. Auch heute sehen wir auf Neuseeland unmittelbar neben Eismassen tropische Waldvegetation stehen. Zur Permzeit schmolz dann jenes Südeis allmählich ab, während auf der Nordhalbkugel auf einer ebenfalls zeitweise zusammenhängenden Landmasse von Westamerika über Grönland, Schottland, Skandinavien bis nach Rußland hinein es zu einem kontinentalen Klima kam, in dem sich die norddeutschen Kalisalze in einem binnenländischen, stark verdunstenden Meeresarm ablagern konnten. Diese Wüstenbildung geht im selben Gebiet auch noch in die untere Triaszeit, also in das Erdmittelalter herüber.

Abb. 7. *Biogeographische Erdkarte. (Nach Diener.)*
Tüpfelung: Verbreitung der bezeichnenden riffbildenden Rudistenmuscheln in der damals warmen Meereszone der Oberkreidezeit. Schwarze Punkte: Verbreitung riesiger kalkschaliger mariner niederer Tiere (Nummuliten) zur Alttertiärzeit, gleichfalls die warme Zone bezeichnend, aber durch warme Meeresströmungen auch nach S (Ostafrika) und N (Japan) hinausgreifend.

Das ganze Erdmittelalter ist eine klimatisch sehr günstige Wärmezeit, denn auch damals wieder finden wir bis in die Polarzone die gleichen Meerestiere wie bei uns und noch weiter südlich. Die Pflanzenwelt beispielsweise zwischen Trias- und Jurazeit mit ihren reichlich wärmeliebenden Gewächsen ist in gleicher Art in England, in Süddeutschland und im Südpolargebiet vorhanden; bei uns wuchsen im fränkisch-schwäbischen Jurameer Korallenriffe. Nirgends sind damals deutliche klimatische Unterschiede feststellbar, ähnlich wie in der Silur- und Karbonzeit; vielleicht war die Unterjurazeit (Lias) im ganzen etwas kühler, nicht so volltropisch. Doch darf man es sich auch angesichts solch großer Einheitlichkeit des Klimas nicht so vorstellen, als ob auch in solchen Zeiten nicht immer eine gewisse Zonenbildung bestanden hätte; nur blieben die Wärmeunterschiede dabei stets oberhalb einer gewissen Temperaturschwelle, so daß auch die kühlen Zonen nicht, wie seit der Quartärzeit, kalt oder unfreundlich gewesen sind; die Gesamttemperierung der Erdoberfläche lag höher, ohne daß die Tropen (im heutigen Sinn) besonders viel heißer gewesen wären. Doch sind diese Dinge noch sehr undurchsichtig. Auch in der Jura- und Triaszeit gab es also gewisse zonare Unterschiede, aber sie waren mehr tiergeographischer Natur als klimatischer.

Allmählich, mit der letzten Epoche des Erdmittelalters, der Kreidezeit, läßt sich eine deutlichere Entwicklung von Klimazonen erkennen, und zwar verlaufen sie zum erstenmal in der Erdgeschichte parallel den heutigen. Da zieht sich ein Gürtel von derben Kalkschalenbildnern, eine absonderliche großwüchsige Muschelgruppe (Rudisten), beiderseits des Äquators um die Erde herum (Abb. 7), im Norden sind es meistens nur kleine Krüppelformen. Teilweise stoßen sie, warmen äquatorialen Meeresströmungen folgend, noch weit nach der gemäßigten Zone der Südhalbkugel vor, im ganzen ist es aber, wie gesagt, ein zentraler äquatorialer Gürtel, den sie mit ihren Siedlungen in den Meeresgebieten bilden. Ebenso leben in diesem äquatorialen Meeresgebiet Korallen, auch bestimmte sonstige eigenartige Mollusken; sie gehen bei uns allerhöchstens nur noch bis an den Rand des alpinen Meeres, jedoch nicht weiter nordwärts. In den Polargebieten war es keineswegs kalt und unfreundlich wie heutzutage, denn auch die nordischen Meerestiere der Kreidezeit lassen keinen Kälteeinfluß erkennen.

Im Gegensatz zu den kreidezeitlichen Klimazonen wird es in der Tertiärzeit wieder bis hoch in den Norden gleichmäßig warm, bei

uns herrschen wieder tropische Zustände. In heute teilweise eisbe-
deckten Gebieten (Grönland, Spitzbergen) sind Laubhölzer und
immergrüne Gewächse anzutreffen, in unseren Gegenden Palmen
und Dickhäuter. Im alpinen Meer, an dessen Nord- und Südrand
siedeln wieder Korallenriffe.

Mit dem Ende der Tertiärzeit wird es allmählich kühler, deutliche
Klimazonenbildung setzt ein, es kommt die diluviale Eiszeit, die
wir eingangs geschildert haben. Seit 12 000 bis 15 000 Jahren
schmilzt das Eis der letzten Eiszeitphase beständig ab, wir leben
noch in den Ausläufern der Eiszeit. Sie wurde durch mehrere
wärmere Zwischeneiszeiten geteilt. Ob die Eiszeit als solche bereits
beendigt ist, oder ob wir wiederum nur in einer Zwischenphase
leben, ist noch nicht ausgemacht, da wir über die ursächlichen
und wohl sehr verwickelten Zusammenhänge solcher klimatischer
Umgestaltungen noch nichts unbedingt Zuverlässiges wissen.

Unser Überblick über die Entwicklung des Klimas begann mit der
kambrischen Eiszeit. Sie reicht vermutlich als großes Klimaphä-
nomen aus dem tieferen vorkambrischen Algonkium herüber. Doch
auch in der algonkischen Epoche selbst, nicht nur an ihrer Schwel-
lengrenze zum Erdaltertum, finden sich weitere Anzeichen mehr
oder weniger verbreiteter Eisbildungen, so daß es scheint, als ob
ganz großfristiger Klimawechsel mit Eiszeiten etwas periodisch
Wiederkehrendes in der Erdgeschichte sei. Aber die Eiszeiten waren
nicht alle von gleicher Intensität und hatten alle stets eine etwas
andersartige Flächenanordnung als die letzte, die diluviale.

Gerade die extreme Klimabildung mit gegensätzlicher zonarer
Anordnung der Temperaturen war stets nur von verhältnismäßig
kurzer Dauer, die meisten erdgeschichtlichen Zeitalter bieten ein
mildes, sogar warmes und gleichmäßiges Klima dar. Die mittlere
und obere Zeitstufe des Kambriums, das Silur, Devon und Karbon,
dann wieder das Erdmittelalter mit einer gewissen geringen Einschränkung der Kreidezeit, endlich das Tertiär waren alle sehr
warm und sind miteinander so langfristige Epochen, daß die wenigen ungünstigen und zudem keineswegs immer kühlen Eiszeiten
dagegen kaum in Betracht kommen. Wir leben noch in einer extrem kühlen Zeit. Innerhalb solcher Epochen gab es dann gewiß
auch allerhand spezielle Klimaschwankungen. So zeigt sich, wie
erwähnt, zur Silurzeit eine geringe Eisbedeckung im Norden, zur
Devonzeit eine solche in Südafrika, aber sie können nur untergeordneter Natur gewesen sein und deuten auf eine mehr zonare

Betonung des Klimas, ohne an der Tatsache der allgemeinen Wärme etwas zu ändern. Ebenso war das permokarbone Eis auf dem Südkontinent kein Hinderungsgrund für die Milde des damaligen Klimas. Eisbedeckung und feuchte Wärme können sehr wohl Hand in Hand gehen. Auch die Kreidezeit zeigt, wie ausgeführt, eine zonare Klimaanordnung, ohne daß es damals auch im Norden geradezu kalt gewesen wäre.

Die Ursache, oder besser gesagt: die Ursachen des erdgeschichtlichen Klimawechsels sind im ganzen noch durchaus unbekannt. Zwar lassen sich für manche klimatischen Einzelzustände, die sich auf engere oder engste Land- und Meeresräume erstrecken, hin und wieder die nächstliegenden Zusammenhänge oder Bedingungen ermitteln, so etwa veränderte Meeresströmungen bei bestimmten geographischen Veränderungen der Land- und Meeresgrenzen; aber das große umfassende Geschehen ist seiner Verursachung nach noch durchaus dunkel. Man hat mancherlei Theorien aufgestellt, die aber dennoch immer wieder nicht schlüssig sind, wenn man das Gesamtphänomen des vorzeitlichen Klimawechsels überblickt.

Die Erklärungsversuche stützen sich teils auf irdisch-tellurische, teils auf kosmische Gegebenheiten. Unter den ersteren spielten Verlegungen von Ländern und Meeren, Gebirgsbildungen, andersartige Zusammensetzung der Atmosphäre, unter den letzteren Veränderungen der Sonnenwärme, Verlagerungen der Erdachse eine wesentliche Rolle.

Es ist klar, daß durch den weitgehenden geographischen Wechsel in der Verteilung von Land und Meer sich auch klimatische Veränderungen ergeben mußten, aber das kann doch nicht die durchgreifende Ursache für die großen Gesamtumformungen des Klimas gewesen sein, es hat mehr die regionale Ausgestaltung der Klimabezirke beeinflußt, nicht aber das ganze Geschehen bedingt. Das gleiche gilt von den Polverschiebungen, die wir unten erörtern werden. Zweifellos hängen die großen Eiszeiterscheinungen irgendwie mit den Gebirgsbildungen zusammen. Mit jeder solchen kam es tatsächlich zu Eiszeiten (Algonkium-Kambrium, Karbon, Jungtertiär). Man könnte zum Verständnis dieses Zusammenhanges annehmen, daß durch die Gebirgsbildung eine ausgebreitete Höherhebung des Durchschnittsniveaus der Erdrinde stattfindet, daß mithin auf weiten Flächen die Niederschläge als Schnee fallen, im Gegensatz zu Zeiten mit einem flachen Erdrelief. Wäre jedoch in dieser Weise die Gebirgsbildung die wahre Eiszeitursache, so ist nicht einzusehen, weshalb das Diluvialeis abschmolz, obwohl die Hochgebirge noch fortbestehen; auch wäre nicht ersichtlich, woher die warmen Zwischeneiszeiten kamen. Denn das Diluvium war keine einheitliche Eiszeit, in der zu Beginn die Eismassen wuchsen und am Ende wieder abschmolzen, sondern es hatte mindestens drei längere Zwischeneiszeiten, in denen das Klima wieder verhältnismäßig günstig und auch die Hochgebirge wieder ganz oder verhältnismäßig eisfrei wurden und auch das nordische Inlandeis sehr stark schwankte. Diese periodischen Zwischeneiszeiten fordern eine eigene Erklärung. Wüßten wir um die generelle Eiszeitursache, so könnten wir auch die Unterbrechungen erklären, und vor allem wüßten wir, was uns ja praktisch am meisten interessiert, ob heute die Eiszeit beendet ist oder ob wir nur in einer Zwischeneiszeit leben. Es muß also mindestens noch ein anderer Ursachenkomplex die Wirkung der Hochgebirgsbildung überlagern. Wir werden ihn im Abschnitt I, 5, in anderem umfassenderem Zusammenhang kennenlernen.

Man hat weiter als möglich angenommen, daß der warme Golfstrom damals im Atlantik vom Polargebiet abgesperrt war. Dies als Eiszeiterklärung anzunehmen, ist viel zu einfach. Abgesehen davon, daß die Eisbedeckungen bipolar waren und auch die Hochgebirge ganz außerhalb der Golfstromwirkung Eismassen erzeugten, bringt der Golfstrom aus dem Süden außerordentlich viel Feuchtigkeit mit. Bliebe er aus, so würde es zwar im Norden kälter werden, aber mangels der zugebrachten Feuchtigkeit würde vermutlich auch das Polareis zurückgehen; denn die Kälte allein läßt das Eis nicht wachsen, sondern nur die durch die Feuchtigkeit dort vermehrten Schneeniederschläge schaffen es. Umgekehrt würde am Südpol das Inlandeis wachsen, wenn es heute dort wärmer, nicht kälter würde. Denn das Südpolareis liegt unterhalb der oberen Schneegrenze, jenseits deren es derzeit keine Niederschläge gibt. Diese aber würden sich einstellen, wenn es dort unten wärmer würde, so daß dann auch in den höheren Regionen Eis entstünde. Dieses aber müßte dann mit seinem vermehrten Druck und seiner vermehrten Masse tiefer herunterkommen und das Eis weiter in den Ozean hinausschieben. So verwickelt sind, um es nur anzudeuten, die ursächlichen Fäden nur allein der diluvialen Eiszeit. Gewiß ist aber das Ursachengewebe für frühere Eiszeiten ein ganz anderes.

38

Es gab auch eine Kohlensäuretheorie, die besagte, daß vermehrte Kohlensäure in der Atmosphäre die Sonnenwärme stärker bindet, verminderte sie nicht mehr festhält. Vermehren konnte sie sich zeitweise durch starke Vulkanaushauchungen, vermindern durch ihre Bindung an Kohlen- und Kalkablagerungen. Starker Vulkanismus herrschte im späteren Erdaltertum und in der Tertiärzeit; Kohle und kohlensaurer Kalk in den Schalen der Meerestiere bildeten sich besonders im Karbon und wieder im Tertiär. Aber die physikalischen Voraussetzungen der Wärmebindung und -entlassung sind nicht zutreffend, und die karbone Eiszeit trat schon lange vor den starken eruptiven Ausbrüchen der Permzeit ein.

Ebensowenig genügen die kosmischen Ausblicke. Man erörterte auch den Gedanken, daß zeitweise unser ganzes Sonnensystem durch nebulare Welträume gewandert und damit die Sonnenbestrahlung auf die Erde geschwächt worden sei. Ehe man die früheren großen Eiszeiten kannte und die diluviale für die einzige in der Erdgeschichte hielt, konnte man wohl auch zu der Hypothese greifen, daß die Sonne im Lauf der Tertiärzeit zu einem gelben Stern geworden sei, so daß fortan der Eiszeitzustand mit einigen Rückschlägen in vorübergehende wärmere Phasen das Los des Irdischen sein werde. Aber wenn auch diese Idee nicht zureichend ist, so gibt es doch sicher großperiodische Veränderungen der Sonnenstrahlen, die in Umsetzungen des Sonnenkörpers selbst beruhen.

Die Verlagerung der Erdachse in 21 000 bis 26 000 Jahren und die veränderliche großfristige Exzentrizität der Erdbahn sollten wechselweise eine wiederkehrende Vermehrung bzw. Verminderung der Wärmeeinstrahlung auf der Süd- und Nordhalbkugel mit sich bringen. Aber die Eiszeiten, die dadurch hervorgerufen würden, müßten dann alle hunderttausend Jahre mindestens einmal eingetreten sein und zudem auf beiden Erdhälften alternierend. Davon kann keine Rede sein. Dennoch haben diese veränderlichen Einstellungen der Erde klimatisch eine gewisse Bedeutung. Davon im folgenden Abschnitt. Würde aber heute die Einstrahlung von Sonnenwärme auf die Erdoberfläche sehr zunehmen, sei es durch diese soeben erwähnten astronomischen Mechanismen, sei es durch eine stärkere Ausstrahlung des Sonnenkörpers selbst, so würden gewiß die einzelnen Zonen zuerst wärmer, aber alsbald würde sich durch die überaus starke Verdunstung der äquatorialen Meere eine dichte Wolkendecke, wie etwa auf dem Planeten Venus, über die

Erde legen. Die Sonnenhitze in den Tropen würde weggeblendet, die gemäßigten Zonen würden wärmer als bisher, die Polarzonen mindestens mild. Das Polareis würde völlig verschwinden, ebenso die Vergletscherung der Hochgebirge, und es möchten Klimazustände eintreten, wie sie die meisten Erdperioden mit ihrer großen Ausgeglichenheit zeigten. Doch kann man gerade so gut — und man sieht daran die ungeheure Schwierigkeit des ganzen Klimaproblems — mit der Zunahme der Wärme nicht nur die warmen Zeiten, vielmehr im Gegenteil die Entstehung von Inlandeisdecken in den polaren Breiten und den Hochgebirgszonen begründen.

Wir sprachen oben von den Polverschiebungen. Unter solchen ist zweierlei zu verstehen. Entweder kann sich die Drehungsachse der Erde, d. h. der Erdkörper selbst verlagern oder es bleibt dessen Stellung und Neigung zur Erdbahn fest, aber auf der Erdoberfläche verschieben sich die Kontinentalteile, und so geraten andere Flächen unter den Drehungspol wie auch in andere Breiten. Wir meinen hier zunächst die absolute Verlagerung der Achse, also des Erdkörpers mitsamt den Polen.

Wenn wir sagten, es scheine, als ob zur Diluvialzeit der Eispol gegen Nordamerika hinunter verschoben gewesen sei, so kann dies nicht die Eiszeit als solche ursächlich erklären, sondern nur die besondere Lage der Eisdecken verständlich machen. Es wäre da erst zu ermitteln, woher auf der ganzen Erde die Bedingungen zu einer Eiszeit überhaupt kamen, was also die ersichtliche Gesamtabkühlung und vor allem die starken Schneeniederschläge veranlaßte, die in den wärmeren Zonen einer großen Regenzeit entsprechen. Es läßt sich also mit Polverlagerung die Verteilung des Eises im Diluvium wahrscheinlich machen, aber für die früheren Eiszeiten versagt auch hierin dieses Argument. Schon die Art der Ausdehnung des kambrischen Eises, vor allem aber die des permokarbonischen, war ja grundsätzlich ganz anders als die des diluvialen. Die kambrischen Eismassen sammelten sich an vielen Stellen der Erde, hauptsächlich auch in Australien und Südafrika, an; die permokarbonischen auf dem großen Südkontinent allein. Man kann aber nicht annehmen, daß damals dort der Kältepol lag, dem auf der entgegengesetzten Seite der Erde ein ebensolcher entsprochen haben müßte; dieser ist aber gar nicht zu finden, vielmehr herrschte damals auf der Nordhalbkugel ein trockenes Wüstenklima. und zuvor das milde, feuchtwarme Karbonklima.

Abgesehen von allem dem können wir aber aus astronomischen

Gründen kaum annehmen, daß sich jemals die absolute Lage der Erdachse, damit der Pole sehr weit verschoben habe, wohl aber können kontinentale Krustenteile vor ihrer Verschiebung anders zum Pol hin orientiert gewesen sein. Auf Grund dessen nahm man mit der Verschiebungstheorie an, daß vielleicht heutige polare Landgebiete, auf denen man Schichtungen mit üppigen fossilen Floren oder epikontinentale Meeresschichten mit fossilen Warmwassertieren findet, erst später in die Polarregion hinausgetriftet seien, also einst weiter südlich lagen. Diese Erklärung ist auf den ersten Blick bestechend, hält aber aus folgendem Grund nicht stand: Wenn jetzige Polarländer früher mehr äquatorwärts sich befunden hätten, und nur deshalb jetzt die Zeichen einstiger größerer Wärme aufwiesen, erst später aber in die Kälteregion geraten wären, so müßten dafür andere, jetzt in der gemäßigten oder warmen Zone liegende Länder damals in der kalten Zone gelegen haben; es müßten dann eben in ihren Schichtungen einstige Kälteerscheinungen sich nachweisen lassen. Nun ist es aber gerade wieder entscheidend und zugleich rätselhaft, daß sich in so langen Epochen wie Tertiärzeit, Jurazeit, Steinkohlen- und Silurzeit überall, sei es im Norden, sei es im Süden, nur Beweise für ausgebreitete Wärme finden und wir dabei nirgends auf solche für Kältepole stoßen. Und doch müßten solche existiert haben, weil die Erde eine Kugel ist und die Sonnenstrahlen an den Polen immer schräg, nur am Äquator senkrecht empfing.

Aus allen diesen unlösbaren Widersprüchen läßt sich vielleicht darauf schließen, daß überhaupt in den früheren Epochen ganz andere astronomische und planetare Verkettungen vorhanden waren. Wäre die Erde immer so zur Sonne und zu ihren Nachbarplaneten gestanden wie jetzt, so hätten immerzu zwei Polarzonen bestehen müssen, in denen die halbjährige Polarnacht herrschte und wo es auch wesentlich kühler als in anderen Regionen gewesen wäre. Es hätte nicht dasselbe Tier- und Pflanzenleben in den heutigen Polzonen existieren können wie auch in anderen Zonen der Erde, es mußte außer dem Licht auch entsprechende Wärme dauernd dagewesen sein.

Nimmt man nun, um noch einen letzten möglichen Hinweis zu geben, zur Erklärung der Eiszeit an, die Sonnenwärme sei damals geringer gewesen, oder nimmt man an, die warmen Meeresströmungen seien nicht so weit nord- bzw. südwärts vorgedrungen, so genügt dies alles nicht zur Erklärung der Tatsache, daß damals reichere Niederschläge auf der ganzen Erde, also auch in den unvereist gebliebenen Gegenden sowie im Tropengürtel herrschten. Davon sprachen wir schon. Es bleibt somit nur übrig, an einen damals vorhandenen Zustrom von Wasser zu denken, also an die längst festgestellte Zublasung von Wasserstoff aus den Flecken des Sonnenkörpers — ein Vorgang, der ja stärkere meteorologische Wirkung auch heutzutage zu haben scheint. Es könnte zur Diluvialzeit durch ausgedehnte Fleckenbildung auf dem Sonnenkörper viel Wasserstoff frei geworden sein, der in Verbindung mit dem Sauerstoff der Erdatmosphäre verstärkte, absolut vermehrte Niederschläge bewirkt hätte. Aus deren Abminderung und dann neuerdings einsetzenden Wiederholung könnte so das Eiszeitphänomen mitsamt seinen Schwankungen verstanden werden.

So drängen die wesentlichsten urweltlichen Klimaerscheinungen zu einer Bejahung der kosmischen Andersartigkeit der Beziehungen unseres Erdsternes zu seiner Umwelt. Das Klima besteht ja nicht für sich allein, sondern hängt aufs engste zusammen mit einzelnen erdgeschichtlichen und astronomischen Abläufen, wie Land- und Meereswechsel, Gebirgsbildungen, Veränderung der Achsenstellung, Sonnenzustand usf. So wird also die paläoklimatische Frage letzthin nur in einer Theorie lösbar erscheinen, worin alle diese Dinge auf einen gemeinsamen Ursachenkomplex zurückgeführt werden. Wir werden ihn im folgenden noch kennenlernen.

4. Der Pulsschlag der Erde

Mehr und mehr bekommt die Naturforschung auf allen Gebieten einen Blick für das Rhythmische im irdischen Geschehen, sowohl in der anorganischen wie in der organischen Sphäre. Die Bewegungen der Großkörper im Planetenraum, das weiß man schon lange, hängen alle innig zusammen, die Einzelplaneten sind in bestimmten, allerdings in langfristigen Epochen sich ändernden Bahnen an den Umlauf um die Sonne gebunden. Der Wechsel der Exzentrizität der Erdbahn, die periodische Umstellung der Erdachse zu ihrer Bahn, das damit unmittelbar sich aussprechende Wandern des Frühlingspunktes durch die Sternbilder des Tierkreises, die Jahreszeiten, die Klimaepochen, der Mondwechsel — das alles sind rhythmisch verlaufende kosmische Vorgänge, die nun in engstem und weitestem Maß auch die Zustände auf der Erde und in der Lebensentfaltung irgendwie mitbestimmen, obwohl noch sehr wenig davon richtig erkannt wurde.

Nicht nur, daß in heutiger Zeit Rhythmen im Schwanken der Meere, in den Wandlungen des Wetters, in den Äußerungen des Tier- und Pflanzenlebens und in unserem menschlichen Dasein bemerkbar sind — auch in den Epochen der Vorwelt treten sie uns unverkennbar und in großzügiger Art entgegen. Länder und Meere haben ihre Plätze gewechselt, Klimate haben sich weitgehend umgestaltet und sich von einem Extrem in das andere verkehrt, Faltengebirge sind aufgestanden und wieder verschwunden, Tier- und Pflanzenwelten sind aufgeblüht und wieder vergangen oder haben sich unter unbekannten Einflüssen umgestaltet. In all diesem Wechsel und Werden, in diesem Ausharren, Ausgestalten und Wiedervergehen zeigen sich unverkennbar gewisse Perioden, verwirrend in ihrer Vielfalt, nie so, daß ein und dasselbe in gleicher Weise wiederkehren würde, denn die Natur ist nirgends Kopie; aber doch so, daß man sich fragt, ob und wo ein tieferes beherrschendes Gesetz waltet, eine führende Gewalt, bald milder, bald energischer wirkend, so das mannigfaltige Geschehen stets auch zu gewissen Wiederholungen drängend, doch immer zugleich auch Neues gebärend — die Natur ist von Rhythmen im großen und kleinen beherrscht.

Da sehen wir die Meeresfluten über ein schon bestehendes Landgebiet hereindringen, das Land schwindet, das Meer erweitert seinen Besitzstand; viele Trans- und Regressionen in oft weltweiter Verbreitung wechseln in längeren oder kürzeren Zwischenräumen miteinander ab, „geokratische“ Zeit weicht „thalattokratischer“ Zeit. Und wenn der Ozean seine Arme eine Spanne lang dehnt, zieht er sie auch wieder zurück. Inseln tauchen auf, schließen sich allmählich zusammen zu Neuland, Meeresboden wird zu Land, aber auf diesem Neuland liegen die Schichtungen der vorausgegangenen Zeit in rhythmischem Wechsel bis ins feinste der einzelnen Schichtfolgen. Darin ruht eine vergangene, fossile Tierwelt, die schon wieder von einer neuen ersetzt ist, wenn das Meer nun abermals vorgedrungen ist. Land und Meer sind erneuert, es ist nichts mehr wie zuvor, aber es ist doch Wiederholung, ist Wiederkehr in einem anderen, neuen Zusammenhang des Ganzen, mit anderen Inhalten an Formengestaltung und Leben. So können wir es von Epoche zu Epoche durch die Jahrmillionen verfolgen: es herrscht immer Rhythmus und baut den Erdkörper allmählich aus in wechselnden Zyklen.

In allen Ländern liegen teils kleinere, teils mächtige Schichtsysteme, ehemalige Land- und Meeresablagerungen in bunter Fülle, an denen wir jenen immerwährenden Wechsel ganz augenscheinlich, gewissermaßen versteint, vor uns haben. Da gibt es hundert- und tausendfach übereinanderfolgende Bankungen, etwa Kalkbänke oder Kalk- und Mergelbänke in regelmäßigem Wechsel, oft im einzelnen von gleicher Dicke, dann wieder in mehr oder minder regelmäßigem Wechsel mit anderen Bänken, Tonschiefer oder Sandstein, so wie wenn man die Blätter eines mächtigen Kartonpaketes von der Seite her betrachten würde. Das sind die zahllosen feinen und feinsten, vielleicht oft sogar jahreszeitlichen Unterrhythmen im Gesamtumbruch des erdgeschichtlichen Geschehens.

Auch in gröberem Wechsel folgen sich im Felsgerüst der Erde periodisch veränderte Gesteinsmassen als Zeugen sehr langfristiger Umsetzungen. So liegt etwa zu unterst ein ehemaliger gewachsener Landboden, etwa ein Gneisgestein. Darüber folgt als erster Zeuge des einstigen Meereseintritts eine strandnah abgelagerte Geröll- und Sandformation, über ihr wird das Gestein mergelig, es folgt reiner Kalk als Niederschlag des inzwischen tiefer gewordenen Meeres; dann wohl ein Tonschiefer, wenig mächtig, die Trübe der einst größten Meerestiefe an dieser Stelle. Dann aber geht der Zyklus rückläufig: es kommt wieder eine Kalkformation, dann höher hinauf in Wechsellagerung mit Mergel, darüber wieder Sand und Geröll und, wenn das Profil vollständig ist, ganz obenauf eine Süßwasser- oder reine Landablagerung. Damit ist der Großzyklus geschlossen, und innerhalb dieser Formation nun eine stetig wiederholte Schichtung: die kleinen periodischen Rhythmen innerhalb der Zyklen. So erkennen wir im Gesteinsgerüst der Erdrinde überall den großen Gesamtumsatz, aber auch kleines und kleinstes Schwanken oder Sichwiederholen des gleichen; wir erkennen die wechselnden Meeresvertiefungen und -verflachungen, die Trans- und Regressionen, die klimatischen Perioden mit den kleinen meteorologischen Rhythmen. Und nicht zum wenigsten den stetigen Wechsel des einstigen Tier- und Pflanzenlebens, das fossil in den Ablagerungen steckt.

Doch alle diese Rhythmen liefen nicht mit der Präzision eines Uhrwerkes ab, sie sind nicht überall auf der Erde im selben engeren oder weiteren Augenblick abgeschlossen gewesen, haben auch nicht unbedingt gleichzeitig begonnen. Das Gewebe ist meist sehr undurchsichtig geknüpft, wir können immer nur einzelne Fäden eine Strecke weit bloßlegen und sie verfolgen, aber dann verknüpfen sie sich wieder mit anderen. Denn etwa bei großen, über die Erde hinweggreifenden Meeresschwankungen gibt es naturgemäß verschiedene Widerstände oder auch da und dort besondere Erleichterungen. So kommt es, daß nicht überall gleichzeitig oder gleich stark das Meer sich ausdehnte, nicht überall gleichzeitig sich zurückzog; andernorts blieb es vielleicht überhaupt liegen, sei es schon beim Vordringen, sei es beim Rückzug, etwa wenn sich der Boden des bespülten Landes hier starr, dort labil erwies. Oder bei einem allgemeinen großen Rückzug blieb da und dort das Meer in seinem neuen Besitzstand stehen.

Je tiefer wir in die Einzelheiten mit solcher Betrachtung eindringen, um so mannigfaltiger, ungleichartiger, ungleichmäßiger und auch verworrener scheint da alles zu sein, und ist es auch: die rhythmischen Zyklen erscheinen so verwischt, daß man sie geradezu in Zweifel ziehen kann. Und doch trifft man immer wieder auf echt rhythmische Bilder auch im Kleingewebe des Teppichs, und das Ganze läßt immer wieder das Periodische unverkennbar hervorleuchten. Da beobachten wir beispielsweise eine breitflächige, über Länder hinweggreifende Umsetzung von Meer und Land; aber in diesen Großvorgang hineingewoben ist ein rhythmischer örtlicher Wechsel, ohne das große Ganze des Vorganges zu hemmen, aber doch in seinem Eigenverlauf sich davon abhebend; eine Meeresstraße kommt vom Norden nach Süden herein, sie schwindet rasch wieder und kehrt nun in ostwestlicher Richtung zurück, dies mehrmals wiederholend; währenddessen hat sich weltweit eine große Trans- oder Regression um die andere vollzogen. Der Puls der Erde schlägt im großen, aber auch im kleinen und an den einzelnen Stellen des Körpers verschieden lang und stark. Das Gewebe der Rhythmen ist, wie wir sagten, außerordentlich verwickelt, die Wellen koinzidieren teils, um sich zu großen ausgreifenden Wirkungen zu steigern oder durch das Interferieren sich gegenseitig abzuschwächen.

Einer der auffallendsten, aber auch oftmals verwischten Rhythmen ist der Wechsel der einstigen Geosynklinalmeere. (Abb. 8.) Ein Geosynklinalmeer ist ein besonders labiler Meeresstreifen, welcher lange Zeit hindurch zu starken Absenkungen neigt und sie auch mit gewissen kürzeren schwächeren Hebungen vermischt, dann aber in einem bestimmten erdgeschichtlichen Augenblick eine rasche und durchgreifende Hebung erlebt, die im äußersten Fall in einer Faltengebirgsbildung von alpinem Charakter endet. Aus Geosynklinalmeeren des Erdmittelalters sind alle großen Faltungszonen der Jetztwelterde am Ende der Tertiärzeit hervorgegangen, und frühere Faltengebirgsbildungen aus früheren, anders verteilten derartigen Meeren.

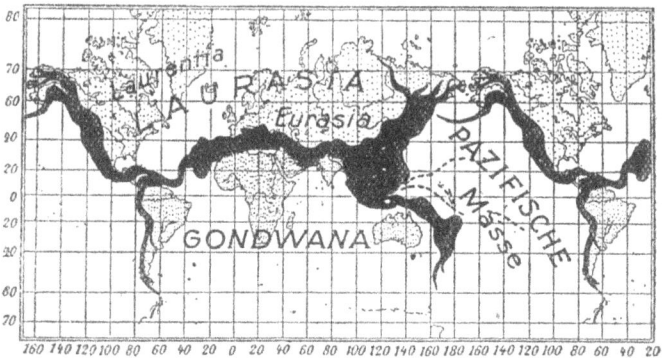

Abb. 8. *Jetztweltliche Erdkarte mit Einzeichnung der Geosyn-klinalstreifen, labiler Meereszonen des Erdmittelalters, in die viel Sediment eingeschüttet wurde, aus dem sich später die alpine Faltung aufbaute. (Nach R. Staub.)*

Verfolgt man nun die Bewegungen solcher Geosynklinalmeere, solange ihr Boden noch nicht endgültig aufgefaltet ist, so haben sie auch in diesen vorausgehenden untergeordneten Zuckungen ihre rhythmische Gesetzmäßigkeit. Sobald nämlich vorübergehend die Böden derselben sich heraufheben, verdrängen sie Meerwasser aus ihrem Raum, und auf den umliegenden Kontinentalgebieten ergeben sich dementsprechende Überflutungen; umgekehrt, wenn sich die Geosynklinalböden wieder stärker vertiefen, geht auf den umliegenden Flächen die Meeresbedeckung zurück oder wird wenigstens wieder seichter. Da aber, wie wir schon sagten, die Erde kein Präzisionsuhrwerk ist, so ist auch dieser Geosynklinal-rhythmus mit seinen komplementären Erscheinungen kein auf die Stunde genau ablaufender Prozeß, sondern es kommt zu Zeit-unterschieden in der Bewegungsfolge, in verschiedenen Gegenden zeigen sich Vorausschläge oder Verspätungen oder ein Stehen-bleiben. Auch beim Schlußakt, dem äußersten Empordringen des

46

Geosynklinalbodens zu einem Faltengebirge, können einzelne Areale in ihrer Lage zurückbleiben, ja sogar absinken zu noch größeren Tiefen, wie es im Gegensatz zu den herausgehobenen alpinen Faltungen des Himalaya, der Alpen, der Anden, der tiefgebliebene Nordrand von Sibirien und noch stärker die Meeresstraße zwischen Madagaskar und Ostafrika, endlich auch das Mittelmeer zeigt, das selbst ein Reststück des alten erdmittelalterlichen Geosynklinal-Mittelmeeres ist, das in der Geologensprache den klassischen Namen Tethys bekommen hat.

Ist ein Gebirge aber aufgefaltet, so verschwindet die Geosynklinale, aus der es entstand, meist völlig, es legt sich anderswo eine neue an. Denn sobald ein Rindenstück des Erdkörpers gefaltet ist, wird es starr und läßt sich späterhin nicht mehr falten oder dies nur in beschränktem Maß. So war es jedenfalls seit dem frühesten Erdaltertum. Seitdem hat es mehrere große und kleinere Faltengebirgsbildungen gegeben, und deren Wiederholung ist nun gleichfalls ein großrhythmischer Vorgang auf dem Erdkörper.

Abgesehen von alten archäischen und algonkischen Gebirgsbildungen, von denen die ersteren sich über die ganze Erde erstreckten, treten im Erdaltertum zwei größere Gebirgsbildungszeiten auf. Die erste zur Silurzeit, als kaledonische Faltung bezeichnet. Sie umfaßt die Gegend des heutigen Schottland, daher ihr Name, sodann Westskandinavien, überhaupt die nordischen Gegenden, ist aber auch in Amerika, Asien und Australien weitverbreitet. Sie hat um die ältesten drei nördlichen Kontinentalkerne die ersten Girlanden gelegt und damit jene Kerne erweitert und verstärkt. Besonders die heutigen mittelasiatischen Gebirge sind wieder herausgehobene und zerschnittene Wurzelmassen jener alten kaledonischen Falten. Da solche Faltungen niemals nur auf einen kurzen Zeitpunkt beschränkt waren, sondern ihre Vorläufer und Nachzügler hatten, so ist auch die kaledonische Faltung nicht im selben geologischen Augenblick abgelaufen, sondern zerfällt in eine ältere Phase am Ende des Untersilur und eine jüngere im Obersilur; und dann hat sie sogar noch im Devon örtlich ihre Nachklänge gehabt.

Vielleicht kann man die letzteren auch als die frühesten Vorläufer der großen Faltungsvorgänge der Karbonzeit ansehen. Auch diese Gebirgsbildung zerlegt sich in einzelne wohlunterscheidbare Bewegungen, welche die ganze Karbonzeit über andauern und sich in ihren Ausklängen auch im Perm noch bemerkbar machen. Der Ural und die Appalachen in Nordamerika sind die bedeutendsten Faltungskörper dieses Gebirgssystems, aber auch in Europa gehören die westfranzösischen Gebiete der Bretagne, weite Teile Spaniens und vor allem die ganze Masse der deutschen Mittelgebirge, wie Harz, Schwarzwald, Vogesen, dazu. Es ist die variskische Faltung, nach dem alten Land der Varisker benannt, die auch in Nordafrika sich auswirkte, und die gegen den Himalaja liegenden zentralasiatischen Ketten schuf; endlich auch die Falten Ostaustraliens, während die alte silurische Faltung auf der Südhalbkugel nur wenig erscheint, am stärkten noch in Australien, wo sie sich im Norden und im Zentrum vorfindet; auch die südamerikanischen Anden zeigen noch eingeschlossene Spuren davon.

Die karbonische Faltung war ein weltweites Ereignis und durchaus mit der Intensität der spättertiären alpinen zu vergleichen, wenn auch nicht an Höhe der Formungen. Denn es macht den Eindruck, als ob jede spätere Großfaltung sich auf immer schmälere Streifen der Erdrinde erstreckte, dafür aber um so höhere Körper schuf. Auch die Geosynklinalmeere, aus denen sie alle hervorgingen, sind für jede spätere Gebirgszone immer schmäler geworden. Während nun die karbonischen Faltungen abermals durch Anlegung neuer Versteifungszonen besonders die Nordkerne hatten auswachsen und sich stabilisieren lassen, gibt die tertiäre alpine Gesamtfaltung, die schon in der Kreidezeit einen schwächeren Vorausschlag hatte, und der wir die heutigen Hochgebirge verdanken, dem allem seinen Abschluß. Auch das alpine Faltensystem ist universell, verbreiteter sogar als alle früheren. Rings um den Stillen Ozean ziehen die amerikanischen und ostasiatischen Ketten, letztere nach Neuseeland hinunterreichend und über den Südpol nach Südamerika hinübergreifend. Von Hinterindien laufen sie über den Himalaja bis nach Kleinasien, bilden die Alpen, umfassen auch die Pyrenäen und den Atlas. Damit sind zugleich die heutigen Konfigurationen der Länder und Meere wesentlich abgeschlossen. Auch die „alpinen" Bewegungen fanden nicht in einem kurzen Zeitraum nur statt, wenn auch ihre Hauptentfaltung an das Ende der Miozänzeit fällt. Wie schon erwähnt, gab es in der Oberkreidezeit eine kurzfristige, noch nicht so stark faltende Heraushebung des Ostalpenkörpers, wie auch in den gesamten Alpenkörper alte variskische Reststücke teilweise mit hineingenommen sind.

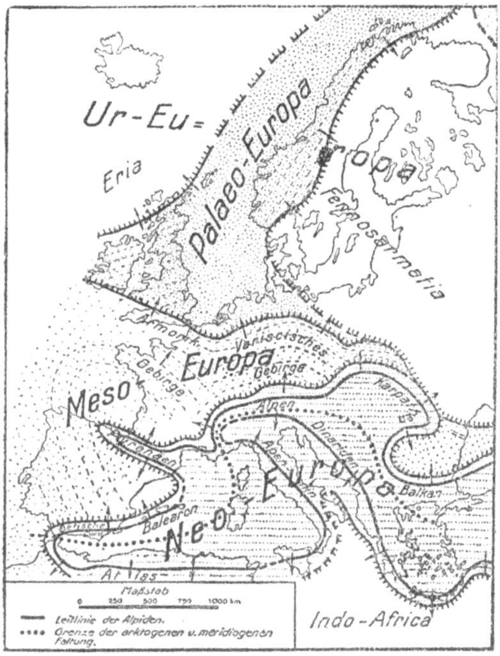

*Abb. 9. Der Aufbau Europas durch die aufeinanderfolgen-
den Gebirgsfaltungen. Kaledonische Faltung zur Silurzeit:
Paläo-Europa; variskische Faltung zur Karbonzeit: Meso-
Europa; alpine Faltung zur Tertiärzeit: Neo-Europa. (Nach
Stille 1924.)*

Wird so seit dem frühen Erdaltertum nach und nach die nördliche
Landmasse durch die aufeinanderfolgenden Gebirgsfaltungen aufgebaut (Abb. 9), steht demgegenüber die Südhalbkugel, wo das dort
vorhandene ausgedehnte Kontinentale wesentlich abgebaut wird.
Der nordische Aufbau verläuft mindestens seit dem Karbon
wesentlich ostwestlich, der Abbau im Südgebiet wesentlich nord-
südlich. Beide Richtungen kreuzen und verzahnen sich im Atlantik, der demgemäß eine höchst wechselvolle Geschichte hinter sich
hat. Es ist die Frage, ob er teilweise ein für künftige Faltengebirgsbildung sich anlegendes Geosynklinalmeer sein wird.
Wo heute der Himalaja, die Alpen, die Anden aufragen, lag
einst das Geosynklinalmeer der „Tethys", dessen Boden im Lauf
des Erdaltertums und -mittelalters, wie geschildert, tiefer und
tiefer sank, um zuletzt nach Einschüttung all der ungeheuren

Materialmengen, die von den umliegenden Ländern kamen, verfaltet und emporgedrängt zu werden. Dasselbe gilt für die früheren Gebirgsbildungen. Und wenn die Faltenkörper entstanden waren, dann setzte alsbald wieder die Abtragung ein, sie wurden abgehobelt und zu flachem Hügelland; oder sie sanken wieder unter das Meer, und neue, dann aber stets flache Ingressionen lagerten über den abgetragenen Stümpfen neue Schichtungen

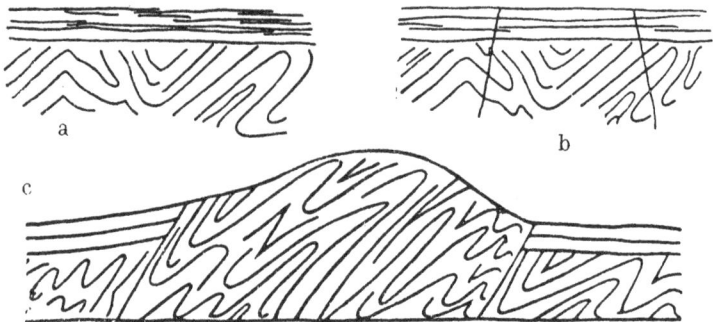

Abb. 10. Wiederbelebte Wurzeln alter Faltengebirge. (Z. T. Orig.)

a) Ein abgetragenes Faltengebirge sinkt wieder unter das Meer und wird von jüngeren Schichten waagrecht überlagert; b) das ganze System wird wieder herausgehoben, durch Brüche zerschnitten, an denen c) die seitlichen Flügel absinken, der mittlere Teil herausgehoben und von den darüberliegenden Schichten entblößt wird. Er ragt nun als Wurzelstumpf, als Mittelgebirge, wieder empor. Beispiel des Harz.

waagerecht ab. Später wurde das Ganze vielfach wieder gehoben, es lagen dann über tiefen gefalteten alten Gebirgswurzeln jüngere waagerechte Schichten. Wurden die gehobenen Blöcke dann abermals vom Kreislauf des Wassers zerschnitten und durch Bruchverwerfungen zerstückelt, womöglich die späten waagerechten Schichtungen noch erodiert, so liegen heute wiederum Gebirgszüge vor unseren Augen, gefaltet wie die jungzeitlichen Alpen, aber dennoch uralt, sozusagen die orographisch wiederbelebten Wurzeln der früheren Faltengebirge. (Abb. 10.) So sind Schwarzwald, Harz, das rheinische Schiefergebirge, Thüringen, die Ardennen die posthumen karbonischen Gebirgskörper, das schottische Hochland und Skandinavien, wo das Meer in die Alpentäler als Fjorde eingetreten ist, die posthumen kaledonischen Körper. Auch unsere Alpen waren seit der Tertiärzeit schon stellenweise recht abgetragen und wurden durch spätere Hebung bzw. späteres Absinken

50

des Vorlandes noch einmal herausgehoben. Das heutige Mittelmeer ist, wie gesagt, großenteils ein versenktes Stück Alpengebiet.

Eine gewisse periodische Wiederkehr zeigen auch die vulkanischen Erscheinungen in der Erdgeschichte. Auch hier gibt es Epochen starker und schwacher Auswirkung, manchmal auch anscheinend völlige Ruhezeiten. In der kambrischen Formation finden wir nur wenige Anzeichen, dann wächst der Vulkanismus mit der Silurzeit, um sich im Devon zu großer Stärke zu erheben. Im Zusammenhang mit der variskischen Gebirgsbildung tritt dann auch im Karbon der Vulkanismus in Erscheinung und steigert sich im Perm wieder sehr. Trias, Jura und Kreide waren vulkanisch ruhigere Zeiten, wenn wir auch in der Kreidezeit in Indien und Nordamerika ungeheure Deckenergüsse sich ausbreiten sehen. Ebenso zeigt das Alttertiär, dann aber besonders wieder das Jungtertiär verbreitete Paroxysmen, besonders auch in Europa (Auvergne, Vogelsberg, Rhön, Hegau), und die damaligen Vulkanberge sind sogar noch ganz oder großenteils erhalten. Dies gilt auch von den letzten quartärzeitlichen Ausläufern des Vulkanismus in unseren Gegenden (Eifel). Die Periodizität des Vulkanismus fällt nur teilweise mit den Gebirgsfaltungen da und dort zusammen; im übrigen scheint jene Kraft ihre eigenen Wege gegangen zu sein und eigenen Gesetzen zu unterliegen. Am stärksten vermengt mit vulkanischen Massen sind die Schichtfalten der südamerikanischen Anden.

Auch das Klima hat, wie im vorigen Abschnitt beschrieben, seine epochale Periodizität. Auch hier, wie beim Vulkanismus, der Gebirgsbildung und der Land- und Meeresverteilung, weben sich in die großklimatischen Wellen stets kleine und kleinste hinein — kurz, der Wechsel im vorweltlichen Werden der Erdoberfläche erscheint wie eine fortlaufende Reihe lang- und kurzfristiger Atemzüge der Mutter Erde, die sich auf allen geophysischen Gebieten erkennen lassen. So geht es durch die ganze Erdgeschichte hindurch, aber allmählich wird auch das Antlitz der Erde starrer, seine Furchen werden bestimmter, die Ozeane werden tiefer, die Landkerne dichter und widerstandsfähiger — dürfen wir sagen, die Mutter Erde altert?

Als Gesamttatsache darf man wohl feststellen, daß die Erdkruste im Lauf der geologischen Zeiten eine Verdickung und Konsolidierung erfuhr und dabei gewiß auch ihre relative Lage zu den Drehungspolen der Erde in ostwestlicher Richtung mit vielen ihrer Teilstücke änderte. Es ging ferner damit Hand in Hand eine allmähliche Verschärfung und ein Steilerwerden des Kontinentalrandes, der heute ziemlich unmittelbar zur Tiefsee abfällt, während es früher noch ausgleichende Zwischenmeere gab. Vor allem aber hängt damit die Erscheinung zusammen, daß im ganzen die gewaltigen weltumspannenden Meeresüberflutungen und Rückflutungen abgenommen haben. So große Meeresumsetzungen wie im Erdaltertum kommen im Erdmittelalter nicht mehr vor, wenngleich auch damals noch zwei immerhin starke (Mitteljurazeit, Mittelkreidezeit) Transgressionen eintraten, während die der Tertiärzeit sehr abgemindert sind. Und auch die Faltengebirgsbildung ward mit der Zeit auf immer engere Streifen beschränkt. Zugleich aber bildeten sich mit den hoch und schroff gewordenen Kettengebirgen auch die Tiefseegräben im ozanischen Areal extrem aus. Sie haben jetzt dieselbe Tiefe wie die Faltengebirge Höhe haben — bis 10 000 Meter. Zugleich ist es in diesem Zusammenhang verständlich, daß die größten Ozeantiefen nicht weit draußen in Festlandsferne liegen, sondern sich ziemlich unmittelbar an die höchsten, die Ozeane umrandenden Landhöhen anzuschmiegen suchen und auch mitten in den Ozeanen an Inselgebiete sich herandrängen.

Noch eine letzte Geschehensseite aber kommt zu allen diesen Betrachtungen hinzu. Nicht nur im äußeren, grob sichtbaren Ablauf ist ein mehr oder minder erkennbarer rhythmischer Wechsel festzustellen, sondern er gibt sich auch im feinsten Inneren der stofflichen Struktur als solcher kund. Mehr denn je hat die Durchforschung des molekularen und atomaren Aufbaues der Materie den Blick für die unendliche Weite und Vielfalt auch der dort sich vollziehenden rhythmischen Umsetzungen geöffnet. Auch da gibt es ein Pulsieren. Wir wissen von den unvorstellbar gewaltigen Kräften, die im Feinaufbau der Materie gebunden liegen; wir wissen von den Bewegungen und der Unterschiedlichkeit der feinsten Stoffteilchen, die man ja mit den Bewegungen und Strukturen des Planetensystems verglichen hat. Noch ist nicht abzusehen, ob nicht gerade aus diesem Feinbau des Stoffes selbst heraus Veränderungen der Gesteine sogar von innen her, also vielleicht Faltungen und Fältelungen oder sogar chemische Umwandlungen bewirkt werden, die dann ihrerseits durch ihre Raumbeanspruchung wieder pressende, knetende, faltende Wirkung auf die Gesamterdrinde ausüben. Ja man ist versucht, weiter zu schauen

und sich zu fragen, ob nicht sogar die durchaus rhythmisch-
periodischen Bewegungen der Planeten um die Sonne und das, was
man die Wirkung der Schwerkraft nennt, geradezu ein Ergebnis
des innersten Antriebes des Feinstofflichen aller dieser Weltkörper
ist. Strahlungen hinwiederum, die aus dem Kosmos auf unseren
Erdkörper gelangen und in ihn eindringen, mögen ebenfalls
rhythmisch pulsierende Kräfte sein, über deren Auswirkung oder
latenten Verbleib sich noch gar nichts ausmachen, wohl aber Über-
raschendes ahnen läßt.

5. Innere Erdkräfte und Kosmos

Seit einem Jahrhundert steht die erdgeschichtliche Forschung
unter dem Gesetz des Aktualismus. Diese Lehre vertritt den Grundsatz, daß zur Aufhellung der Ursachen vorgeschichtlicher Zustände
und Begebenheiten nichts anderes heranzuziehen sei, als was wir
auch heutigentages auf der Erde wirken sehen. Seien die früheren
Vorgänge noch so gewaltig und umfangreich, seien sie für den
Augenschein auch noch so verschieden von den heutigen, so müsse
man doch grundsätzlich wenigstens immer wieder versuchen, sie
alle restlos auf Vorgänge zurückzuführen, wie sie heute beobacht-
bar sind. Erfahren wir beispielsweise von der urweltlichen Auf-
türmung von Gebirgen, von großen Meeresüberflutungen und unbegreiflichen Klimazuständen, so dürfen wir nicht irgendeine un-
faßbare Ursache annehmen, sondern müssen versuchen, solche Erscheinungen zwanglos aus der jahrmillionenlangen Häufung jener
kleinen und kleinsten Einwirkungen abzuleiten, die sich alltäglich
unter unseren Augen noch abspielen.
Diese Methode ist eine gesunde Grundlage aller erdgeschichtlichen
Arbeit und äußerst fruchtbar gewesen; durch sie verhindern wir ein
allzu rasches Hinausgreifen zu unbekannten Kräften, aber sie darf
nicht zugleich zu einer Scheuklappe für weiter ausschauende Zusammenhänge werden. Wenn wir also auf die in den vorigen Ab-
schnitten geschilderten paläogeographischen und paläoklimatischen
Zustände verweisen, so ist deren Beschreibung eine Rechtfertigung
aktualistischer Methode. Wenn wir aber diese urweltlichen Geschehnisse jetzt nicht mehr durch aktualistische Erfahrungen ursächlich zu erklären imstande sind, so wäre es verrannt, wollten
wir nicht nach anderen Prinzipien Ausschau halten; es wäre die
Verkehrung einer Handwerksregel in eine starre Weltanschauung.

Mit der aktualistischen Lehre schien eine ältere Auffassung aus der Anfangszeit erdgeschichtlicher Forschung um die Wende vom 18. zum 19. Jahrhundert überwunden zu sein: die Katastrophenlehre. Es war der ursprüngliche Eindruck der Begründer der Geologie, es müßten doch im Laufe der früheren Epochen zeitweise anderweitige Kräfte als die heute tätigen das ruhige Werden und Umbilden der Erdoberfläche durchkreuzt und sich auch auf die Geschichte des Lebens erstreckt haben. Man darf sich, wenn man den in dieser Lehre steckenden Begriff der Katastrophe richtig verstehen will, nicht Geschehnisse darunter vorstellen, die dem Menschen als überwältigende Schrecknisse hätten entgegentreten müssen. Wenn sich etwa, wie im Abschnitt 2 gezeigt, Europa um 200 m senken und weite Strecken darum meerüberflutet würden, so wäre dies, wenn es sich in wenigen Jahrzehnten oder noch kürzer vollzöge, für die menschliche Geschichte gewiß eine nachhaltige Naturkatastrophe; für die Erde ist es ein geradezu nichtssagender minimaler Vorgang und ein sozusagen alltäglicher Atemzug. „Katastrophe" kann hier also nichts anderes heißen als rasche Unterbrechung oder Steigerung des sonst gleichmäßig dahinrollenden aktualistischen Geschehens. Man sah also mit dem Aktualismus nur die Evolution, nicht die Revolution, und diese einseitige naturgeschichtliche Betrachtungsart entsprach durchaus dem beruhigten bürgerlichen Weltbild des vergangenen Jahrhunderts.

Aber es steckte in der alten Katastrophenlehre doch auch noch das unbewußte Gefühl, daß es sich da nicht nur um gelegentliche Steigerung oder Beschleunigung sonst gleichmäßig verlaufender erdgeschichtlicher Vorgänge handelte, sondern auch um ein Hereindringen qualitativ anderer Kräfte. Man hat unter der Herrschaft des nur aktualistischen Denkens vergessen, daß die Erde nicht ein isolierter Körper ist, auf dem sich nur Dinge zutragen können, die allein ihm selbst entspringen. Vielmehr ist die Erde verbunden mit kosmischen Kraftquellen, und auch wenn sie wirklich oder scheinbar nur aus ihren eigenen inneren Umsetzungen die Veränderungen an ihrer Oberfläche bewirkt, so ist doch auch dieses Geschehen letzthin kosmisch verankert. Das Kennzeichen des Kosmischen aber ist Rhythmus, und dies bedeutet einen Wechsel von ruhiger Evolution und einbrechender Revolution, von ruhigem Dahinfließen und einbrechendem Aufruhr. Das Katastrophale ist notwendiger Gegenpol des Beruhigten in der Natur, und nicht anders ist es auch in der menschlichen Geschichte.

Wenn der gleichmäßig evolutionäre Gang zeitweilig vorherrscht, so kommt es zu jenen Begebenheiten, die sich aus dem aktualistischen Denken verstehen lassen. Da arbeitet die Verwitterung und der Wasserkreislauf geduldig und anhaltend, wie heutzutage überall; da schwanken die Land- und Meeresgrenzen gemächlich hin und her, wie heutzutage; da dringen da und dort geringe vulkanische Massen heraus und bilden beschränkte Vulkanfelder und Einzelvulkane; da werden in langfristigen Zeitgängen Hochgebirge abgenagt, es wird in den Tiefländern und Meeren regelmäßig Lage um Lage sedimentiert, alles wird in normaler Folge abgewickelt. Kommt aber der Augenblick der Steigerung und der Unterbrechung, der Entladung angesammelter Kräfte oder des Eindringens großwelliger kosmischer Einflüsse, die sich mit dem irdisch eingeengten Geschehen kreuzen — da wird sich auch der Erdkörper sozusagen wieder seiner kosmischen Natur bewußt, und es geschehen Dinge, die nicht mehr mit aktualistischen Vorstellungen allein erklärbar sind. Da verlegen sich rasch und weltweit die Grenzen von Land und Meer, da falten sich in kürzester Zeit Hochgebirge auf und wälzen ihre Gesteinsdecken übereinander; da tritt ein jäher Klimawechsel ein, es kommt zu Eiszeiten nach unverständlichen allgemeinen Wärmezeiten; es schwankt die Erdachse, es verlegen sich die Pole, die sonst nur unmerklich wandern — alles Umwälzungen, Katastrophen, mögen sie auch, verglichen mit der Dauer menschlicher Generationen immerhin recht langfristig sein.

Es ist durchaus möglich, ja wahrscheinlich, daß allerhand kosmische Konstellationen im Lauf der jahrmillionenlangen Entwicklung vorhanden waren und auf die Erde einwirkten. Es ist durchaus möglich und wahrscheinlich, daß überhaupt andere Nachbarschaften für die einzelnen Hauptkörper unseres Planetensystems bestanden und daß keineswegs alles so eingerichtet war, wie es uns die kurzfristigen aktualistischen Zustände glauben lassen, die wir aus unserer wissenschaftlichen Erfahrung oder aus den Aufzeichnungen der letzten zehntausend Jahre menschlicher Geschichte allein kennen. Erdgeschichtlich kommen da ganz andere, unendlich viel längere Zeiträume in Betracht, die von astronomischen Berechnungen überhaupt nicht zureichend erfaßt werden können. Wenn wir nun in dieses noch recht dunkle und unsichere Gebiet vorstoßen, so kann dies nicht willkürlich und mit leerer Phantasie geschehen, sondern es müssen Tatsachen und Gegebenheiten sprechen, welche uns entsprechende Schlüsse auf andersartige Verhältnisse und Einwirkungen der kosmischen Umwelt zu ziehen gestatten, um daraus manches zu klären, was für die erdgeschichtliche Forschung bisher ursächlich noch in Dunkel gehüllt bleibt. So können wir fragen: Ist das Planetensystem überhaupt so stabil, wie es unser derzeitiges so beruhigtes Weltbild annehmen möchte? Befand es sich zu allen Zeiten, wenigstens vom Erdaltertum ab, in dem heutigen vermeintlichen Dauerzustand, über den wir doch nur so kurzfristige Erfahrungen haben?

In der Schule lernt man, daß die Erde mit ihren Geschwistern, den Planeten, um die Sonne laufe, alle verschieden schnell, so daß etwa ein Jupiterjahr zwölf Erdenjahre dauere. Einzelne Planeten haben einen oder mehrere Monde, die ihrerseits ähnlich um ihre Herrenplaneten laufen sollen, wie diese um die Sonne. Alle Planeten und Mondkörper stünden unter sich durch die Umlaufsbewegungen bzw. die Anziehungskraft wie ein geordneter Mechanismus mit großer, stets gleichbleibender Präzision in Zusammenhang. Man lernt auch, daß die Sonne der Erde Wärme und Licht spende, wodurch Leben auf dieser gedeihen könne. Die Kugelform der Erde bedinge an den Polen ein flaches, am Äquator ein senkrechtes Auftreffen der Sonnenstrahlen — daher die streng zonare Anordnung des Klimas, das sich durch die ungleichmäßige Verteilung von Land und Meer, durch die Luft- und Meeresströmungen im einzelnen verschieden ausgestalte. Die Anziehung des Mondkörpers auf die Erde bedinge einen sechsstündigen Wechsel von Ebbe und Flut; stehe der Mond genau in der Richtung Erde—Sonne (Voll- und Neumond), so gebe es eine Springflut, im ersten und letzten Mondviertel dagegen die schwache Nippflut.

Das sind so die wesentlichen Beziehungen innerhalb des Planetensystems, die heute gang und gäbe sind. Aber sie bedeuten doch nur ein Schema, brauchbar nur, solange man dieses Augenblicksbild eben als ein dauerndes ansieht, ohne sich klar zu machen, daß es nur ein kurzfristiges Glied einer ungeheuren Umsetzung ist; so wie die geschichtlich überschaubaren Erdzustände nur ein vermeintlich dauerndes Glied in den äonenlangen erdgeschichtlichen Umsetzungen sind. Wie das Lichtbild ein sich drehendes Rad scheinbar ruhig stehend zeigt, so ist auch das derzeit in den Schulen vermittelte Weltbild nur die starre Wiedergabe eines Bewegungsbildes.

In dieses stabile Weltbild, das sich wie der geologische Aktualismus weltanschaulich durchaus in die Geisteslage des ausgehenden 18. und des 19. Jahrhunderts einfügt, kamen doch gewisse Zweifel, als man sich mit dem Umlauf des Mondes und dem Charakter seiner Oberfläche näher befaßte. Nach der einen, angelsächsischen Theorie hätte sich unser Mond einmal von dem Erdkörper abgelöst und entfernt. Im Anfangszustand eilte er rasch um die Erde, aber die Erde drehte sich auch wesentlich rascher um sich selbst als heute. Dies war die Zeit ungeheurer Gezeitenbewegungen in den Weltmeeren und sogar in der elastischen, noch nicht wie heute so sehr versteiften Erdrinde. Der Mond blieb sehr bald gegenüber dieser raschen Erddrehung zurück, übte Bremswirkung auf den Erdball aus, dieser wieder beschleunigte rückwirkend den Mondumlauf; das Längenverhältnis von Tag und Monat änderte sich stetig, mit dem Ergebnis, daß sich der Mond auf einer Spiralbahn immer weiter von der Erde entfernte, was sich bis heute, allmählich verlangsamt, aber noch fortsetzt. Auch heute noch läuft der Mondkörper hinter der Erddrehung nach, darum geht er täglich eine Stunde später auf. Der Endzustand wird sein, daß der Mond ebenso rasch umläuft, wie die in ihrer Selbstumdrehung noch weiter abgebremste Erde treidelt. In diesem Augenblick wird das Verhältnis Mond—Erde stabil geworden sein, die beiden Weltkörper bewegen sich nachher für alle Zeiten so, als ob sie starr miteinander verbunden wären.

Wir nannten dieses Weltbild „angelsächsisch", weil es ebenso wie der ebenfalls angelsächsische Aktualismus und der gleichfalls angelsächsische Darwinismus alles unter dem Gesichtspunkt der endlich zu erreichenden weltumfassenden Stabilität und der mechanischen Häufung kleinster Wirkungen versteht. Die entgegengesetzte, ebenso gut begründbare und neuzeitlichen Vorstellungen entsprechendere Weltschau führt zu einem katastrophalen Weltbild. Für sie ist zunächst der Mond ein von der Erde eingefangener Weltkörper, vielleicht ein ehemaliger kleiner Nachbarplanet aus Marsnähe, vielleicht auch nur das Bruchstück eines solchen. Nicht von der Erde entferne er sich, nicht zur gegenseitigen Stabilität als Doppelkörper strebten sie beide, sondern der Mond schraube sich mehr und mehr an die Erde heran, aber nicht mehr zuletzt als geschlossenes Ganzes, sondern aufgelöst und ausgezogen zu einem Spiralring, der sich mit der Erde vereinigen, seine Substanz dem Erdkörper einverleiben werde. Die Grundlage für eine solche Anschauung besteht einmal darin, daß der gemeinsame Schwerpunkt des jetzigen Systems Erde—Mond noch ganz im Erdkörper selbst liege; sodann, daß der Mond bereits jetzt schwache Eiform habe, mit der spitzeren Hälfte der Erde zugewandt, und dies den Anfang des Auseinanderziehens bedeute. Was für Katastrophen damit der Erde noch bevorstehen, braucht nicht ausgeführt zu werden. Ist der Mond, wie es eine Theorie wahrhaben will, ein Eisozean über einer Steinkugel, so werden sich zuerst ungeheure Eishagel und Wasserfluten auf die Erde stürzen, danach Steinhagel und Riesenbrocken, die das Meer aufschäumen lasssen und Großfluten herbeiführen: das beruhigte Weltbild ist verschwunden und die Gemeinsamkeit, die Stabilität des vereinigten Erd- und Mondkörpers wird erst jenseits solcher kosmischen Umwälzungen liegen.

Ein weiterer großer Zweifel an dem stabil gedachten Weltsystem, in dem wir angeblich leben und das sich auch in den erdgeschichtlichen Zeiten nicht geändert habe, und zugleich eine weitere Bestätigung der soeben gebrachten Mondtheorie ist die Tatsache, daß einige Nachbarplaneten mehrere Monde haben, die keineswegs nach der angeblichen Norm als einstige Abschleuderungsprodukte äquatorial umlaufen, sondern ungleichmäßige, exzentrische oder auch die Bahn ihres Planeten querende Wege gehen. So hat Saturn zehn verschieden umlaufende Trabanten, Jupiter hat acht, einige von zwei- bis dreijähriger, aber auch acht- und zehnjähriger Umlaufszeit, und einer ist sogar rückläufig. Alle solchen Planetenmonde — die Beispiele sind damit noch nicht erschöpft — machen gewiß nicht den Eindruck von einst abgeschleuderten Massen ihres Herrengestirns, vielmehr den von recht spätzeitlichen Einfänglingen und Fremdkörpern, die sich vielleicht noch mit ihrem Hauptkörper vereinigen werden. Und selbst wenn sie Abschleuderungsstücke ihres Planeten trotzdem wären, so würden doch gerade die jetzigen Zustände an ihnen deutlich zeigen, daß dies nachträglich in Unordnung geratene Beziehungen sind und daß vor noch nicht allzu langer Zeit — wir meinen das Wort im erdgeschichtlichen Sinn — ganz wesentliche Störungen das Planetensystem betrafen.

Woher aber stammen möglicherweise solche Einfänglingsmonde? Sind es aus dem freien Weltraum außerhalb unseres Planetensystems hereingedrungene Riesenmeteore, also gewissermaßen vom Himmel gefallene Fremdkörper? Noch vor zweihundert Jahren hat es die Pariser Akademie hohnlachend zurückgewiesen, als die Meldung von einem ausgiebigen Meteorfall aus dem Süden des Landes eintraf, daß man dem Aberglauben huldige, es könnten „Steine" vom Himmel fallen; jetzt wird das niemand mehr bezweifeln. Und auch diese Steine kommen aus dem freien Weltraum, nicht nur aus dem Planetenraum selbst. Aber wir brauchen nicht so weit hinauszugreifen, um solche Massen, die zu Monden werden könnten, anzunehmen: in unserer nächsten Nähe liegt ein planetarer Körperkomplex, dessen Entdeckung und Verstehen unserem beruhigten Weltbild einen abermaligen Stoß geben muß.

Die Planeten sind in bestimmter Gesetzmäßigkeit nach Größe, Schwere und Entfernung im Sonnensystem angeordnet. Nun fehlt nach dieser Regel zwischen Mars und Jupiter ein Vollplanet; statt seiner hat man dort eine bedeutende Zahl großer und kleiner Trümmer von teilweise sehr eckiger Gestalt wahrgenommen. Sie stammen vermutlich von jenem gesuchten, ehemals intakten Vollplaneten, der durch äußere oder innere Ursachen zersprungen ist. Die meisten dieser Trümmer laufen noch mehr oder weniger in der Bahn des alten Vollplaneten um die Sonne, aber die Gesamtbahn ist gegen die der anderen Planeten geneigt. Einzelne gehen exzentrisch bis weit über die Jupiterbahn, andererseits bis über die Erdbahn, sie querend, hinaus. Vor wenigen Jahren ist wieder ein solcher kleiner Planetensplitter in nur drei Mondentfernungen bei der Erdbahn beobachtet worden, ein weiterer war bis auf drei Stunden seiner Flugzeit an uns herangekommen. Wäre er hereingestürzt, hätte nicht nur die Erdoberfläche, sondern auch die menschliche „Weltgeschichte" heute ein anderes Gesicht.

Es ist also sehr wohl möglich, daß aus diesem Reservoir die Monde der Nachbarplaneten ganz oder zum Teil stammen und daß vielleicht einmal der Kern unseres Trabanten von daher kam und eingefangen wurde. Das ist noch nicht spruchreif. Aber die Erdgeschichte offenbart uns aus den früheren Jahrmillionen, wohin die Berechnungen der Astronomie nicht zu dringen vermögen, eben jene „katastrophalen" Veränderungen, die irgendwie nicht auf das aktualistische, sondern eben auf ein anderes planetares und lunares Weltbild deuten: große weltweite Umsetzungen von Meer und Land, Polverlagerungen, unverständliche Klimazustände auch an den Polen, Kontinentalverschiebungen, möglicherweise Vermehrung des Wasserhaushaltes — kurz Umsetzungen. die ganz unverständliche Ursachenzusammenhänge gehabt haben müssen.

So wäre es auch gar nicht ausgeschlossen, daß die Erde zeitweise noch andere größere oder kleinere Trabanten hatte, die vielleicht sich mit ihr auf die eine oder andere Weise vereinigten, wie wir es oben als Mondauflösung schilderten. Aber es könnten auch ganze Stücke oder Splitter eingefallen sein. Ein solcher kleiner Weltraumsplitter hat in Arizona ein Loch von 1,3 km Durchmesser geschlagen, der Metallkörper liegt in geringer Tiefe und soll als Nickeleisen abgebaut werden. Aus der Gegend des Baikalsees wird von einem ähnlichen Einsturz berichtet. Neuerdings wurde versucht, auch ein eigenartiges geologisches Phänomen, den kreisrunden, etwa 20 km im Durchmesser betragenden Rieskessel um Nördlingen so zu deuten. Auch dort könnte ein Weltkörper eingeschlagen und den Tiefenvulkanismus explosiv gemacht haben, wodurch dieser Flachkrater ausgesprengt wurde. Das Ries ist jedenfalls auf eine einmalige großvulkanische Explosion zurückzuführen.

Wenn solche Betrachtungen auch keineswegs schon schlüssig sind, so knüpfen sie doch an Tatsachen an, die sich solcherart in einen vernünftigen Zusammenhang bringen lassen und eben dadurch auch eine gewisse erdgeschichtliche Wahrscheinlichkeit gewinnen. Jedenfalls aber ist die Erdgeschichte wesentlich anders verlaufen, als man gemeinhin, befangen vom Aktualismus, lehrt, und auch das scheinbar in seinem derzeitigen Mechanismus so beständige Planetensystem zeigt allerhand Verhältnisse, die für seine heutige Gestaltung keine sehr lange Dauer annehmen lassen. Das Buch der Natur ist immer noch fest versiegelt. Ohnehin geben ja neuere theoretische Versuche, den Raum zu verstehen, allerhand Ausblicke, die auch dessen Natur und Wesen keineswegs so beziehungslos, so qualitätslos und so nach allen Seiten geradlinig durchfahrbar zeigen, sondern eine in sich geschlossene, in sich gekrümmte Ausdehnung als möglich bezeichnen, wodurch wir zu einem grundlegend anderen Weltbild kommen könnten, als es uns etwa die euklidische Geometrie jetzt noch vermittelt.

Die Erde ist ein kosmischer Körper und als solcher auch in ihren feinsten inneren Strömungen und Strukturen gewiß nicht beziehungslos gegen andere Weltkörper, deren Kräfte und Strahlungen abgekapselt. Alle kosmischen Umsetzungen in den anderen Planetenkörpern, wie vor allem im Sonnenkörper, müssen sich unbedingt auch im Erdinnern bemerkbar machen oder in Wechselwirkung mit ihm stehen. Ohnehin greift die geologische Forschung zur Erklärung der großen Umsetzungen auf gewisse Rhythmen des Erdinnern zurück und wird vielleicht von da aus wieder den Zusammenhang mit dem kosmischen Geschehen finden, wie es uralte Lehre gewesen ist.

Man nahm noch bis vor wenig Jahren an, daß die Erde im Inneren, recht wenig tief unter der Kruste noch von ihrer Entstehung her glutflüssig sei, sich aber im Lauf der langen erdgeschichtlichen Zeit fortschreitend abgekühlt und zusammengezogen habe; aus diesem Vorgang wurden dann alle geologischen Umänderungen der Erdoberfläche, wie Hebung und Senkung, Bruchbildung und Gebirgsfaltung abgeleitet. Doch das ist eine zu einfache Laboratoriumsvorstellung, die weder durch die Kenntnis der Radioaktivität der Tiefengesteine noch durch die Ergebnisse der Erdbebenforschung ausgezeichnet war.

Die ersten Bedenken gegen diese Theorie brachten Experimente, die zu Beginn des Jahrhunderts mit glühend geschmolzenen Gesteinsmassen unter großem Druck gemacht wurden. Es ergab sich, daß deren Abkühlung und schließliche Zusammenziehung keineswegs in einer normal fallenden Temperaturkurve verlief, sondern periodisch von Ausdehnungen, und zwar von plötzlich einsetzenden Umkristallisierungen und Volumenvermehrungen begleitet war. Sodann wurde das Radium entdeckt, bei dessen Zerfall unter Druck geradezu eine Wärmezunahme, nicht Abnahme im Erdinnern stattfinden muß. Mittlerweile hatte man auch durch die Beobachtung der den Erdkörper durchsetzenden Erdbebenwellen ein deutlicheres Bild vom Aufbau des ganzen Planeten, wie auch von dem der Gesteinsrinde selbst gewonnen. Diese ist in den obersten 60 km fest, darunter bis zu einer Tiefe von 120 km plastisch. Diese tiefere Zone steht unter ungeheurem Belastungsdruck, befindet sich in einem steten Spannungszustand und hat trotz ihres Gesteinscharakters die Neigung zu fließen, abgesehen von den stetig sich dort vollziehenden chemischen und strukturellen Umsetzungen, welche die Gesteine unausgesetzt, wenn auch in langfristigen Perioden durchkneten. Dabei wird Wärme gebunden und entbunden, und dieses Fließen und Quellen, dieses Zusammenballen und Sichausdehnen bewegt nun die obere Gesteinszone auf und nieder, wie sie dabei auch waagerecht verschoben und gefaltet wird.

Diese Erkenntnis hat sich nun neuerdings zu einer noch vollkommeneren Theorie verdichtet.

Aus dem Erdinnern geht durch den radioaktiven Zerfall dauernd ein Wärmestrom durch die Gesteinskruste nach außen. Der äußere

Gesteinsmantel aber ist immerhin undurchlässig genug, um diese Ausstrahlung nur in einem viel geringeren Maß zu erlauben als die Wärmeaufspeicherung im Inneren zunimmt, und diese wächst im Lauf der geologischen Zeit. Das führt zu einer erhöhten Plastizität der Tiefenzone, ja teilweise zu einer Aufschmelzung der festen Gesteinssphäre von unten her. Die Folge sind bedeutende Fließbewegungen mit ihren Auswirkungen: Land- und Meereswechsel, Gebirgsauffaltung und magmatischen Ergüssen. Rasch wird durch solche Vorgänge die bis dahin aufgespeicherte Wärme nach außen abgestrahlt, die Erdrinde erkaltet wieder mehr, wird fester, der thermische Zyklus ist abgeschlossen.

Nun stehen, wie im Abschnitt 3 betont, die Eiszeiten ersichtlich mit der periodischen Faltengebirgsbildung in Zusammenhang. Vor jeder Gebirgsbildungszeit mußte aber auch eine allgemeine Temperaturerhöhung auf der ganzen Erde infolge der erhöhten Wärmestrahlung eingetreten sein. Das ist in der Tat so gewesen; aber dann nach der Auffaltung und Wiederverfestigung der Erdkruste kam, indem die Gebirge entstanden waren, eine allgemeine Abkühlung an der Erdoberfläche zustande, weil die in der Tiefenzone vorhandene Wärmeaufspeicherung nun einstweilen aufgebraucht war. Ist aber der Wärmestrom nach außen wieder schwach geworden, so können sich, besonders in niederen Breiten und Gebirgskörpern oder Hochländern Eismassen ansammeln. Durch diese wird die Oberflächentemperatur des Bodens im Eisgebiet weiter vermindert, die Kruste kühlt sich unter dem Eis noch stärker ab. Durch diesen Gegensatz zwischen Außen und Innen aber wird die tiefere radioaktive Wärmestrahlung alsbald wieder mit stärkerem Ausgleichsdrang nach oben in Fluß gebracht; es wird, wie man sagt, das Temperaturgefälle stärker. Der eisbedeckte Boden wird so von innen her erwärmt, und das Eis strömt, durch die Erwärmung von seiner Basis losgetaut, nach auswärts unter seinem eigenen Druck, es gelangt in eisfeindliches Gebiet, schmilzt rasch ab, die gesamte Eisdecke vermindert sich, ebenso damit seine die Atmosphäre abkühlende Wirkung: es erfolgt ein bedeutender Eisschwund und Eisrückgang.

Ist dies geschehen und der Boden wieder wärmer geworden, so ist auch das Temperaturgefälle zwischen Außen und Innen wieder abgemindert und die Eisbildung kann von neuem beginnen. Dieses Spiel rhythmischer Eisvorstöße und -rückzüge geht so lange weiter, bis die radioaktive Wärmestrahlung aus der Tiefe wieder so stark geworden ist, daß erneute Wärmezeiten mit weitgehendem Temperaturausgleich einsetzen. Dann sind auch die früheren Gebirge inzwischen wieder abgetragen, der Großprozeß einer starken Hitzeansammlung unter der äußeren Gesteinskruste ist wieder in vollem Gang, und abermals bahnt sich eine neue Revolution mit neuer Gebirgsfaltung den Weg und vollendet sich.

Doch bei jeder Gebirgsfaltung konsolidiert sich, wie wir sahen, die äußere Erdkruste mehr und mehr; die letzte in der Spättertiärzeit hat die Kontinentalmassen völlig stabilisiert und ausgebaut und hat als komplementäre Bildung die Tiefsee ausgeprägt. Nun sind keine Geosynklinalmeere mehr da wie früher, die künftige Hitzeansammlung wird sich vielleicht nicht mehr in einer neuen universellen Faltung Luft schaffen können, es wird so zu einer allmählich die äußere Gesteinsrinde einschmelzenden Erhitzung kommen. Diese aufschmelzende Hitzewirkung aber wird sich inzwischen durch erneuten verstärkten Vulkanismus austoben. Ohnehin scheint die durchschlagende vulkanische Kraft schon in der letzten Erdzeit, seit dem Frühtertiär zugenommen zu haben, denn es scheint, daß richtige, nach außen tretende vulkanische Essen in früheren Perioden nicht vorhanden waren, sondern daß es sich früher nur um einfache Ausflüsse handelte, die sich als Decken ausbreiteten, vielleicht größtenteils sogar schon im Schichtgefüge unter der Oberfläche erstarrten. Es wird also in kommender erdgeschichtlicher Zeit zunächst ein erhöhter Außenvulkanismus einsetzen, ehe es zu immer stärkerer Erhitzung auch des gesamten Erdbodens und dann zur Aufschmelzung der Rinde, also zuletzt zu einem universellen Vulkangeschehen kommt.

Die Erde wird nicht im Kältetod, etwa durch Erlöschen der Sonnenstrahlung untergehen, sondern in der Feuersglut — und das wird die letzte der großen rhythmischen Katastrophen der Erdgeschichte sein.

6. *Erdgeschichtliche Zeitmaße*

Die drei großen Weltalter: Erdaltertum, Erdmittelalter und Erdneuzeit, umfassen nach unseren heutigen Schätzungen viele Hunderte von Jahrmillionen. Doch ist das Erdaltertum, wie die Tabelle ausweist, nicht die früheste Epoche, aus der wir von erdgeschichtlichen Vorgängen Kenntnis haben; vielmehr geht dem Erdaltertum, wie schon kurz geschildert, eine Großepoche voraus, das Algonkium, dessen Geographie zwar noch in ziemliches Dunkel gehüllt ist, obwohl wir wissen, daß auch damals Länder und Meere wechselten, daß es Gebirge, Vulkane und Flüsse, Seen und Wüsten, ja wahrscheinlich zwei Eiszeiten gab. Aber auch dem Algonkium gehen noch Zeiten voraus, als Archaikum zusammengefaßt, dessen mächtige Gesteinskomplexe so sehr zu kristallinen Massen umgewandelt sind, daß man nur nach langem Bemühen teilweise erkannte, daß dies nicht aus Glutfluß erstarrte Gesteine sind, sondern vielfach einstige richtige Sedimentgesteine. Also auch schon in jenen fernen Zeiten gab es Länder und Meere und alles andere, wie später auch.

Die algonkische und archäische Formation deuten durch die Mächtigkeit ihrer Schichtungen und die ersichtlich großen Unterbrechungen in der Gestaltung der Erdoberfläche in jenen Epochen auf so große Zeiträume, daß der Beginn des Erdaltertums, von dem an wir erst eine genauere Geographie haben, schon ein verhältnismäßig später Abschnitt im Dasein der Erde und, wie wir noch sehen werden, auch des Lebens ist. Wir blicken so in eine unendlich ferne Vergangenheit. Ist aber nun der aus den tiefsten Gesteinsformationen ersichtliche Beginn des Archaikums die älteste, d. h. die wahre Urzeit der Erde gewesen? Liegt dort das hypothetische Zeitalter der einstigen Glutflüssigkeit? Denn nach allgemein geophysikalischen Erwägungen muß ja der Erdkörper einmal glutflüssig gewesen sein, und erst allmählich wohl entstand die feste Gesteinskruste. Und nun ist wirklich die archäische Epoche längst nicht die früheste Oberflächenperiode unseres Planeten gewesen. Aber auch von der ersten festen Kruste, von der ersten Anlage der Meeresbecken und Kontinente sehen wir in der Gesteinsrinde nichts mehr — das alles ist längst aufgearbeitet und in der Tiefe wieder eingeschmolzen worden, wir müssen uns mit gewissen Kombinationen begnügen. Wie mag nun der Hergang gewesen sein?

Wie auf einem riesigen glühenden Lavastrom, aber unter dem ganz anderen Einfluß einer noch dichten, chemisch reichlich durchgeschwängerten schweren Atmosphäre müssen sich in der frühesten Zeit zuerst da und dort Ansätze zu einer schlackigen Krustenbildung gezeigt haben. Aber noch war darunter alles in Wallung und stärkster Umsetzung, so daß jene ersten streckenweise ausgeschiedenen Ansätze festeren Gesteins immer wieder umgetrieben

und mit Glutfluß eingedeckt wurden, auch wenn sie als leichteres
Material auf dem noch unerstarrten Magma schwammen. Aber
infolge ganz ungleicher Abkühlung und der sich bald ausbildenden
Materialunterschiede begannen nun unterschiedliche Schollen von
verschiedener Masse und Größe sich zu bilden. Die schweren Stücke
tauchten mehr ein, die leichteren hoben sich mehr empor, er-
kalteten auch rascher und wurden von unten her rascher mit
Erstarrungsmaterial unterbaut. So mögen die Senkungsfelder zur
Uranlage späterer Ozeanböden, die Hebungsfelder zu jener der
Kontinente geworden sein.

Immer wieder aber wurden diese unterschiedlichen Verfestigungen,
auch als sie schon eine beträchtliche Dicke hatten, auf weite Ausdehnung hin an ihren aneinanderstoßenden Rändern von dem
glutflüssig aus der Tiefe hervorbrechenden Magma durchsetzt, es
traten ungeheure Massenergüsse urvulkanischen Materials hervor,
legten sich über die Krustenteile und verdickten sie abermals. Aber
indem dies ungleichmäßig geschah, ergaben sich bedeutende Schwer-
punktsverlagerungen; diese führten immer wieder zu Hebungen
und Senkungen, auch zu Zerreißungen, wobei sich auch verschieden
bewegliche Krustenstreifen von starreren abhoben. Endlich aber
mußten nach langen Jahrmillionen doch alle Krustenteile soviel
Festigkeit erreicht haben, daß die vulkanischen Ausbrüche oder
gar die Wiedereinschmelzung größerer Schollen unterblieb oder
wenigstens so eingeschränkt wurde, daß nun die endgültige Abkühlung der Erdhaut eintrat.

Indessen noch war, wie schon angedeutet, die Atmosphäre anders
zusammengesetzt als heute. Sie war wohl in der Hauptsache eine
dichte schwere Wasserdampfhülle, aber durchsetzt von vielerlei
Gasen und Stoffgemischen, so daß von ihr dauernd eine starke
chemische Beeinflussung der Gesteine ausgehen mußte. Mit der
zunehmenden Abkühlung auch dieses Gasmantels der Erde gab
es Niederschläge; die mechanischen Einwirkungen auf die Kruste
waren heftig. Gleichzeitig damit kam es nicht nur zu einer lang-
samen Entgasung der Luft, sondern auch zu einer Urverwitterung
in einer von der heutigen noch sehr verschiedenen Weise. Blieb
auch der Boden immer noch bewegt, riß er gelegentlich auf große
oder kurze Strecken hin wieder auf, brachen auch immer wieder
hier und dort vulkanische Massen hervor — endlich war es doch
so weit, daß sich der dichte atmosphärische Wasserdampf in den
Senken niederschlug und erstmalig ein noch sehr mineralreiches

Urwasser, ein Urmeer bilden konnte. Sobald aber Wasser sich solcherart angesammelt hatte, begann auch der regelmäßige Urkreislauf des flüssigen Elementes. Es kamen die ersten Ausnageformen regelrecht rinnender Bäche und Ströme zustande: die Gestaltung der Erdoberfläche war jetzt nicht mehr nur von den inneren Gewalten und den äußeren Abkühlungsvorgängen des Gesteins bestimmt, und ward vervollständigt durch die erste mechanische und chemische Sedimentbildung, unter heftigen Wetterstürmen und in trockenen Regionen vielleicht schon durch ausgiebige Windwirkung.

Als ein nicht zu übersehender Umstand müssen sich diese ganze Zeit über auch Achsenschwankungen des Erdkörpers geltend gemacht haben, was wiederum zu weitgreifenden Meeresumlagerungen führen mußte. Heute ist der Erdkörper in einem sehr stabilen Gleichgewicht, wir sahen, daß je länger, um so weniger ein Austausch von ozeanischem und kontinentalem Krustengebiet vor sich gehen konnte. Damals jedoch müssen sich infolge der noch äußerst heftigen Eigenumsetzungen auch der tieferen magmatischen Massen und der damit verbundenen Gewichtsverschiebungen nicht nur die Schollen der Erdrinde leicht bewegt haben, senkrecht und waagerecht, sondern aus dem allem müssen sich auch Störungen des Gleichgewichts im gesamten Erdkörper, also Achsenschwankungen ergeben haben.

Freilich, wenn wir uns so ein gewiß recht unzureichendes Bild jener frühen Urzeit machen, so haben wir dabei noch nicht bedacht, was im vorigen Abschnitt für die historisch-geologische Zeit erörtert wurde: daß in jenen urfernen Zeiten eben ganz andere Verhältnisse im Planetensystem herrschten. Die Monde, speziell der Erdmond, waren, sofern wir die Abschleuderungstheorie gelten lassen, noch nicht von ihren Planeten entlassen. Stammt der Erdmond vom Erdkörper, so gibt es Anhaltspunkte, daß auch dies erst geschah, als die Erde schon eine Kruste hatte. Und anfänglich stand der Trabant noch auf lange, lange Epochen hinaus der Erde sehr nahe, war in so inniger Wechselwirkung mit ihr, daß diese eine viel größere Umdrehungsgeschwindigkeit um sich selbst hatte. Eine intensive Ebbe- und Flutbewegung durchwanderte fortgesetzt nicht nur die Urmeere, sondern auch das glutflüssige Erdinnere, so daß der gesamte Erdboden dauernd in wellenförmiger Bewegung war. Zugleich aber mußten die von den Gezeiten getriebenen Meere mit einer ganz regelmäßigen Hin- und Herbewegung die Flachländer überfluten und wieder freigeben. Dabei wollen wir gar nicht davon reden, daß, wie gezeigt, möglicherweise andere dauernde oder gelegentlich eingefangene Trabanten die Erde begleiteten, im Lauf der Zeiträume wohl auch mit dem Erdkörper vereinigt wurden. Dies aber mußte immer wieder von katastrophaler Wirkung auch auf die Verteilung der Kontinente und Weltmeere sein, wie es auch abermals zu Achsenschwankungen und dadurch wieder zu neuer Unruhe in der Ausgestaltung der Oberfläche führen mußte.

Aber mit alledem bewegen wir uns keineswegs auf sicherem Boden und können nur allgemein sagen, daß lange vor der Entstehung auch der ältesten, heute noch in der Erdrinde zugänglichen Gesteine eine Frühzeit gewesen sein muß, in der sich der ganze Entwicklungslauf von einer ehedem glutflüssigen Oberfläche zu einer allmählich sich verfestigenden Kruste abspielte, bis endlich, abermals nach langer Zeit, die stabileren Zustände einer archäischen Epoche eingetreten waren. Wie weit aber jene früheste Urzeit zurückliegt, wie lange sie dauerte, läßt sich auch schätzungsweise nicht angeben. Von jener ersten endgültigen Kruste aber gibt es kein Gesteinsmaterial mehr: entweder liegt es viel zu tief drunten, um je für uns sichtbar zu werden, oder es ist, noch wahrscheinlicher, schon längst vor der Ausbildung der zugänglichen archäischen Formation völlig aufgearbeitet worden. Denn die uns bekannten ältesten archäischen Gesteine sind nichts weniger als Aufbereitungen einer ersten Kruste; wir befinden uns mit dem, was uns als archäische Gesteinsbildungen in der Erdrinde begegnet, bereits in einer viel jüngeren Epoche der Erdgeschichte.

Wissen wir somit nicht, was für einen Charakter die frühesten Formationen hatten, und wissen wir ebensowenig, wie lange die gesamte Erdgeschichte seit der ersten Oberflächenerstarrung währt, so können wir dagegen versuchen, aus den wirklich überlieferten greifbaren Gesteinsmaterialien der späteren Formationen Anhaltspunkte zu gewinnen, um vor allem einmal die Dauer der drei letzten Weltalter: Erdaltertum, Erdmittelalter und Erdneuzeit sowie vielleicht der beiden vorausgehenden, Algonkium und Archaikum, zu ermitteln oder wenigstens abzuschätzen. Es seien einige der bisher angewandten Methoden angegeben und beleuchtet.

Das scheinbar exakteste Verfahren besteht in einer durch den Zerfall radioaktiver Mineralien gewonnenen Zeitbestimmung. Alle

Radium und Thor enthaltenden Mineralien sind magmatischer Herkunft. Ihr Zerfall führt zur Ausscheidung hauptsächlich von Helium und Blei. Ersteres verflüchtigt sich, aber letzteres bleibt im Mineral erhalten. Man kennt die Menge Blei, die sich in einer bestimmten Zeiteinheit in einem radioaktiven Material ausscheidet; aus der in einem solchen Zerfallsmineral vorhandenen relativen Bleimenge läßt sich daher der Entstehungszeitpunkt des einst un- zersetzten Gesteins nach Erkaltung des Glutflusses feststellen. Allerdings ergeben sich bei einzelnen Vorkommen oft unterschied- liche Zahlen, die jedoch bei den großen Zeitausmaßen nicht sehr ins Gewicht fallen. Weiß man nun, aus welcher bestimmten geolo- gischen Formation das Material stammt, also wann der Glutfluß selbst hervorkam, so hat man damit auch die Anzahl der Jahre, um welche jene Epoche zurückliegt. Daraus hat sich nachstehende, derzeit wohl verläßlichste Tabelle ergeben:

Dauer der Erdgeschichte seit Beginn des			Dauer der einzelnen Zeiten:		
Tertiär	60 Mill. Jahre		Tertiär	60 Mill. Jahre	
Kreide	140 „	„	Kreide	80 „	„
Jura	175 „	„	Jura	35 „	„
Trias	200 „	„	Trias	25 „	„
Perm	240 „	„	Perm	40 „	„
Karbon	310 „	„	Karbon	70 „	„
Devon	350 „	„	Devon	40 „	„
Silur	450 „	„	Silur	100 „	„
Kambrium	540 „	„	Kambrium	90 „	„

Dauer der vorkambrischen Epochen (Algonkium + Archaikum) 1400 Millionen Jahre.

Dauer des Erdaltertums: 340 Mill. Jahre
Dauer des Erdmittelalters: 140   „   „
Dauer der Erdneuzeit: 60   „   „

Ein anderes Verfahren will aus der Mächtigkeit der Sediment- gesteine das absolute Alter und die Zeitlänge einzelner Epochen errechnen. Man sucht die Durchschnittsdauer bestimmter heutiger Ablagerungsvorgänge zu ermitteln und durch entsprechenden Ver- gleich und Multiplikation die Ablagerungsdauer früherer Sedimentformationen zu gewinnen. Dieses Verfahren wurde nun mit der Bleimethode kombiniert und trotz der Unsicherheit der Voraus-setzungen und der gewiß sehr unterschiedlichen Einzelumstände bei Ablagerung von Schichtgesteinen älterer Zeit ähnliche Zahlen gewonnen. Dagegen war man früher mit anderen, auf Grund der Sedimentation angestellten Berechnungen zu wesentlich niedrigeren Jahreszahlen gelangt und gab für das Erdaltertum beispielsweise nur 17—18 Millionen Jahre an.

Wieder andere, auf kleine Schichtpakete sich erstreckende Berech-nungen haben überraschend kurze Fristen für deren Ablagerung ergeben, so für die Absetzung der lithographischen Oberjura-schiefer in Franken (vgl. S. 101) mit ihren rund 25 m Mäch-tigkeit nur etwa 500 Jahre, so daß man danach die ganze Dauer der Jurazeit nur mit äußerstenfalls 300 000 Jahren zu berechnen hätte. Aber das ist doch wohl bei weitem zu wenig; haben wir doch allen Grund, die Dauer der Formationen nicht nur nach einem örtlichen Anhäufungsvorgang von Sediment zu beurteilen. Denn auch in einer Epoche wie der Jurazeit haben sich noch andere Vorgänge abgespielt, wie etwa gewisse schwächere Gebirgsbil-dungen; sodann zeigen sich sogar innerhalb einzelner engster Phasen mehrere Rückzüge und erneutes Wiedervordringen des Meeres; endlich wurden auch viele Schichtvorkommen noch inner-halb derselben engeren Zeitstufe wieder abgetragen, so daß auch geschlossen vorliegende Pakete keineswegs immer die ganze Zeit einer solchen Stufe repräsentieren.

Die Frist, die der Niagarafall seit dem Ende der diluvialen Eis-zeit zum Ausnagen seiner bei Lewiston endigenden Schlucht brauchte, soll nach dem Maß der heutigen Erosion 7000, nach anderer Berechnung 35 000 Jahre währen. Das Mittel dieser beiden Zahlen, also etwa 15 000 Jahre, entspricht seinerseits wieder sehr gut den Berechnungen, die man in Schweden für die seit dem Ab-schluß der letzten Eiszeitphase verflossene Zeit durch Abzählen der jahreszeitlich bedingten rhythmischen Schichtlagen von Bänder-tonen am Rande des abschmelzenden nordischen Eises ermitteln konnte.

Neuerdings lieferten jetzt besser fundierte Berechnungen über die Einstrahlung der Sonnenwärme eine anscheinend exaktere Grund-lage zur Erkennung der gesamten Eiszeitdauer. Durch den perio-dischen Wechsel der Achsenstellung der Erde und der Exzentrizität der Erdbahn ergeben sich langfristige Klimaschwankungen. Eine

Strahlungskurve wurde damit für die letzten 600 000 Jahre errechnet. Sie enthält vier Abkühlungstiefpunkte, und diesen entsprechen die nachgewiesenen vier Hauptphasen der Eiszeit, die durch wärmere Zwischenperioden getrennt waren. Nach und nach aber hat man elf Eiszeitphasen erkannt, und auch diese drücken sich als teilweise untergeordnetere Schwankungen in jener Strahlungskurve aus. So gelangte man zu einer Zeitlänge von 600 000 bis 800 000 Jahren für das ganze Diluvium.

Alle die vorstehend erörterten Verfahren sind nicht unbestritten geblieben. Gegen die Berechnung aus dem radioaktiven Zerfall wird eingewendet, daß in keiner Weise für so lange Zeiträume die Gleichmäßigkeit des Vorganges sichergestellt sei. Gerade wie sich ergab, daß bei der früher angenommenen allmählichen Abkühlung glühender geschmolzener Gesteinsmassen nicht eine gleichmäßig fortschreitende Zusammenziehung erfolgt, sondern auch gegenteilige plötzlich einsetzende Unterbrechungen sich einschalten und die Struktur wie das Volumen des Materials verändern, so kann man auch den atomaren Umbildungsprozeß nicht ohne weiteres als gleichmäßig annehmen, der sich bei der Umwandlung eines radioaktiven Minerals in so langen Zeiten und unter erdgeschichtlich so wechselnden Umständen abspielt. Wir wissen auch nicht, ob nach Abkühlung eines Magmas die radioaktive Tätigkeit nicht anfänglich ungeheuer rasch oder sehr verzögert ablief; wir wissen ferner nicht, wie die untersuchten Stoffe zu ihrem Radiumgehalt kamen, ob und wie sie später damit auch infiziert oder dessen beraubt wurden; endlich ob sich der Zerfallsvorgang nicht periodisch beschleunigt oder verlangsamt.

Ferner fällt es auf, daß überall dort, wo es gelang, für bestimmte, wirklich greifbare Schichtmassen genauere Berechnungen durchzuführen, wie oben beiläufig erwähnt, die Zahlen verhältnismäßig sehr kurze Ablagerungsfristen angeben. Derartige Berechnungen kamen für das Erdaltertum auf höchstens 12 Millionen Jahre, für die ganze Zeit seit dem Kambrium bis heute im Minimum auf 25—30, im Maximum auf 60—70 Millionen Jahre. Nach der gegenseitigen Sedimentmächtigkeit der drei Zeitalter verhalten sie sich wie 12 : 5 : 2. Je nach der Gesamtzahl muß man also dieses Verhältnis auf die einzelnen Epochen umlegen. Danach werden im allgemeinen für das Tertiär 3—5 Millionen Jahre angegeben, für das Erdmittelalter etwa 12 Millionen, für das Erdaltertum 25 Millionen Jahre.

Faßt man die mit der Radiummethode festgelegte Gesamtdauer der Erdgeschichte seit Beginn der durch Gesteine wirklich nachweisbaren archäischen Epoche zusammen und vergegenwärtigt man sich die gegenseitige Länge der einzelnen Zeitalter und Perioden, so kommt man zu überraschenden Vorstellungen insbesondere über die Entfaltung des Lebens, die wir im folgenden Hauptteil beschreiben. Setzt man die erdgeschichtliche Zeit seit dem Beginn des greifbaren Archaikums gleich einem Jahr, dann sind 100 Millionen Jahre = 18 Tage + 4,5 Stunden; 1 Million Jahre = rd. 4.5 Stunden. So entspricht die Zeitlänge der gesamten vorkambrischen Epochen mit ihren angeblich 1460 Millionen Jahren der Zeit vom 1. Januar bis 23. September. Mit diesem Tag erst beginnt das Erdaltertum. In diesem Zeitpunkt aber treffen wir in den kambrischen Schichten eine niedere Meerestierwelt, die bis zur Organisationshöhe der Krebsgestalt vollendet ist. Das Ende der kambrischen Epoche als unterste Hauptstufe des Erdaltertums fällt auf den 9. Oktober. Dann erscheinen die ersten Fische; am 27. desselben Monats, im Devon, die ersten Landpflanzen; an der Wende von Devon zum Karbon, am 5. November, die Amphibien und Reptilien. Am Ende der Triaszeit, d. i. der 21. November, treten die ersten niedersten Säugetiere auf; nach weiteren 35 Millionen Jahren, am 5. Dezember, der Urvogel im oberen Drittel der Jurazeit. Die Kreidezeit endigt am 20. Dezember; zwischen dem 5. und 20. Dezember kommen die bedecktsamigen Blütenpflanzen und die Laubhölzer in der Weltflora hinzu; die meisten Reptilien und völlig die Ammonshörner als wesentlichste Tiergruppen des Erdmittelalters verschwinden, inzwischen sind die höheren Säugetiere auf den Plan getreten. Mit der Tertiärzeit entfalten sich diese völlig und reichlich — es sind die letzten 10 Tage des angenommenen Jahres. Der Mensch als solcher, soweit man ihm nicht auch die Menschenaffen zuzählen will, also der altsteinzeitliche Eiszeitmensch, erschien vor 600 000 Jahren: es bedeutet die letzten 2,5 Stunden des ausklingenden Jahres. Der Vollmensch (Homo sapiens L.) kam vor 90 000 Jahren, somit in der letzten halben Stunde; die von ihm bisher unmittelbar bekannte, nicht mehr nur sagenhafte Kulturgeschichte gehört den letzten 1,5 Minuten des Jahres an.

So überaus anschaulich auch dieser Vergleich für die unter den angegebenen, bestrittenen Voraussetzungen errechnete Länge der erdgeschichtlichen Epochen sein mag, so bringt er uns doch nur das gespenstige Bild des mechanischen Zeitbegriffs nahe, wie ihn die Physik als Abstraktum lediglich zur mechanistischen Darstellung des Naturgeschehens anwendet. Aber dieser Zeitbegriff entbehrt des Wesentlichen: der Fülle des wirklichen Naturgeschehens. So sehen wir zugleich an diesem Beispiel, was es mit der mechanistischen Darstellung der Natur, der Naturgeschehnisse überhaupt auf sich hat. Sie geben ein leeres Weltbild. Die wahre wesensvolle Wirklichkeit — und Geschichte ist immer wesensvoll —· verflüchtigt sich zu einem entleerten Schema. Vielleicht ist es auch so mit der zahlenmäßigen Errechnung von Sternentfernungen und Lichtjahren in einem qualitätslos an sich existierend gedachten leeren Raum. Es ist mathematisch nach den gemachten Voraussetzungen durchaus richtig und logisch, wie die oben geschilderte Vergleichsuhr auch, dennoch ist es in dieser logisch-mathematischen Unanfechtbarkeit ganz und gar naturfremd, naturunwirklich, denn es faßt nicht den Wesenszustand des Kosmos und der Weltkörper. Zudem gelten auch die mathematischen Folgerungen selbst nur unter bestimmten fiktiven Voraussetzungen so lange, als man auf dem Boden der euklidischen Geometrie steht, die ganz eine Abstraktion bleibt, wenn sie sich auch praktisch anwendbar erweist. Das uns sichtbare Weltall kann ein unendliches, aber doch umgrenztes, in sich zurücklaufendes Wesen haben. Wie ein nur zweidimensional empfindendes Geschöpf, das auf der Außenfläche eines Globus nach allen Seiten sich bewegen könnte, ohne dabei an ein Ende zu kommen, dennoch sich in einem All befände, das durchaus begrenzt ist und in sich geschlossen zurückkehrt, so könnte es auch analog mit unserem Weltall sein, von dem wir die allein uns derzeit mögliche dreidimensionale Anschauung haben, das sich allerseits geradlinig endlos unserem Blick und Empfindungsvermögen darstellt und dennoch in seinem Wesen begrenzt sein könnte. Mit diesem in sich zurückkehrenden Bild des Universums ist man aber zu weiteren, hier nur eben andeutbaren Vorstellungen gelangt. Doch wir wollen nicht einer künftigen Astronomie vorgreifen, sondern nur im Anschluß an die oben dargestellte geologische Uhr den Unterschied einer wesenhaften und einer wesensleeren Zeit- und Raumauffassung umrissen haben.

II

GESCHICHTE DES LEBENS

Das Organische, Biologische ist die mittlere Stufe der Natur. Die Lebenskräfte sind nicht mehr verhüllt, sondern manifestieren sich in einheitlichen Gestalten, von denen jede Individualität hat und nur als Ganzheit bestehen kann. Hier kann wohl der Versuch einer mechanistischen Darstellung der Vorgänge und Formbildungen gemacht werden, doch dies trifft nicht mehr das Wesen des Gegenstandes. Das Werden ist seiner innersten Art nach unumkehrbar, es ist Geschichte. Das Lebendige im Gesamtkosmos ist gelöst und zu großer Freiheit entlassen.

1. Erdgeschichtliche Aufeinanderfolge der Tiere und Pflanzen

Die unendliche Mannigfaltigkeit des Tier- und Pflanzenreiches, nicht nur des heutigen, sondern auch des damit natürlich verbundenen urweltlichen, läßt sich auf eine größere Zahl von Grundorganisationen zurückführen. So reich auch im einzelnen die Gestaltungen sein mögen, so sind sie doch alle festgebannt in bestimmte Baupläne. Fast alle Grundformen begegnen uns noch in der heutigen Schöpfung, die urweltlichen Lebewesen gliedern sich größtenteils zwanglos in sie ein, nur wenige andere erloschene haben in früheren Erdperioden gelebt. Auch sind manche Grundformen heute nur noch in spärlichen Resten mit wenigen Gattungen oder Arten vertreten, früher aber boten sie eine weit größere Mannigfaltigkeit. Überhaupt ist das, was uns heute insbesondere an Landtieren, höheren und niederen, entgegentritt, in seiner Vielheit nur ein Restbestand dessen, was ehedem schon über die Erde dahinging.

Wenn wir etwa das Tierreich als Stufenleiter von Niederem zu Höherem betrachten und die allerhand Grundformen und Baupläne der Einzelligen, der Leibeshöhlentiere, der Würmer, Weichtiere, Gliedertiere, Fische, Amphibien, Reptilien und Säugetiere nach Maßgabe ihres verschiedenen Organisationsgrades aneinanderreihen, um so das ideale Bild einer zunehmenden Vervollkommnung zu gewinnen, so ist es bemerkenswert, daß auch im Verlauf der erdgeschichtlichen Zeitalter die Organisationsstufen des gesamten Tier- und Pflanzenreiches in einer dementsprechenden zeitlichen Reihenfolge hervortreten. So zeigen sich in den frühen Zeiten des Erdaltertums nur niedere Meerestiere, unter diesen vielfach auch zuerst die niedersten Spezialtypen; dann kommt das Wirbeltier als Fisch, dann als Amphib und Reptil, später als niederorganisiertes beuteltierhaftes Säugetier, zuletzt als höheres Plazentalsäugetier. Auch innerhalb dieser nacheinander erscheinenden Grundtypen kommen zuerst die primitiveren Organisationen, teilweise auch ganz andersartige, die es heute längst nicht mehr gibt, zuletzt die höheren, vollendeteren.

So sind die einzelnen Erdzeitalter durch das erstmalige Erscheinen bestimmter Grundgestalten und ihrer Spezialabwandlungen gekennzeichnet, die stete Erneuerung der organischen Formen ist ein

Wesenskennzeichen der einzelnen Erdperioden und deren Unter-
stufen. Bestimmte Charaktergestalten, Gruppen oder nur Gattungen kommen den einzelnen Epochen zu (vgl. S. 162), so wie für
die der menschlichen Kulturgeschichte bestimmte Herrscher oder
Reiche bezeichnend sind. Wir können auch etwa von der Zeit der
Ägypter, der Griechen und Römer sprechen oder von einem Zeitalter des Perikles oder Cäsar, auch wenn es sich um Zeitbezeich-
nung bei ganz anderen, entfernten Völkern handelt. So können
wir sagen: zur Zeit Cäsars war in Indien dies und das — und ebenso können wir von irgendeiner bei uns entdeckten fossilen Gattung
sagen, daß zu ihrer Zeit in Ostasien oder Amerika dies und jenes
geschah.

Kommen wir von unten her an die Schwelle des Erdaltertums
(Kambrium), so treffen wir dort zum erstenmal auf eine deutlich
erkennbare Meerestierwelt. Die meisten Klassen des niederen
Tierreiches sind bereits vollentwickelt vorhanden: Quallen, Würmer, Schwämme, Seesterne, Mollusken, Molluskoideen sowie Trilobiten und Krebse. Diese beiden letzteren sind bis dahin das Höchste, was die Natur an Gestalten hervorgebracht hat; höhere Formen, wie Wirbeltiere, also Fische, gab es damals noch nicht; wenn
sie vorhanden waren, so könnte das nur in skelettlosen Gestalten
gewesen sein, die wegen ihrer hinfälligen Substanz keine fossilen
Reste hinterließen.

Die Trilobiten (Abb. 1 a, b) als ganz besondere Charaktertiere der
drei älteren Stufen des Erdaltertums (Kambrium, Silur, Devon)
sind äußerst vielgestaltig und ausschließlich Meeresbewohner ge-
wesen. Zur kambrischen Zeit machen die meisten den Eindruck von
Überbleibseln viel älterer, unbekannter, vermutlich algonkischer
Ahnen. während sie in der darauf folgenden Silurzeit viele neue
Austriebe erhalten, wobei auch noch besonders zahlreiche extreme
Spezialgestalten erscheinen.

Überhaupt nimmt mit der Silurzeit das Meeresleben einen
großen Aufschwung, es setzt
eine schon seit dem Mittelkam-
brium begonnene üppige Entfaltung der niederen marinen
Kalkschaler ein. Eine besonders
für die Silurzeit charakteristische
Gruppe. vermutlich ein eigener

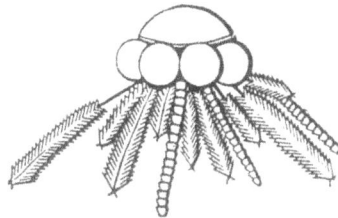

Abb. 11. Graptolithenkolonie,
hydrozoenartige Meerestiere, ausschließlich für die Silurzeit
charakteristisch.
(Nach Ruedemann.)

Tierstamm, sind die Graptolithen, schwimmende oder bäumchenartig festgewachsene hydrozoenartige Kolonien bildende Tiere. (Abb. 11.) Sie kommen in keiner anderen Formation vor; man kann das Silur also geradezu die Graptolithenzeit nennen. Auch der erste Skorpion wurde im Silur entdeckt. Diese Zeit bedeutet, wie gesagt, einen großen Aufschwung des Lebens, zumal auch die ersten sicher deutbaren echten Fische hinzukamen. Es sind teils haifischartige, wenn auch noch absonderliche Formen; dann Panzerfische, die später im Devon eine vordringliche Erscheinung sein werden, ebenso wie eigentümliche krebsartige Gestalten, die Merostomen. (Abb. 30.) Während in der kambrischen Pflanzenwelt nur niederste Meeresalgen vertreten waren, werden sie in den Silurmeeren reicher, echte Kalkalgen kommen hinzu, möglicherweise gab es auch schon allerniederste Landpflanzen, aber das ist fraglich.

Das alles entfaltet sich im Devon noch bunter, so daß man vom Kambrium her eine fortschreitende Üppigkeit der Lebewelt wahrnimmt; natürlich sterben auch viele Spezialzweige der niederen Tiere dazwischen immer wieder aus, andere aber treten um so zahlreicher und formenfreudiger hervor. Als bezeichnendes Element der Meerestierwelt kommen die Ammonshörner an der Schwelle zum Devon auf, welche dann bis an das Ende des Erdmittelalters zu den Charaktertieren des Meeres zählen. (Abb. 1 d, 2 c, d.) Die Fischwelt nimmt mit den im Devon völlig ausgeprägten Panzerfischen (Abb. 21, S. 99), die nun teilweise auch in das Süßwasser eingedrungen sind, gewaltig zu, es erscheinen auch die Lungenfische u. a. mehr. Schon melden sich die ersten sumpf- und süßwasserbewohnenden Amphibien, mit einem starken Kehlbrustpanzer ausgestattete Formen (Stegokephalen) des nordischen Devon, die weiterhin im Karbon bis Perm und in der unteren Trias ihre Hauptentfaltung erleben sollen. (Abb.

Abb. 12. Älteste krautartige niedere, noch an das Wasser gebundene Gewächse der Devonzeit (Nach Kidston u. Lang.)

76

19, S. 83.) Auch das sind zeitbezeichnende Charaktertiere für die drei soeben genannten Formationen.

Deutlich tritt die Landpflanzenwelt mit dem Devon erstmalig hervor. (Abb. 12.) Es sind niederorganisierte krautartige Gewächse (Psilophytenflora), bis Ende des Mitteldevon gehend, ohne eigentliche Blattbildung; dann vom Oberdevon ab farnartige und schach-

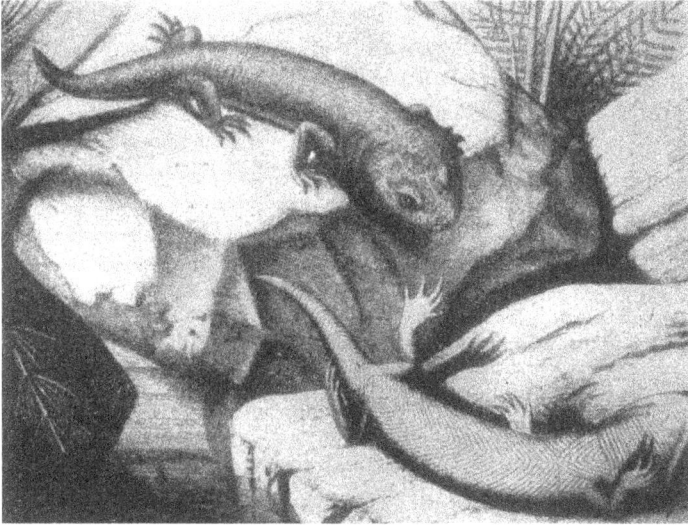

Abb. 13. Uramphib des späteren Erdaltertums, von Salamandergröße, mit Scheitelauge und Molchhabitus. (Nach Walther.)

telhalmförmige Gestalten, erstere mit Laubbildung, teilweise schon baumartig auswachsend (Archaeopterisflora), die sozusagen die Einleitung für die kommende entfaltete Karbonflora bilden.

Die Karbonzeit bietet im Meer zunächst nichts wesentlich Neues gegenüber der Devonzeit, nur wiederum einige besondere Ausspezialisierungen niederer Meerestiere, aber die Arten und Gattungen ändern sich fortlaufend. Dagegen nimmt die an das Wasser gebundene Landpflanzenwelt einen ganz großen Aufschwung. Sie besteht aus echten Farnen mit mehreren Untergruppen, dann aus Bärlappgewächsen und Schachtelhalmen, die alle vielfach zu großen Bäumen auswachsen. Dazu noch Cordaiten, baumgroße Farne mit markreichem Stamm und Nadelholzstruktur, mit einer Krone aus bandförmigen Blättern und mit Blüten wie zweizeilige Ähren. Andeutungen von echten Nadelhölzern liegen vor. Eine genaue Be-

schreibung der Lebensgemeinschaft und der Formen der Karbon-
pflanzenwelt gibt Abschnitt II, 2.
Auf dem Land vermehren sich zur Karbonzeit die Amphibien in
noch ganz altertümlichen Gruppen (Abb. 13), die mit den heutigen
kaum stammverwandt gewesen sein dürften; das erste Reptil erscheint, womit die Tierwelt erstmals das trockene Land erobert,

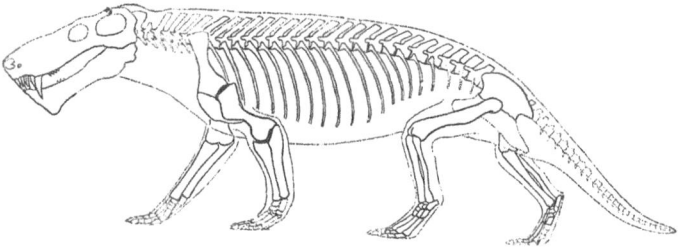

*Abb. 14. Säugetierartig gestaltetes Altreptil der Perm-Triaszeit.
Südafrika. (Nach Broili-Schröder.)*

während die Amphibien noch ganz an das Sumpfland gebunden
bleiben. Aus dem Karbon ist auch eine reiche, gewiß auch schon
früher existierende Insektenwelt überliefert, auch die erste Spinne
und die ersten Süßwasserschnecken.
Die Permzeit bringt in vielen Teilen der Erde eine Verarmung
der Meerestierwelt, es ist Umschwungzeit, wobei manche zuvor
reich entfaltete Gruppen zurücktreten oder ganz verschwinden, wie
etwa die riffbildenden Korallen, so gut wie völlig auch die Trilobiten und viele alte Muschel- und Schneckengruppen des Meeres,
ebenso viele Geschlechter der Ammonshörner. Dagegen werden die
Fische, besonders der schon zuvor entwickelte Typus der Schmelzschupper (Abb. 25, S. 107) stark vermehrt, die Gruppe der Amphibien wird reichhaltiger, ebenso die der Reptilien, wobei sogar
äußerlich säugetierhafte Gestalten unter ihnen auftreten; auch die
erste echte Schildkröte erscheint.
Die Pflanzenwelt erfährt mit der Permzeit neuen Zuwachs, vor
allem durch das niederorganisierte Nadelholz, das in der Karbonzeit kaum erst angedeutet war. Noch besteht die alte Karbonflora zuerst fort, aber das Nadelholz entwickelt sich jetzt mit dem
Typus der Araukarien sehr stark, womit nun die Pflanzenwelt erstmalig außerhalb des Feuchten das trockene Land selbst gewinnt
(Gymnospermen). Es kommen die ersten, danach im Erdmittelalter
stark entfalteten Ginkgoazeen sowie diesen verwandte fremdartigere

78

Typen auf der Südhalbkugel, die Glossopteriden, mit langen bandförmigen Blattnadeln hinzu. (Abb. 20, S. 90.)

Am Ende des Perm und zu Beginn der Trias lebte auf dem
großen, noch unzerlegten Südkontinent, teilweise bis Rußland hinüberreichend, eine eigentümliche Reptilgesellschaft, die, wie schon
beiläufig bemerkt, teilweise säugetierartige Merkmale besaß. (Abb.
14.) Diese, auch teilweise in Schottland verwandt auftretenden
Typen sterben am Ende der Untertriaszeit aus, es erscheint dafür
die jüngere Gruppe der Schrecksaurier, die im Faunenbild des
ganzen Erdmittelalters den wesentlichsten Zug ausmachen.

Wir kommen hinüber in das Erdmittelalter. Manche zuvor bezeichnenden Tier- und Pflanzenformen sind mittlerweile ausgelöscht, so
vor allem der Typus des Trilobitenkrebses, jenes Charaktertieres
des ganzen Erdaltertums, dessen letzte verschwindende Reste noch
Karbon und Perm lieferten. Das Erdmittelalter ist die Epoche der
Hauptentfaltung des Reptils, der Echse. In unvorstellbarer Ge-
staltungskraft entwickelt es sich, es wimmelt überall auf den Ländern von ihnen, sie besiedeln in kleinen und großen, aber auch
allergrößten Gestalten alle Gegenden, schicken viele Vertreter auch
in das Meer und in die Luft. Die auffallendsten Typen sind, wie
angedeutet, die kleinen und
großen Schrecksaurier, teilweise
gewaltige, 18 m hohe Raubtiere, teils ebenfalls große und
kleine harmlose Pflanzen- und
Kleintierfresser. (Abb. 15.)

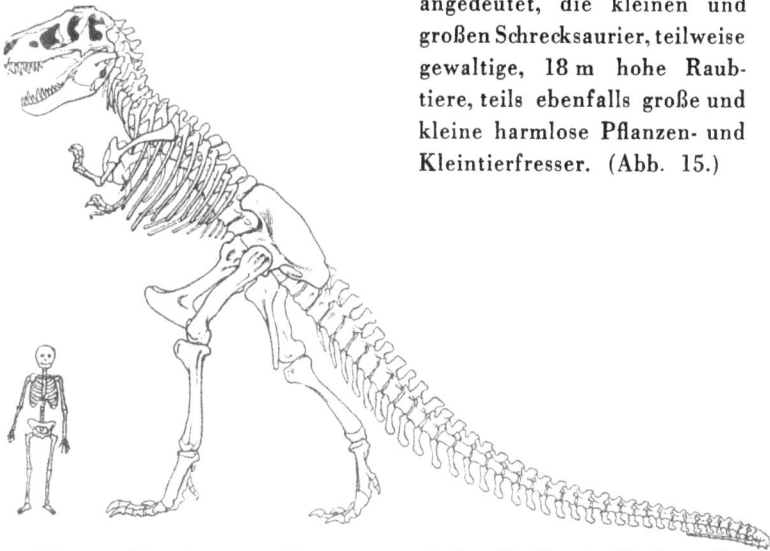

Abb. 15. Schrecksaurier (Tyrannosaurus) der Kreidezeit, Nordamerika.
Kurze Vorderbeine, starke Hinterbeine, halb aufrechter Gang. Daneben
der Jetztweltmensch zum Größenvergleich. (Nach Osborn.)

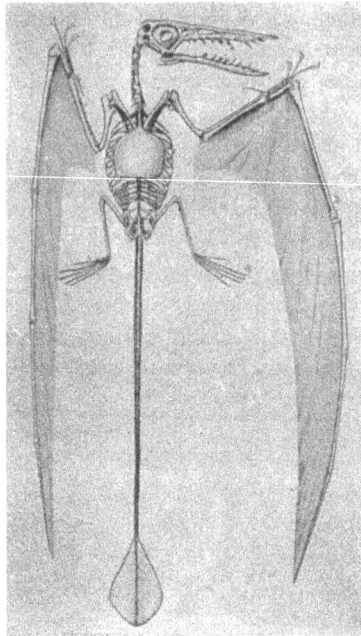

Abb. 16. Flugechse (Rhamphorhynchus) mit langem Steuerschwanz, aus der Oberjurazeit. Etwa Tauben- größe. (Nach Stromer.)

Wie heute die Fledermaus ein Säugetier ist, das durch den Erwerb einer flügelartigen, zwischen den verlängerten Fingern ausgespann- ten Haut fliegen kann, so entstanden damals fliegende Echsen, deren Flughaut an dem stark vergrößerten, armhaft gewordenen vierten Finger der Vorderextremität ausgespannt war. (Abb. 16.) Und, wie gesagt, auch in das Meer drang das Reptil ein, wo es durch Anpassung an das Wasserleben allerhand Umwandlungen erfuhr, so wie Wal und Delphin heutigentages reine Meerbewohner geworden sind und im Zusammenhang damit äußerlich fischartige Gestalt bekamen. (Abb. 17.) Zu gleicher Zeit erscheint auch das erste vogelartige Reptil, das befiedert war, aber schlecht fliegen konnte und mit seinen vier bekrallten Extremitäten an Bäumen oder Felswänden hochkletterte und sich von da beutehaschend mit einem Rüttelflug in die Luft warf. (Abb. 18.) Säugetiere sind im Erdmittelalter, mit Ausnahme der Oberkreidezeit, nur in unscheinbaren Formen dagewesen und spielen im Faunenbild jener Epochen keine bemerkenswerte Rolle.

Am Beginn des Erdmittelalters, in der Triaszeit, lebten noch neben jenen schon erwähnten, oft säugetierhaften Altreptilien amphibische Stegokephalen (S. 76) vom Altertum her weiter, in unseren Gegenden insbesondere durch große Molche bezeichnet. (Abb. 19.) Um die Mitte des Erdmittelalters,. in der Oberjurazeit, kommt dann das erwähnte vogelartige Reptil und deutet die erstmalige Entstehung des Vogellebens an, das dann erst mit der letzten Epoche des Erdmittelalters, der Kreidezeit, vollentwickelt erscheint. Auch primitive Säugetiere als solche, nicht nur säugerähnliche Scheinformen, die Monotremen, von denen heute noch zwei eierlegende Gattungen existieren, kamen im frühen Erdmittelalter hinzu. Danach tritt das beuteltierhafte Säugetier auf, heute noch in den australischen Beutlern repräsentiert. In den Meeren hat sich seit dem Erdaltertum die Fischwelt stark entwickelt, die alten fremdartigen Typen sind verschwunden; die schon im Perm reichlich vorhandenen Schmelzschupper, dann auch von der

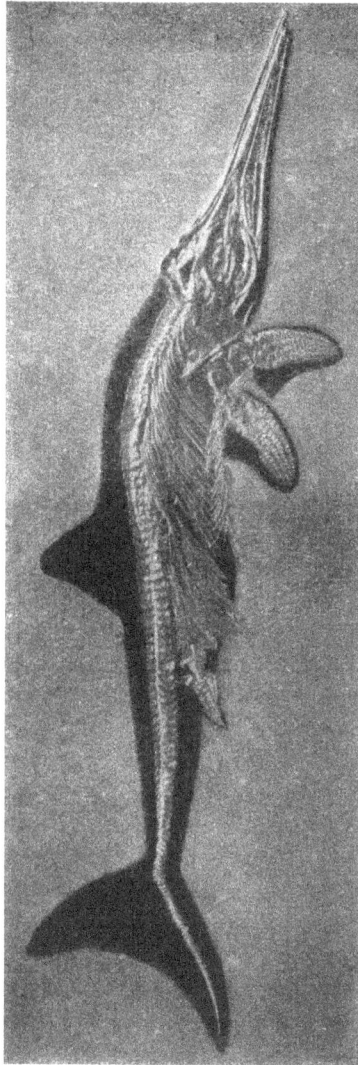

Abb. 17. Fischechse (Ichthyosaurus) der Unterjurazeit. Vollkommener Anpassungstypus des einstigen Landvierfüßlers an das Meeresleben. (Nach Hauff.)

Jurazeit ab die echten Knochenfische, worunter Sprotte und Hering die ersten Gattungen sind, beherrschen den Plan.

Gegen Ende des Erdmittelalters erscheinen mit den letzten Schrecksauriern in der Oberkreidezeit auf den Ländern extreme Gestalten, in den Meeren entarten die bis dahin unglaublich zahl- und formenreichen Ammonshörner mit zweckwidrigen Schalen: dann kommt das große Sterben in die Tierwelt, vieles Bisherige erlischt

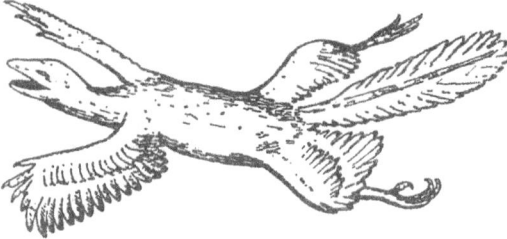

Abb. 18. Urvogelgestalt, mit vier vollständigen, bekrallten Extremitäten. Schlechter Flieger. Oberjurazeit. (Nach Swinnerton.)

ganz (Schrecksaurier, Ammoniten), vieles setzt sich in geringen Resten in die Tertiärzeit noch fort. Das zuvor unscheinbare Säugetier in Beutlergestalt, von der Oberkreide ab aber auch das höhere plazentale Säugetier treten die Weltherrschaft der erdmittelalterlichen Echsen an und entfalten sich nun in der Erdneuzeit in mindestens ebensolcher Mannigfaltigkeit wie jene zuvor. (Abschnitt II, 5.) Eine neue Flora kommt auf: die Laubhölzer und die bedecktsamigen Blütenpflanzen, somit alles das, was wir gewöhnlich Blüten und Blumen nennen. Sie entstehen auf einem westlich von Amerika liegenden pazifischen Kontinentalgebiet, wandern von dort nach Uramerika und über das damit zusammenhängende Nordasien auch nach Europa, von da nach Afrika.

Wie immer in der Erdgeschichte, geht die Entfaltung der Pflanzenwelt jener der Tierwelt voraus, und schon mit dem Beginn der Tertiärzeit ist die Flora wesentlich die heutige geworden, während das Säugetier erst in den Anfängen seiner Entwicklung steht. Es ist ja klar, daß erst eine entsprechende Flora bestehen mußte, ehe die vielen sich davon nährenden Landtiere auftreten konnten. So ging auch im Erdaltertum der Besiedlung des Landes durch die Vierfüßler die Ausbildung geeigneter Gewächse voraus. Die Meerestierwelt ist im Tertiär ebenfalls wesentlich die heutige, nur eben entsprechend den andersartigen Klimazuständen auch anders auf der Erde verteilt. Dagegen beobachten wir nun in mannigfachen Entwicklungsreihen, wie nach und nach alle speziellen

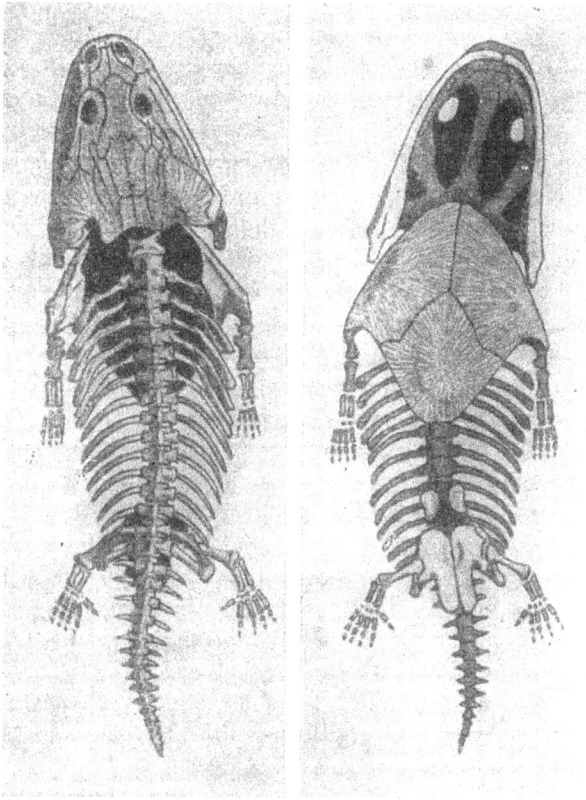

Abb. 19. Riesenlurch der Triaszeit (Metoposaurus) mit starkem Kehlbrustpanzer und gedecktem Schädel (Stegokephale.) Lebte in Sümpfen der Keuperzeit in unseren Gegenden. Körperlänge über 1 m. (Nach Fraas.)

Säugetierformen hervortreten und aus primitiven Frühformen zu den späteren und heutigen Arten und Gattungen werden. Insbesondere die Dickhäuter sowie die Paar- und Unpaarhufer, auch die Wale liefern die prächtigsten Formenreihen (Abb. 34—36, S. 140—141), in denen wir etwa die Elefantiden, die Kameliden, die Rinder und Pferde sich zu ihren heutigen Gestaltungen ausspezialisieren sehen. (Abschnitt II, 5.) Was heute noch von jener tertiären Säugetierwelt lebt, ist ein verhältnismäßig geringer Rest. So wie das Reptil am Ende des Erdmittelalters stark reduziert wurde, so mit dem Ende und teilweise schon während der Spättertiärzeit auch das Säugetier. Denn es kommt nun wieder ein abnormer Zustand und ein Aussterben über die Erde: die diluviale Eiszeit.

Die warme Alttertiärzeit gab auch Anlaß zum Entstehen der Braunkohlen. Auch sie sind in Moor- und Sumpfwäldern abgelagert, aber nicht, wie jene der Steinkohlenzeit, durch niederorganisierte harzlose Pflanzenbestände, sondern durch einen Vegetationsbestand, der bald aus Gräsern, Heide und Schilf, bald wieder aus richtigem Wald mit teilweise harzreichen Nadelhölzern bestand. Es gibt da gewisse Florenzyklen, die teils mit wechselnden Grundwasserständen, teils mit klimatischen Schwankungen zusammenhingen. Am auffallendsten, wenn auch zeitlich am raschesten jeweils vorübergehend, waren die Hochwaldbestände, die vielfach an die nordamerikanischen Wasser- und Sumpfwälder der Swamps erinnern und auch entsprechende biologische Erscheinungen zeigten.

Die Braunkohle kann nie, wie die Karbonkohle, zu Anthrazit werden, weil sie, wie gesagt, größtenteils harzhaltigen Bäumen ihre Entstehung verdankt. Harzreiche Bäume standen auch im norddeutschen alttertiären Bernsteingebiet. Der Bernstein ist das reichlich ausgeflossene Harz jener Bäume und hat uns eine ungemein reichhaltige fossile Tierwelt, insbesondere Insekten, in mumienhaft vollständiger Erhaltung geliefert.

Wie auf Seite 62 geschildert, hatte die diluviale Eiszeit mehrere wärmere Zwischeneiszeiten, in denen das Eis völlig schwand, um später wieder zu wachsen und in die mittlerweile eisfrei gewordenen Gegenden vorzustoßen. Entsprechend verlegten sich auch die Steppengebiete oder wurden von wachstumsreicheren Gebietszuständen abgelöst. Mit diesen eiszeitlichen Vor- und Rückzügen und den damit Hand in Hand gehenden klimatischen Veränderungen wanderten auch die Säugetiere, die Landmollusken, die Insektenwelt entsprechend hin und her, nach Süden sich zurückziehend während der Eisvorstöße, nach Norden zurückkehrend in den Zwischenphasen, dabei stets wieder mit neuen Arten auftretend. Und nun in dieser Gesamtepoche findet sich erstmalig auch der fossile Mensch, zuerst Gestalten mit einigen abseitigen Körpereigenschaften, und erst später mit dem Ende der Eiszeit bzw. nach deren Abschluß der Vollmensch unserer Art.

Wir begannen die vorstehende Schilderung des urweltlichen Tier- und Pflanzenlebens bei der unteren Schwelle des Erdaltertums, wo uns zum erstenmal ein sicher deutbares Meerestierleben begegnete; es war, wie wir sahen, bis zur Höhe der Krebsorganisation entwickelt. Es ist aber klar, daß dies nicht das früheste wirkliche Leben der Erde sein kann. Denn nach unseren allgemeinen entwicklungsgeschichtlichen Erkenntnissen muß dieser vollen Entfaltung niederer Tiergruppen schon eine sehr lange, noch frühere Entwicklungszeit vorausgegangen sein, damit jene immerhin schon weit voneinander entfernten, teilweise stark ausspezialisierten Äste und Zweige des Lebensbaumes zu unterkambrischer Zeit scheinbar plötzlich in Erscheinung treten konnten. Diese Entwicklung ist in der dem Erdaltertum vorausgehenden präkambrisch-algonkischen Zeit zu suchen.

In der Bretagne gibt es eine der algonkischen Zeit angehörige Wechsellagerung von kohlehaltigen Schiefern und Sandsteinen; die kohlige Substanz ist organischer Herkunft; ob von Tieren oder Pflanzen stammend, bleibt ungewiß. Aber es sind kleinste Einzellerskelette (Radiolarien) und Nadeln von Kieselschwämmen darin. Beide Formen beweisen, daß damals in präkambrischer Zeit mindestens diese beiden niederen Tiergruppen stammesgeschichtlich schon wohl getrennt waren. Ausgiebigere Funde haben die im Süßwasser abgelagerten Beltschiefer in Montana geliefert: Grünalgen, Würmerspuren, chitinöse Panzerstücke, wahrscheinlich zu krebsartigen Tieren gehörend, kleinste gestreckte Mollusken(?)-schälchen u. dgl. Im Präkambrium Finnlands fanden sich ausgefüllte Wurmröhren oder schwammartige Körper, auch kohlige Bildungen; in Nordamerika ferner baumkuchenartige geschichtete Kalkkrustenkuchen mit zelliger Feinstruktur. Letztere sind teilweise mächtige riffartige Gebilde und werden als Kalkrinden besonderer Algenpflanzen der Frühmeere angesprochen, ähnlich denen, welche später und heute noch auf dem Meeresgrund, übrigens auch im Süßwasser Krustenriffe bauen. In den algonkischen Gesteinen Nordamerikas hat man auch Grünalgenzellen entdeckt. Ebenso deuten Marmorkalke auf das Vorhandensein von Lebewesen, denn Kalkbildung in den Meeren ist unbedingt an ausscheidendes niederes Organismenleben geknüpft. Alles das beweist, daß schon in algonkischer Zeit die verschiedenen Äste und Zweige des organischen Reiches entfaltet waren, wenn auch das meiste nur schwer oder nicht deutbar ist.

Im übrigen muß man zur Erklärung des Fehlens deutlicher Fossilien in der algonkischen Formation annehmen, daß damals die Fähigkeit zur Kalkschalenbildung auch bei möglicherweise schon

existenten Mollusken noch nicht entwickelt war; auch die unter-
kambrische Tierwelt zeigt ja, wie geschildert, noch wesentlich horn-
schalige, chitinöse Tierkörper. Infolgedessen mögen auch in der
algonkischen Epoche manche Gruppen schon dagewesen sein, die
nackthäutig und eben deshalb fossil nicht erhaltungsfähig waren.
Wir müssen den ältesten Lebewesen nackte, vielfach nur proto-
plasmatische Körperbeschaffenheit zuschreiben, wenige aber, wie
jene Radiolarien und Schwämme aus der Bretagne, hatten Kiesel-
gerüste, die anderen bestenfalls chitinöse Außenseiten.

So erhebt sich die Frage, ob das Leben denn überhaupt erst mit
dem Algonkium auftrat oder nicht auch schon früher, im Archaikum, dagewesen war? Die Gesteine der archäischen Formation sind
stark umgebildet, metamorphosiert, in die feinste Kleinstruktur
hinein durchknetet (S. 64). Durch die oft tiefe Versenkung im
Lauf nacharchäischer Zeiten und die späte, durch Bruchverschie-
bungen und Gebirgsfaltungen erst wieder veranlaßte Heraushebung, ferner durch die in der Tiefe wirkende Hitze sind völlige
Umknetungen, Ummineralisierungen in den einstigen Ursedi-
menten vor sich gegangen, so daß man sie vielfach gar nicht von
echt vulkanischen, ebenfalls umgewandelten kristallinen Massen
unterscheiden kann. Selbst wenn also einmal deutliche Fossilien
in den archäischen Schichten aufbewahrt gewesen wären, würden
diese danach völlig verschwunden sein. Aber auch ohne dies sind
vermutlich die archäischen Lebewesen allergrößtenteils, wie die
algonkischen, nackt gewesen und daher von vornherein kaum
fossil erhalten worden.

Dennoch hat auch das archäische Gestein da und dort Reste organischen Lebens geliefert. Da gibt es undeutliche kohlige, nußförmige
Gebilde; es gibt Kohlen selbst, es gibt auch Marmorkalke. Beides
geht zweifellos auf Organismenansammlungen zurück. Marmor,
also kohlensaurer Kalk, ist auch in den heutigen Meeren an die
Tätigkeit niederer Organismen geknüpft, die ihn aus dem Meerwasser ausscheiden und zum chemischen Niederschlag bringen,
sofern er nicht unmittelbar aus der Ansammlung makroskopischer
Organismenschalen besteht oder von Korallen aufgebaut wird.
So deutet die Anwesenheit von Marmorkalken im Archaikum,
auch wenn sie nunmehr kristallin umgewandelt sind, mindestens
auf das damalige Vorhandensein von Bakterien hin. Diese aber
sind ja selbst keine ursprünglichen Lebewesen, sondern bilden
einen abseitig ausgestalteten Zweig des allgemeinen pflanzlichen

Lebens — und so hätte deren Anwesenheit zur Voraussetzung, daß noch primitiveres Leben ihnen damals vorausging bzw. gleichzeitig existierte.

Wir müssen uns also vorläufig mit der Erkenntnis begnügen, daß Leben schon im Archaikum da war, vielleicht reichlich und mannigfaltig, wenn auch auf niedersten Stufen; mehr zu sagen ist bisher nicht möglich. Wie aber, so kann man noch fragen, begann wohl das Leben auf Erden? Nach der einen Lehre sollte es schon frühzeitig in Keimen von anderen Weltkörpern durch den Strahlungsdruck des Lichtes oder durch Meteore, die andere planetare Lufthüllen durchstreiften, von dort mitgenommen und in die Erdatmosphäre gebracht worden sein, freilich nur in Form kleinster bakterieller Körperchen oder Viren, die sich sowohl als kristallischer Feinstaub wie in organischem Zustand auch in den höchsten Regionen einer planetaren Gashülle befinden konnten. Eine andere und wohl näherliegende Lehre sprach von Urzeugung aus anorganischem Stoff auf der Erdoberfläche selbst, unter andersartigen chemisch-physikalischen Bedingungen.

Doch wir können uns keinen rechten Begriff von solchen Vorgängen machen; soweit dies möglich ist, wird es im Abschnitt III, 2 noch dargelegt, denn hierzu bedarf es Überlegungen tieferer Art, als sie die einfache alte Urzeugungslehre anstellte. Dagegen läßt es sich wahrscheinlich machen, daß das Wasser überhaupt, sei es das Meereswasser, sei es das Süßwasser, der Ursprungsherd alles Lebens war; denn alle niedersten Tiere finden sich zuerst und grundsätzlich im Meer und sind ihrem ganzen Wesen nach auf dieses eingestellt. Vor allem, das ist sicher, mußten sich Wesen entwickeln, denen es möglich war, durch einfache Spaltung und Zersetzung aus der umgebenden anorganischen Stoffwelt die für den Aufbau ihres Körpers nötigen Substanzen zu gewinnen. Erst auf dieser biologischen Grundlage konnte dann niederstes Pflanzenleben als solches, etwa in Gestalt von einzelligen Algen, sich entwickeln. War diese Stufe erreicht, dann stand für ein niederstes tierisches Leben die Existenzmöglichkeit bereit; ist es doch das physiologische Kennzeichen des Tierwesens schlechthin, daß es nur auf organischer, also ursprünglich pflanzlicher Nährsubstanz aufbauen kann. So kam es zu einer stammesgeschichtlichen Zweiteilung in ein ursprüngliches niederstes Pflanzenreich und Tierreich und erst von da aus war die Bahn frei zu der Entfaltung des Lebens, wie es die Epochen der Erdgeschichte uns zeigen.

Es würde uns nichts helfen, nun unseren Geist, unsere Phantasie spielen zu lassen, um solche frühesten urweltlichen Organismen in ihrer Formgestaltung darzustellen und zu beschreiben. Es bliebe leeres ästhetisches Spiel, selbst wenn wir uns dabei streng an gewisse anatomische und physiologische Formbildungsgesetze, die späteren bekannten Lebewesen entnommen sind, hielten. Was würde es uns viel sagen, wenn wir einen „Urschleim" oder amöboide Schleimklümpchen oder Bakterien und Viren als Anfang setzten; oder wenn wir ihnen die Fähigkeit zuschrieben, sich, wenn auch nur durch einfache oder mehrfache Teilung fortpflanzen oder gar sich der veränderlichen Umgebung durch Formumprägung oder verschiedenes Reagieren anpassen und sich in Generationen höher entfalten zu können und so aus dem Anfangsplasma endlich eine durchdauernde Körperform und ein unter seinesgleichen als „Art" lebendes Urtier zu werden?

2. Biologische und biogeographische Räume

Unzählige Scharen von Lebewesen, von Gattungen und Arten des Pflanzen- und Tierreiches sind im Lauf der Zeiten über die Erdoberfläche dahingegangen. Sie kamen und verschwanden wieder, sie entfalteten sich, eroberten sich ihren Lebensraum und wurden wieder verdrängt oder starben aus, andere traten an ihre Stelle; letzte Überreste zogen sich in Winkel zurück und fristeten dort noch längere oder kürzere Zeit im Schatten neu aufkommender Geschlechter, verarmt an Arten, ein untergeordnetes Kümmerdasein. Von vielen organischen Gestalten wissen wir ein bestimmtes Lebensgebiet zu bezeichnen, in dem sie erstmalig auftraten, ihren Urbezirk, enger oder weiter. Von da breiteten sie sich langsam oder schnell aus und gelangten in andere Räume, je nach den ihnen gebotenen Land- oder Meeresverbindungen und vielfach im Zusammenhang mit deren Wechsel. Dabei wandelten sie sich meist nach dem ihnen innewohnenden Lebensgesetz um, teils so, wie es dieses erfordert, teils auch in Anpassung an die Erfordernisse der Umwelt. So verdrängten sie ältere, eingesessene ausentwickelte Formen, nahmen deren Lebensplätze ein oder füllten die der absterbenden oder abgestorbenen aus — bis dann, nachdem ihre eigenen Ausgestaltungs- und Entwicklungsmöglichkeiten erschöpft waren, auch ihre Stunde schlug und neue lebenskräftige Gestalten auftraten.

Zugleich mit dieser nie unterbrochenen Umgestaltung und Bewegung des wie ein Strom ruhelos dahinflutenden Lebens veränderten sich aber auch die Lebensräume selbst, änderte sich stetig die Erdoberfläche, änderten sich die Lebensbedingungen im engeren Kreis oder weltweit. Da tauchten etwa Meeresböden auf und wurden zu Ländern und Gebirgen; Länder und Gebirge wurden abgetragen und sanken unter das Meer oder sie wurden zerteilt durch Meeresarme; oder Meeresbecken wurden durch Landzungen und Archipele zerlegt; wo heute Ozeantiefen gähnen, lag einst sonnenbeschienenes Land, wo heute Eiswüsten sich erstrecken, gab es einst üppige Vegetation — und so mußte sich das Leben im weiten oder engen Kreis fort und fort neuen Bedingungen angleichen. Im allgemeinen haben umspannende Katastrophen, die für das Gesamtleben der Erde schädlich oder tödlich hätten werden können, seit dem Erdaltertum die Erde nicht betroffen, wohl aber häufig einzelne Gebiete. Immer blieb der Lebensbaum als Ganzes, immer auch die Lebensräume bewohnbar. Und wenn auch da und dort sogar kräftige Äste und Zweige, die nach und nach in sich überaltert waren, bei Einzelstürmen abgeknickt wurden, riß dennoch der Lebensfaden als Ganzes niemals ab, der Grundstamm als solcher wurde nie geknickt.

Aus dem fortwährenden Strom von neuen Formen des organischen Reiches, dem steten Sichumbilden und Absterben ergaben sich nun zu allen Zeiten engere oder weitere Lebensgemeinschaften, innerhalb deren wie in einem Urwald gegenseitige Begünstigung, aber zugleich der Kampf ums Dasein herrschte. So wie heute überall Tierwelten oder Vegetationen und beides zusammen in vielen sozialen Gemeinschaften, freundlichen und feindlichen, stehen, war es zu jeder Zeit in der Erdgeschichte. Immer wieder wurde indes durch das Auftreten neuer Mitspieler das Gleichgewicht und die Zusammensetzung vorhandener Lebensgemeinschaften gestört, verändert, ja aufgelöst. Immerfort änderte sich die Erdoberfläche, das Klima; auch dadurch kamen die Lebensgemeinschaften aus ihrem vielleicht einmal kurze Zeit erreichten Gleichgewicht — kurz, ein vielfältiges Spiel der Natur.

Bildeten sich längere Zeit keine neuen Gestalten aus und vor allem keine solchen, die entscheidend den in einer Lebensgemeinschaft vorhandenen gefährlich waren, oder blieben die äußeren Umstände längere Zeit hindurch dieselben, so prägte sich in solchen Räumen alsbald ein gewisser stabiler Typus einer Lebens-

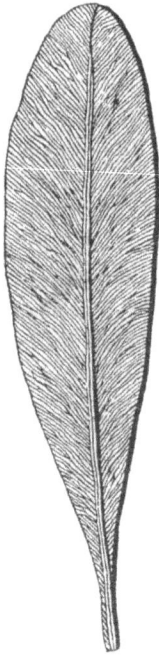

Abb. 20. Glossopteris, ein charakteristisches, den Farnen verwandtes oder ginkgoazeenartiges Nadelholz des Südkontinentes am Ende des Erdaltertums. (Nach Gothan.)

gemeinschaft aus. Etwas Derartiges haben wir am Ende des Erdaltertums. Zur Perm- und teilweise noch hinüberreichend in die Untertriaszeit war auf dem großen, von Südamerika bis Indien reichenden Südkontinent eine gewisse tier- und pflanzengeographische Stabilität eingetreten, nachdem die ältere Flora der Steinkohlenzeit durch das Aufkommen des primitiven Nadelholzes und die Landtierwelt durch mächtige Zunahme der Reptilien abgeändert, z. T. verdrängt und ausgestorben war. Zugleich war diese neu eingerichtete geographische Provinz noch von einer besonderen, teils zykadeen-, teils farnartigen Pflanzenwelt besiedelt, die nach ihrer auffälligsten Gattung mit langen zungenförmigen Blättern „Glossopterisflora" heißt. (Abb. 20.) Diese Tier- und Pflanzenprovinz erstreckte sich noch in das russische Gebiet nördlich der Dwina, wo nicht nur südafrikanische Charakterformen jener eigenartigen Reptilwelt, sondern auch die Glossopterisflora lebte. Andererseits hat diese im südlichen Ostafrika mit einer damaligen nordischen, ganz anders gearteten, durch das primitive Nadelholz gekennzeichneten Pflanzenwelt in Berührung gestanden. Das Gebiet ist damit deutlich biogeographisch umgrenzt.

Nun kam das Erdmittelalter. Da gehen floristische Umänderungen vor sich, derart, daß allmählich die Zykadophyten und die erwähnten nadelholzartigen Gewächse überhandnehmen. Dadurch verwischt sich die vorher beschriebene pflanzengeographische Situation, der Zonengegensatz von nördlicher Pflanzenwelt und Glossopterisflora ist ausgelöscht, und nun wird die Flora der ganzen Welt so gleichförmig, wie nie zuvor (S. 35). Wiederum ist nach dieser einschneidenden Änderung eine neue Stabilisierung eingetreten. Aber dann beginnen von der Mitte der Kreidezeit ab

90

als neuer Typus die Laubhölzer und die bedecktsamigen Blütenpflanzen, zudem auch höherorganisierte Nadelhölzer zu erscheinen,
und wiederum wird alles in neue Lebensgemeinschaften überge-
führt. Es ist wie die menschliche Geschichte.

Ununterbrochen, wohl seit die Erde eine feste Kruste hat und
Meere sich auf ihr niederschlugen, und seit dem ersten Auftreten
des Lebens in frühesten Zeiten ist dieses unentrinnbar mit bestimmten räumlich angeordneten Lebensbedingungen verkettet
gewesen. Schon als die ersten Lebensformen entstanden, sind sie
an das Salz- oder Süßwasser, an die Lichtzone oder die düstere
Tiefenzone der Meere, an die Tiefländer oder Hochländer, an
Wasserläufe und Klimareiche gebunden gewesen. Wandelten sich
die Lebewesen um, so muß dies immer im Hinblick auf die äußeren Lebensmöglichkeiten geschehen sein, auch wenn sich das Leben
ganz nach eigenen inneren Gesetzen entwickeln sollte. Denn eine
Form ohne Beziehung zu einer bestimmten Betätigung in einer
bestimmten Umwelt kann es niemals gegeben haben.

Das Leben ist, wenn man so sagen darf, geographisch orientiert.
Für die ältesten Zeiten fehlt uns noch völlig der Überblick; aber
seit der kambrischen Epoche, wo wir zum erstenmal eine voll deut-
bare Tierwelt vor uns haben, ist das Leben über die ganze Erde
verbreitet gewesen, wenigstens in den Meeren; was damals mit
der Besiedelung der Länder war, wissen wir nicht, vermutlich waren sie noch durchaus tier- und pflanzenleer. Und seit der kambrischen Epoche beobachten wir auch einwandfrei die geographische
Verteilung und Unterschiedlichkeit der Lebewesen, wir haben zu
jeder Zeit und meist recht deutliche biogeographische Provinzen.
Diese gingen vielfach mit Klimazonen Hand in Hand.

Schon die kambrische und silurische Meerestierwelt bietet deutliche
geographische Unterschiede. Im westlichen und mittleren Nordamerika bestand eine „pazifische" Meeresprovinz, im Osten dagegen eine „atlantische", die letztere noch nach England und Skandinavien herübergehend; Grönland, Island und Nordostamerika
muß Festland gewesen sein, an dessen Südrand sich die Flach-
wassertierwelt zwischen beiden Meeresprovinzen bis zu einem gewissen Grad durchdringen konnte. Es sind bestimmte Trilobiten
und Kalkschalerformen, durch welche sich beide Meeresprovinzen
unterschieden. Das gilt für das Kambrium, aber die entsprechenden
Verhältnisse setzten sich in der Silurzeit noch fort, und hier ist
festgestellt, daß sich von Westamerika nordwärts zum Pol und

darüber hinaus nach Novaja Semlja herunter die „pazifische" Tier-
provinz erstreckte, hier also hart an die „atlantische" anstieß;
andererseits reichte die erstere bis nach China.

Solche Meeresprovinzen, wenngleich anders angeordnet, lassen sich
auch für die Karbonzeit, dann für das Erdmittelalter nachweisen.
So bestand in der Triaszeit eine nordische, die sich von einer mediterranen abhob. In der Jurazeit gab es ebenfalls eine mediterrane,
nordwärts eine mitteleuropäische, darüber eine nordische Provinz.
Die mediterrane war im Süden wiederum von einer afriko-mada-
gassischen und einer indischen Subprovinz begleitet, es bestand
auch eine eigene südamerikanische. Sie sind alle durch bestimmte
Ammonitenfaunen und sonstige besonders kennzeichnende Gattungen bestimmt, die nordische durch eine Muschelart, die spiegel-
bildlich auch in Südamerika wiederkehrt, wobei auch zugleich
klimatische Zonen einigermaßen hervortreten. Oft senden biogeographische Provinzen oder Zonen auch noch anderswohin ihre
Ausläufer; so schickt die nordische des Jura nach Süßrußland ihre
charakteristische Muschelform. Besonders wenn Strömungen aus
der warmen Zone in die kühleren eindringen oder umgekehrt. Ein
schönes Beispiel hierfür bieten dickschalige marine Einzeller mit
gekammerten Gehäusen, die Nummuliten der Eozänzeit, die im Gegensatz zu sonstigen kalkschalentragenden Einzelligen, den meist
nur gut stecknadelkopfgroßen Foraminiferen, groschen- bis taler-
groß wurden. Sie gehen wie die im Abschnitt I, 3 erwähnten derb-
schaligen Rudistenmuscheln der Kreidezeit in einem Wärmegürtel
um die ganze Erde, stießen aber auch über Formosa nach Japan
und vom Mittelmeer bis nach Madagaskar und Südafrika vor.
(Abb. 7, S. 34.)

Die frühesten Kontinente bis gegen Ende des Erdaltertums waren
durchaus wüstenartig, nicht nur in Trockengebieten, sondern auch
dort, wo dauernd genug Niederschläge fielen, um unter heutigen
Umständen eine volle Pflanzenbedeckung und daher auch ein entsprechendes Tierleben zu gewährleisten. Während aber heute Wüsten nur entstehen, wo der Mangel entsprechender Niederschläge
und der Bodenfeuchtigkeit keinen Pflanzenwuchs und daher so gut
wie kein Tierleben gestattet, war die einstige Wüstenhaftigkeit
der Frühkontinente durch das entwicklungsgeschichtlich noch feh-
lende Pflanzenleben veranlaßt. Denn bis über die Mitte des Erdaltertums gab es noch keine Gewächse, die außerhalb der sumpfigen
Flächen und der Seengebiete hätten existieren können. Daher war

alles übrige Land pflanzenleer. Diese Urwüsten, wie man sie nennt, hatten somit einen rapide wirkenden Wasserkreislauf, die zerstörten Gesteine blieben infolge des Fehlens humoser Verwitterung und Bodenaufbereitung wesentlich unzersetzt, und so ergab sich daraus die merkwürdige Erscheinung, daß in den alten Sedimentformationen, sowohl des Landes wie der Meere, in die sie eingeschüttet wurden, ein fast unzersetztes Gesteinsmaterial überliefert ist, das sich mit einem besonderen petrographischen Charakter als sog. Grauwackenbildung kennzeichnen läßt. In späteren Formationen, von der Permzeit an, gibt es praktisch keine Grauwacken mehr, denn damals kamen mit dem Nadelholz und den Ginkgoazeen die landbesiedelnden Gewächse mächtig auf, und von da ab sind die Länder mit normalen Niederschlägen keine Wüsten mehr gewesen, sondern hatten eine humose Verwitterung.

Da sich, wie auseinandergesetzt, die Wohnplätze und Lebensumstände stetig veränderten, mußte sich auch das stets wechselnde Leben immerzu räumlich anders verteilen. Dies geschah in doppelter Weise: flächenhaft und sodann innerhalb desselben Gebietes in dessen verschiedene Lebenszonen, also auch in Höhen- und Tiefenstufen. Denn es mußten nicht nur immerfort neue Länderstrecken oder Meeresareale besiedelt und bisherige, die verschwanden, verlassen werden; sondern auch innerhalb der Länder und Meere wechselten die Höhen- und Tiefenlagen, die Temperaturen und Lichtverhältnisse, es entstanden in den Meeren neue Strömungen, auf den Ländern neue Wetterbahnen; alledem mußte durch Neueindringen oder Flucht sowie durch Formenumwandlung immer wieder entsprochen werden. War etwa ein bestimmtes Meereswohngebiet bis dahin tief und wurde es an derselben Stelle flach, wie auch umgekehrt, so mußte dies notwendig auf die räumliche Verteilung der Organismen wirken oder durch Formänderungen beantwortet werden. Wechsel des Salzgehaltes, Wasserströmungen, Lichtbestrahlung, auch Aussterben von Nahrungstieren, Eindringen von Konkurrenten — das alles ist unter Änderung des Lebensraumes zu verstehen.

Jede Grundform der Tierwelt, weniger der Pflanzenwelt, ist mit ihrer Bauanlage auf ein bestimmtes Medium hin geschaffen und eingestellt. Der Fisch für das Wasser, der Vierfüßler für das Land, Schwämme, Korallen, Stachelhäuter, Mollusken für Flachmeer. Überhaupt sind die niederen Tiere der Grundanlage und dem Ursprung nach durchgehend Meeresbewohner, die höheren vom Vierfüßler ab durchgehend Landbewohner; bei den Fischen ist es fraglich, ob sie grundsätzlich zuerst für das fließende Wasser, also Flüsse des Landes, oder für das Meer entwickelt waren. Der Fisch kann mechanisch nur in schneller Strömung, zugleich in einem vom Boden unabhängigen Zustand begriffen werden. Ein einfach wurmförmiges Urchordatentier, dessen Wirbelsäule noch ein weicher, vom Nervenbündel begleiteter Strang war, entwickelte sozusagen gegen die Wasserströmung seine Körpergestalt und Flossen, also seine eigentlichen Fischorgane. Die Fischflossen kommen nicht etwa von Landtierextremitäten her, die sich zu solchen umgewandelt hätten, sondern sind ursprüngliche Eigenbildungen. Auch treten die ältesten Fische in meernahen brackischen und Süßwasserschichten auf. Und ein Forscher sagt, das Erscheinen der Fische sei eines der abruptesten und dramatischsten Geschehnisse in der Geschichte des Lebens.

Viele Lebewesen wechselten im Laufe der Zeit auch ihr Grundelement, auf das hin sie ursprünglich zu ihrer Grundorganisation gekommen waren. Es ist ein in der Geschichte des Lebens häufig wiederholter Vorgang, daß vor allem Meerestiere in Brack- und Süßwasser, ja auf das Trockene gelangten. Man kann wohl sagen, daß mit Ausnahme vielleicht vieler Infusorien sämtliche niederen, d. h. wirbellosen Tiere des Landes bzw. Süßwassers ausschließlich aus dem Meer als ihrem Ursprungsgebiet zu verschiedenen Zeiten, manche auch wiederholt in diese Lebensräume kamen. Die ganze Land- und Süßwassermolluskengesellschaft sowie die Krebse sind so zu deuten; für die Fische, wie gesagt, ist es fraglich. Dauernd im Meerwasser blieben die Tascheln, die Stachelhäuter und Kopffüßer (p. p. Ammoniten), im Erdaltertum die Trilobiten. Dagegen scheinen die Merostomen des frühen Erdaltertums (S. 115) aus dem Süßwasser in das Meer eingewandert zu sein, ohne jedoch das Süßwasser völlig zu verlassen. Sicher gibt es auch Einwanderungen von echten Landtieren, nicht Süßwassertieren, in das Meer, wofür die Meerechsen des Erdmittelalters, in der Erdneuzeit die Wale und Delphine das auffallendste Beispiel sind. Auch eine Eroberung der Luft durch das Landtier liegt in den mittelalterlichen Flugechsen, danach in den neuzeitlichen Fledermäusen vor. In der Karbonzeit waren die beflügelten Insekten primär Wasserlarven und gingen unmittelbar aus dem Wasser heraus schußartig in die Luft. Und fliegende Fische sind zwar dauernd an das Wasser gebunden, aber auch sie schießen, indem sie die großen Flossen schirmartig

94

ausbreiten, streckenweise aus dem Wasser hervor. Daß gewisse Fische heute auf das Land gehen oder als Lungenfische eine jahreszeitliche Ruheperiode auf dem Trockenen zubringen, ist eine schon in der Devonzeit beobachtete Erscheinung auf dem alten roten Nordland, von dem nachher noch die Rede sein wird.

Ein bezeichnender Fall von Umstellung aus einem Großlebensraum auf einen anderen ist die Besiedlung der Tiefsee, die nach unsrer bisherigen Kenntnis erst um die Mitte des Erdmittelalters begann, weil man aus der Tiefsee unter vielen altertümlichen Gattungen bisher nur solche, die zur Jurazeit noch in den oberen lichtdurchflossenen Meeresregionen hausten, nächstdem aber kreidezeitliche Gestalten herausgeholt hat. Zahlreiche Glasschwämme, Seelilien, Seeigel, Krebse und Fische jurassischer und kreidezeitlicher Herkunft, ja teilweise in derselben Gattung wanderten nach und nach in die dunkle Region hinunter und in deren ungeheuren Wasserdruck. Bemerkenswerterweise geschah dies ohne wesentliche Änderung der Körperform und der Organe, es müssen also lediglich physiologische Umstellungen in ihrem Körpergefüge dabei vor sich gegangen sein. Es ist aber merkwürdig, daß es dabei eine Art „prophetischer" Formen gab, die schon besonders ausgebildet waren, um geeignete Bewohner der Tiefseeregion zu werden. So gingen von den erdmittelalterlichen Meereskrebsen nur solche in die Tiefsee, die zuvor schon die Augen mehr oder weniger rückgebildet hatten, da sie im Schlamm lebten und auch schon zum Schlammfressen umgebildete Mundwerkzeuge hatten.

Ein vielerörtertes biogeographisches Problem ist es, ob das einst warme Nordpolargebiet für viele, sicher nicht für alle Tiergruppen der Ausgangspunkt gewesen sei. Für manche Gruppen von niederen Tieren gibt es jedenfalls eine „Polflucht" schon seit dem Erdaltertum, für die höheren Tiere scheint die Frage verwickelter zu sein. Bei den Korallen etwa ist es ganz eindeutig, die zur Silurzeit hoch im Norden und sonst überall auf der Erde verbreitete Riffe bauten. Im Erdmittelalter finden wir sie in Mitteleuropa, nicht mehr im Norden, in der Kreidezeit nur noch bis zum Nordrand des ostalpinen Meeres, auch noch im Alttertiär ebendort; dann aber ziehen sie sich völlig in den Süden zurück, soweit der warme Golfstrom sie nicht noch nördlich des 30. Breitegrades (Bermudas) gedeihen läßt. Dasselbe gilt von beschalten Tintenkraken (Nautiliden S. 141) und charakteristischen erdmittelalterlichen Muscheln. Indessen mag die Erscheinung lediglich auf die zuneh-

mende Abkühlung der Nordgebiete überhaupt zurückführbar sein.
Die alten Panzerfische, dann die ältesten Amphibien (Stegokephalen) und die Lungenfische dürften in diesem Sinn nordischen
Ursprungs und Polflüchter sein. Die Lungenfische lebten im Erdaltertum im Norden, in der Triaszeit noch in unseren Breiten, in
der Kreidezeit außer in Nordamerika nur noch in Ägypten und in
der Erdneuzeit, bis heute in drei Formen fortdauernd, nur noch in
tropischen Gewässern der Südkontinente.

Wie schon geschildert, bestanden von jeher sowohl auf dem Land
wie in den Meeren unterschiedliche Lebenszonen. Im Meer die
Küsten- und Brandungsregion, dann die küstennahe und sich weiter hinaus erstreckende Flachsee, noch mit lichtem Wasser, endlich
jenseits der Kontinentalschwelle die düstere und dunkle Tiefsee;
auf den Ländern die Niederungen und die Gebirge, die Flüsse
und Seen, die Sümpfe, Moore und Wüsten. In allen diesen Regionen lagern sich, sobald überhaupt aufgeschüttet und nicht nur
abgetragen wird, bestimmte Sedimente ab: Brandungs- oder Flußgeröll, Sande, Kalke, Mergel, Tonschlamm usw. Man nennt die
durch solche regionale Unterschiede gekennzeichnete Sedimentverschiedenheit „Fazies", d. h. Aussehen, Gesicht. Neben dieser rein
anorganischen, petrographischen Fazies gibt es aber auch eine
floristische und faunistische Fazies, insofern in solchen Sedimenten auch Fossilien sind und durch ihren Charakter zugleich auf die
Lebensverhältnisse der betreffenden Räume hinweisen. Es gibt
auch Verschwemmungen von Tieren und Pflanzen in andere petrographische Fazies, wenn seinerzeit durch Meeresströmungen oder
Flüsse etwa Landpflanzen oder Leichen von Landtieren in das
Meer hinausgeflößt oder innerhalb des Meeres etwa Molluskenschalen oder Fischleichen anderswohin durch die Strömung verfrachtet und einer ihnen im Leben fremden faunistischen Fazies
zugeteilt wurden.

Für die Silurzeit sind die hydrozoenartigen Graptolithen (S. 76)
charakteristisch. Sie sind fossil in einer besonderen Fazies erhalten, in schwarzen Schiefern. Diese bedeuten jeweils, wo sie auch
auftreten, eine tiefere ruhigere Meereszone, als es die sonstige
silurische Kalk- und Grauwackenfazies anzeigt. Überall auf der
Erde, wo sich silurische Meeresablagerungen finden, stellen sich
auch anschließend oder zwischengeschaltet die schwarzen Graptolithenschiefer ein. Auffallend ist, daß sich die in feinsten Zeitstufen innerhalb der Schwarzschieferformation verteilten Grapto-

96

lithenkolonien überall auf der Erde gleichsinnig umwandelten. Das führt zu dem Problem der gleichartigen und gleichsinnigen Umbildung ganzer Lebensgemeinschaften über die Erde hin, wobei sich nicht nur, wie wir es oben betrachteten, diese Gemeinschaften durch das Zuwandern oder Auswandern neuer Formen veränderten, sondern wobei die vorhandenen Gattungen oder Arten sich in gleichsinniger Weise genetisch umbildeten. So machen ersichtlich in der Jurazeit die in allen Meeren reichlich verbreiteten Ammoniten in den verschiedenen biogeographischen Provinzen (Indien und indischer Archipel, Ostafrika, Südamerika, Europa, Nordgebiet mit Rußland) solche parallelen, unabhängig voneinander sich vollziehenden Umbildungen durch, womit nicht gesagt ist, daß sich nicht auch gleizeitig Ein- und Auswanderungen vollzogen. Das Licht bedeutet einen maßgebenden Faktor im Haushalt der lebenden Natur. Unter den Tieren gibt es zwei in ihrer Lichtempfindlichkeit bzw. ihrem Lichtbedürfnis besonders entgegengesetzte Typen: Lichtfeste und Lichtflüchter. Die ersteren bedürfen zu ihrer Existenz voller Sonnenbestrahlung, die letzteren gehen ihr aus dem Wege. Zu den Lichtfesten gehören vor allem die Korallen, Muscheln, Schnecken, Haie und Verwandte, Vögel und Säugetiere; zu den Lichtflüchtern Stachelhäuter, Ammoniten, Knochenfische, viele Reptilien. Bei den übrigen Tiergruppen ist das Bedürfnis verteilt. Manche haben ihre Empfindlichkeit für das eine oder andere überwunden und sich, wie oben geschildert, aus der Lichtzone in die nächtliche Tiefsee zurückgezogen; das Umgekehrte fand nicht statt. Sobald die Intensität der Lichtstrahlung in den erdgeschichtlichen Zeiten schwankte, mußte dies Krisen in der Verteilung der Tierformen herbeiführen, wie auch die formbildende Kraft in den Organismen dadurch neue Impulse erhielt oder auch Hemmungen, Störungen erlitt. Dieser Wechsel von lang- und kurzwelliger Strahlungsenergie aber wirkte sich stets auf der ganzen Erde gleichzeitig aus, und so haben wir hier einen wichtigen Faktor der Umgestaltung ganzer Lebensgemeinschaften auf der ganzen Erde in derselben Zeit.

Wir betrachten noch einige Lebensräume aus der Urwelt in kurzen Einzelbildern, anknüpfend an die Graptolithen in den schwarzen silurischen Schiefern. Schwarze Meeresschiefer lagern auch in der Devonformation des Rheinlandes und des Hunsrück. Sie sind stark gefaltet, denn sie gehören dem alten variskischen Gebirgskörper an, der auch das rheinische Schiefergebirge mit umfaßt. (S. 48.)

Aus diesem Gestein werden Dachplatten und Schultafeln hergestellt. In der genannten Gegend enthält dieser, in einem lichten
ruhigen Flachmeer abgesetzte feine Schiefer eine reiche und seltene
fossile Tierwelt, aus der wir auf den Charakter jenes einstigen
Lebensraumes schließen können. Die Fossilien sind in Schwefel-
eisen erhalten und lassen sich wegen ihrer Härte mit einer Mes-
singbürste durch Wegreiben des Gesteins unversehrt herauskratzen.
Es finden sich Seesterne aller Art, Seelilien von zartestem Bau,
die sich auf ihren langen Stielen wiegten, Krebse, Trilobiten,
spinnenartige Formen, Fische, darunter auch dünngepanzerte,
Fußspuren von allerhand Bodengetier. Auch sonst noch erfahren
wir einiges aus der Art der Erhaltung jener Fossilien. Da gibt es
Seesterne, deren Arme nach dem Tod nach einer Richtung umge-
legt sind: es wird aus solch einem Fund unmittelbar die einstige
schwachströmende Wasserbewegung noch sichtbar, welche diese
leichten Körper entsprechend in ihrer Todeslage einregelte. So be-
redt ist der scheinbar doch so tote Stein!
Wir haben aus der Devonzeit auch Kenntnis von einem interes-
santen Landgebiet und dessen klimatischer und biologischer Ausgestaltung, auf dem sich auffallend bunte, meist rote Sandsteine
und Schiefer ablagerten: das „alte rote Nordland". Es erstreckte
sich von Kanada her über den Nordatlantik, Grönland, Irland,
England und Schottland nach Skandinavien bis Nordostrußland
und hatte eigenartige klimatische Verhältnisse: eine Urwüste, aber
mit vielen Niederschlägen, durch die sich abwechselnd große, meist
unregelmäßige Flußläufe und Seen bildeten, die dann wieder aus-
trockneten. In den Trockenzeiten wehte der Wind den zusammen-
geschwemmten Sand auseinander, trug ihn in die austrocknenden
Seenbecken, schuf anderswo Dünen, die dann bei wieder einsetzenden Regenzeiten abermals umgelagert wurden. Dann entstanden
wieder breite Flußläufe und Seen. Dazwischen gab es auch vulkanische Ausbrüche, insbesondere in den Gegenden des heutigen
Schottland; die vulkanischen Laven aber wurden gleichfalls wieder
aufgearbeitet und den Sedimenten einverleibt. Das Rote Land
ging stellenweise in Deltaflächen über, die abwechselnd dem
Meer und dem Land angehörten; in Nordamerika sind die zugehörigen Schichtungen als Ablagerungen eines sehr seichten lagu-
nären, zuweilen trockenliegenden Meeresgebietes, ebenfalls mit
Deltabildungen entwickelt. In den Flüssen, Seen und Lagunen
aber lebte eine vielfältige, teils an Süßwasser, teils an Brackwasser

angepaßte Tierwelt; so die teilweise meterlang werdenden krebsartigen Merostomen (Abb. 30, S. 116), allerhand Fische, schwer ge-
panzert (Abb. 21), dabei auch Lungenfische. Wir erwähnten sie
zuvor schon, sie leben heute noch unter ganz ähnlichen Bedingungen in südlichen Gebieten. Sie haben eine zur Lunge umgebildete Schwimmblase; setzt Trockenheit ein, so verkriechen sie sich

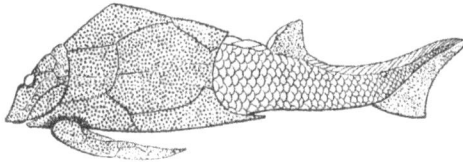

Abb. 21. Panzerfisch der Devonzeit aus dem
alten roten Nordland. (Nach Traquair.)

in Löcher, sinken in Dauerschlaf und atmen dann mit dieser Hilfs-
lunge statt mit den Kiemen. Damals auf dem roten Nordland erschienen sie zum erstenmal und stellen so ein Musterbeispiel dar
für den Zusammenhang von Umwelt und Organisation einer zu ihr
gehörigen Tiergestalt. Im schottischen Altrotgebiet hat man torf-
moorartige Schichtungen gefunden. Es sind mulmig-kohlige Lagen,
entstanden in Sümpfen und stehenden Gewässern, in denen sich
eine teils schilfartige, in höheren Lagen schon mehr farnartige
Flora angesiedelt hatte, aus deren Vertorfung jene Lagen hervorgingen: es sind die ältesten als solche sicher erkennbaren Landpflanzen. (S. 77.)
Die Karbon- oder Steinkohlenzeit hat ihren Namen von den damals sehr ausgedehnten üppigen Seen- und Sumpfwäldern, die
sich unter einem allgemein milden Klima hauptsächlich auf der
Nordhalbkugel und teilweise in der Äquatorialzone um die Erde
zogen und sich auch in Küstenniederungen, Lagunen und weiten
Flußmündungen ansiedelten. (Abb. 22.) Drang zeitweise dort das
Meer ein, so schuf es brackische Ästuare, brachte auch Schlamm
mit und deckte die stark vertorften Wälder damit zu, gelegentlich
auch Meeresmuscheln mit einbettend. Dann wuchs die wasser-
liebende Flora wieder von neuem. In jahrtausendelanger Ver-
moorung der immerzu absterbenden und sich immerzu erneuernden
Pflanzenwelt entstanden auf diese Weise die Steinkohlenlager,
nicht die Braunkohlenlager, denn diese sind erst tertiären Alters.

Die wesentlich aus Bärlappen, Schachtelhalmen und Farnen bestehende Steinkohlenvegetation war tropisch dicht, urwaldmäßiges Gestrüpp aus sonstigen Gewächsen bestehend, dazwischen — wenn das Wort Gestrüpp hier angemessen ist, da noch keine höheren Pflanzen, die solches im heutigen Sinn bilden konnten, vorhanden waren. Die ganze Vegetation bestand doch mehr aus einzeln emporschießenden, wenn auch ganz dichtstehenden Stengeln, Kräutern und Bäumen der erstgenannten Typen. Auch darf man sich bei solchem Reichtum der Formen und Pflanzenindividuen keine übertriebene Vorstellung von der Schattigkeit oder gar dem

Abb. 22. Landschaft der Steinkohlenzeit mit farnartigen, bärlappartigen Bäumen und großen Schachtelhalmen. Charakteristisches Vegetationsbild der damaligen Zeit.

Dunkel eines Steinkohlenwaldes machen, denn auch die genannten großen Bäume und baumartige Gewächse hatten keineswegs eine so dichte Verzweigung wie etwa Nadelhölzer oder Laubbäume der späteren Floren. In diesen Lebensräumen gab es noch keine Vögel, nur Insekten, ausgestorbene fremdartige Gruppen, besonders libellenartige Formen, teilweise von Riesengröße, bis 70 cm Flügelspannweite und mit gestreckten Flügeln niedergehend. Auch die ersten Spinnen mit starker Körpergliederung sind dagewesen. Weiterhin gab es schon kleine amphibische Tiere, meist nur von Salamandergröße, auch äußerlich blindschleichenartig gestaltet, und außerhalb der Kohlenwälder auch Echsen, Reptilien.

Das Grab zweier Lebensräume aus dem Erdmittelalter, ein inniges Ineinandergreifen eines Meeres und eines Landgebietes zeigend, liegt im fränkischen Jura. Dort sind die höchsten Glieder der hellen Kalke teilweise als Korallenmassen entwickelt, zwischen denen, seitwärts angegliedert, sich feine Kalkschiefer von höchster Reinheit und feinstem Korn hinlagern. Die Korallenkalke sind einstige Riffe, wie sie heute in den südlichen warmen Meeren, wenn auch in viel gewaltigeren Dimensionen aufgebaut werden. An jenen Riffen der Oberjurazeit, die auf tropische Wärme deuten, lebten, wie an den heutigen, zahllose Meerestiere, Fische, Krebse, Muscheln, Schnecken, Ammonshörner, Tascheln, Seelilien, Seeigel usw., meist dickschalige Formen, weil an allen Riffen Brandung herrscht, was dicke derbe Kalkschalen bei den Mitbewohnern erfordert. Am Ende der Jurazeit, als die Korallenbauten ausgewachsen waren, verlandete das Gebiet des fränkischen Meeres stellenweise, es traten Inseln heraus, zwischen denen sich flache Lagunen hinzogen. In diese Meeres-

flächen wurden vom Land her Staubmassen geweht, zeitweise trat das Meer stärker herein, arbeitete die unterdessen als Kalkschlamm abgesetzten Materialien auf, spülte selbst vom Land weiteres Material weg und sedimentierte alles in feiner rhythmischer Schichtung. Das sind die berühmten Lithographieschiefer geworden. In ihnen finden sich nun in wunderbarer Erhaltung sowohl Meeres- wie Landtiere durcheinander gemischt, letztere vom Wind und den überspülenden Meereswogen in das Sediment mit hereingebracht: allerhand Insekten, wie Wasserreiter, Schaben, Libellen, kleine Kammechsen, fliegende Echsen. der Urvogel; von Meerestieren Seesterne, Seelilien, Ammonshörner, Krebse aller Art, Fische in großer Mannigfaltigkeit. darunter Haie und z. T. auch riesengroße Formen von Schmelzschuppern. auch Heringe und kleine

Abb. 23. Platte mit der Fuß- und Schwanzspur eines Krebses (Limulus) in den lithographischen Kalkschiefern von Franken

Sprotten, die oft in Scharen die Kalkschieferplatten bedecken. Auch trifft man zuweilen auf die Körper höherer und niederer Tiere, die den Augenblick ihres Verendens noch in eben hinterlassenen Spuren oder ersichtlich im Todeskampf beim Eingedecktwerden durch die im Schlamm gemachten Bewegungen erkennen lassen. (Abb. 23.)

Ein anschaulicher Lebensraum des Süßwassers der jüngeren Tertiärzeit ist die alte Therme von Steinheim in Württemberg. Dort kam zur Miozänzeit eine warme Quelle zutage, um die sich ein großer See bildete. Das warme Wasser wimmelte von Schnecken und niederem Getier, es sammelten sich aber auch die Säugetiere der tropisch warmen Wälder ringsum an dem Wasser zur Tränke und gingen dort offenbar durch Einsinken im schlammigen Ufer zugrunde, so daß man in den Kalkabsätzen ihre Knochen findet. Da gab es Dickhäuter, Zebras, Riesenschweine, Zwerggazellen, Tapire und pumaartige Raubtiere; Vögel nisteten am Ufer.

In Nordamerika, in den unbedeckten Gebieten der Badlands, Nebraskas, Dakotas, Montanas, hat man in ungeheuer ausgedehnten Aufschlüssen ganze zusammenhängende Profile, wie sie in der Alten Welt nirgends herauskommen, und kann dort durch die halbe Tertiärzeit hindurch an Ort und Stelle die wechselnde Geschichte ablesen. So etwa in der White-River-Formation der mittleren Tertiärzeit: eine 100 m mächtige wohlgeschichtete ungestört lagernde Folge von feinen und groben Sandsteinen und Tonschiefern. Die Ablagerungen sind geschaffen von großen, vielfach wie der Hoangho in China über weite Gebiete ihren Lauf verlegenden Strömen. In den Aufschichtungen finden sich Landschnecken und Schildkröten, es entstanden auch große Seen mit Pflanzenwuchs, die dann wieder versumpften. Steppen müssen sich ausgedehnt haben, denn es finden sich teilweise auch Säugetiere darunter, kenntlich als gute Läufer. Die ostwärts fließenden wechselnden Wasseradern schwemmten ganze Tierherden fort und begruben sie anderswo, Krokodile kamen herbei, sich an den verendenden Tieren gütlich zu tun. In den Seeablagerungen trifft man Krusten von Kalkalgen und Süßwassermollusken. Es müssen anderwärts auch Wälder oder Savannen gestanden haben, denn man sieht in den Sedimenten noch aufrechtstehende Baumstümpfe. Urpferde, Dickhäuter, eine zwischen Hirsch und Giraffe stehende Gattung, Urraubtiere, aber auch ausgefüllte Grabgänge von Nagern sind daraus beschrieben. Die ganze Formation ist gekrönt von vulkanischen Tuffen. Solche sind auch in einer die White-River-Schichten unterlagernden Formation, den Bridger Beds zu sehen, wo sich zwischen und über älteren Süßwassersedimenten Vulkanaschen einlagern und eine ungemein zahlreiche Säugetiergesellschaft fossil einschließen — ein Beweis, wie hier normale Landschafts- und Lebenszustände katastrophal beendet wurden: ein urweltliches Pompeji der organischen Natur.

Beispiele solcher örtlichen Katastrophen in der Vorzeit gibt es mehrere, die teils auf vulkanische Ereignisse, aber auch auf plötzlich einbrechende Wetterstürze oder Meeresüberflutungen zurückgehen. In der Triaszeit ist in Südtirol durch einen vulkanischen Ausbruch soviel Aschenmaterial in das Meer eingeschüttet worden, vielleicht das Meereswasser auch durch dabei ausströmendes Gas kurzfristig so vergiftet worden, daß nun die sedimentierte Tuffschicht eine reiche, am Meeresboden mit einem Schlag vernichtete fossile niedere Tierwelt enthält. In der Unterkreidezeit wurde bei Bernissart in Belgien eine Herde riesiger Schrecksaurier durch eine Wetterkatastrophe mit plötzlicher Wildbachentstehung in eine Schlucht hineingeschwemmt, so daß dort an einer einzigen, verhältnismäßig engbegrenzten Stelle eine Massenanhäufung der Skelette sich findet. In der Pliozänzeit ist bei Pikermi in Attika durch einen ausgedehnten Steppenbrand eine vielfältige Säugetierwelt offenbar an einen Steilrand in wilder Panik geflüchtet, und dort haben sich die Tiere in buntem Durcheinander der Gattungen gegenseitig selbst in den Abgrund gedrängt, wo sie mit zerbrochenen Knochen nun in einem urweltlichen Massengrab liegen.

3. Biologische Bautypen und Baustile in den Erdzeitaltern

Ein vorausgehender Abschnitt brachte die zeitliche Aufeinanderfolge der hauptsächlichsten Tier- und Pflanzengestalten während der Erdgeschichte zur Anschauung. Aber nicht nur durch die vielen einzelnen, bestimmt ausgeprägten Gattungen und Ordnungen sowie durch deren wechselnde Vergesellschaftung sind die Epochen und Stufen der Erd- und Lebensgeschichte bezeichnet, sondern auch durch gewisse Baustile, die sich in weiterem oder engerem Formenkreis bei der Ausgestaltung des Gesamtlebens jeweils bemerkbar machen.

Zunächst sind es Baustile und Formbildungen, die sich nur auf der Grundlage eines bestimmten Materials verwirklichen lassen. Wie sich in der Menschheitsgeschichte Hauptepochen einer bestimmten Materialverwendung voneinander abheben, so auch in der Geschichte des organischen Reiches. Die urgeschichtliche Menschheit, soweit dies durch naturhistorische Funde genügend aufgehellt ist, bediente sich zu ihrer Werkzeug- und Waffenkunst vornehmlich des Steines. Die Altsteinzeit zeigt die Verwendung roh zugeschlagener Feuersteine; eine jüngere Epoche der Steinzeit liefert wohlgestaltete geschliffene Stücke. Dann folgt ein großer Schritt vorwärts, wodurch das Leben der Menschheit ein anderes Gesicht gewann: es gelang die Bearbeitung des Metalls, zuerst der Bronze, dann des Eisens. Die dritte Epoche, vermutlich nicht weniger einschneidend das Gesicht der Kultur verändernd, wird die der Kunststoffe sein; sie beginnt mit unserer Zeit.

Es ist klar, daß mit jeder neu einsetzenden Materialverwendung allerlei technisch möglich wurde, was zuvor unmöglich war, auch wenn der Grundplan und die Verwendungsidee eines Werkzeuges oder Gerätes allemal dieselbe blieb, wie die des Hammers aus Stein oder aus Eisen. So können wir auch in der Geschichte des organischen Reiches einmal einen frühen Übergang in der Materialverwendung beobachten und daran zugleich sehen, wie sich die Ausgestaltung bestimmter Körper und Organe damit änderte. Es ist die Zeitwende von der noch biologisch ziemlich unbekannten Epoche des Algonkiums in das Erdaltertum. Damals bauten die niederen Meerestiere — nur solche sind uns dort bekannt — ihre Schalen und Panzer wesentlich nur aus Hornsubstanz auf; die Imprägnierung mit Kalk oder gar die ausschließliche Verwendung desselben zu Kalkschalen kam so gut wie nicht vor. Erst mit Beginn einer neuen Zeitstufe in der Frühzeit des Erdaltertums setzte ziemlich plötzlich und reichlich die Verwendung des kohlensauren Kalkes ein, und von diesem Augenblick an entfalteten sich zuvor nur unscheinbar gebliebene niedere Tiergruppen besonders üppig, während die hornschaligen mit wenigen Ausnahmen stark zurücktraten. Vor allem gelang es den Mollusken und Moluskenähnlichen sowie den Riffbildnern als den besonders charakteristischen Kalkträgern, ihre Körpergestaltung auf eine zuvor ungeahnte Höhe zu bringen und neben der reichen Vermehrung ihrer Arten und Kunstbauten auch die Körpergröße individuell so zu steigern, wie es zuvor bei Verwendung der Hornsubstanz mangels entsprechender Standfestigkeit noch nicht möglich war.

Es gibt in der Erdgeschichte wohl noch mehrere solcher Änderungszeiten der Materialbenützung, vor allem innerhalb einzelner Formgruppen, wenn auch vielleicht nicht so in die Augen fallend wie die oben beschriebene Zeit. In allerältester, vorkambrischer Zeit aber vollzog sich bei den allerniedersten Tieren (Einzeller und Schwämme) eine starke Verwendung der Kieselsäure. So ist das Erscheinen des Wirbeltieres als Landvierfüßler um die Mitte des Erdaltertums vor allem an die Verwendung des phosphorsauren Kalkes beim Aufbau des Skeletts geknüpft. Vorher gab es allenfalls nur Knorpelskelette, die uns aber nur in letzten Nachklängen fossil bei ältesten Landtieren überliefert sind. Die Bauweise mit phosphorsaurem Kalk fällt ihrerseits zusammen mit dem Zeitpunkt der ungeheuren Waldvermoorungen der Steinkohlenzeit sowie der gleichzeitigen starken Bindung kohlensauren Kalkes in den Meeressedimenten, was bedeutet, daß damals der Luft große Mengen Kohlensäure entzogen wurden; darüber wurde schon bei der Erklärung der Eiszeiten gesprochen. (S. 39.)

Ein weiterer Materialübergang innerhalb einer engen Gruppe, bei den Fischen, zeigt sich um die Mitte des Erdmittelalters. Im Erdaltertum waren deren Innenskelette aus Knorpelsubstanz aufgebaut; erst im Erdmittelalter erfolgte der Übergang zu kalkiger Innenskelettbildung; sie hinken, obwohl sie als Grundform geologisch älter sind als die Vierfüßler, hinter diesen wesentlich nach. Die alten Knorpelfische starben dann fast gänzlich aus. Freilich leben ursprünglichere Materialbenützer jeweils in späteren Epochen oder heute noch mehr oder weniger zahlreich fort. Man darf sich nicht vorstellen, daß mit dem Übergang aus der einen in die andere Materialepoche alles aussterben müßte, was noch im älteren Zustand verharrt oder nie über ihn hinauswächst; wie auch im Bronze- und Eisenzeitalter der Menschheit noch steinzeitliche Völker existierten und bis heute existieren können, wenn sie noch nicht mit unserer Zivilisation in Berührung gekommen sind. Das ändert aber nichts an der Tatsache, daß doch in ganz bestimmten Zeitaugenblicken der Entstehungs- und Ausbildungsschwerpunkt für bestimmte biologische Bauweisen liegt.

Man kann die erdgeschichtlich aufeinanderfolgenden Grundformen des Tierreiches nicht nur als Gattungen und Arten, sondern auch im Hinblick auf die Formgestaltung des Körperbaues betrachten. Wieder mag hier ein kurzer Vergleich mit dem menschlichen Kulturschaffen im Prinzip nahebringen, was wir meinen. Es gibt

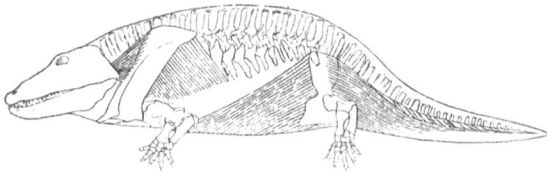

Abb. 24. Darstellung eines ältesten Vierfüßlerkörpers, waagrechte Brückengestalt, das grundsätzliche Gegenteil des aufrechten Menschenkörpers. (Nach W. K. Gregory.)

— von der kunsthistorischen Richtigkeit abgesehen — etwa für die Tempel eine archäische Bauweise, wie die von Kreta und Mykene; es gibt dann eine klassisch griechische und römische; später beim christlichen Dom die romanische, die gotische, die der Renaissance und die des Barocks. Jeder dieser Baustile kommt einer ganz bestimmten, ziemlich scharf umrissenen, auch mit den sonstigen Kulturverhältnissen eng verbundenen Zeitepoche zu, wo er allein „echt" war. Auch heute haben wir noch mitten unter den Bauten späterer Stils die der früheren Arten, ja wir können sogar die früheren Bauweisen weiterführen, aber dann ist es nicht mehr zeitgemäß — das Wort „Zeit" ganz aus der Tiefe genommen, als Ausdruck für metaphysische Notwendigkeiten der äußeren Gestaltung. Während aber die stilhafte Formgebung sich wandelte, blieb die Bindung an die innere Idee bestehen. Ein Tempel ist in der Idee ein Tempel, ob wir ihn in Luxor oder auf der Akropolis oder als Holzbau in den Eichenwäldern Urgriechenlands finden; ein christlicher Dom ebenso. Und das alles gilt in übertragenem Sinn auch für jene merkwürdige Tatsache, daß im organischen Reich während des Verlaufs der Erdzeitalter die Äste und Zweige der Pflanzen und Tiere ebenso manchen Stilwandel erfahren haben bzw. sich von vornherein in verschiedenen Grundbaustilen darstellen.

Da ist beispielsweise das Wirbeltier, gekennzeichnet durch die harte oder weiche, vom Hals bis zur Schwanzspitze waagerecht durchziehende Wirbelsäule, über ihr, gleichsinnig laufend, der Zentralnervenstrang des Rückenmarks. Vorne setzt sich die Wirbelsäule in den ebenso waagerecht liegenden Schädel fort, vielleicht auch dieser aus Wirbelelementen mit gleichzeitigen Deckenverknöcherungen hervorgegangen; er enthält das Vorderende des zum Gehirn erweiterten Zentralnervenstranges. Senkrecht zur Wirbelsäule aber stehen, mit ihr durch Schulterblatt und Beckengürtel verbunden, die Extremitäten, die Füße selbst sind sohlengängerisch. Man kann gewisse Altamphibien des Erdaltertums als ziemlich reine Vertreter dieses Urtypus der Bauweise — das Wort nicht streng zeitlich gemeint — ansehen. (Abb. 24.)

Dieses ideale Wirbeltier ist aber in ganz verschiedenen Baustilen möglich und vorhanden. Zunächst als Fisch, wobei die Extremitäten als Flossen, d. i. als Ruderorgane, nicht als Füße erscheinen; es ist die für das Wasser typische Wirbeltierform, die nun ihrerseits wieder in den einzelnen Untergruppen mit besonderen Zeitbaustilen oder Zeitsignaturen ausgestattet wird. So etwa im frühen Erdaltertum mit Hautpanzerungen, dann vom oberen Erdaltertum an und das halbe Erdmittelalter hindurch mit Schmelzschuppung (Abb. 25); von da an mit Feinschuppen, wie die Knochenfische. Aber es gibt auch heute noch ein ganz niedere Formzustände zeigendes, wohl rückgebildetes wurmförmiges Fischchen

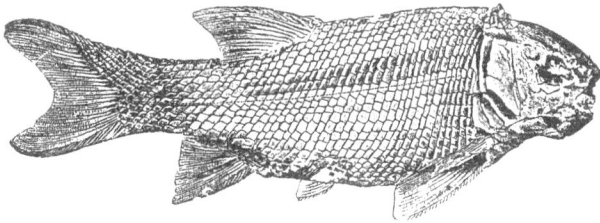

Abb. 25. Typus eines schmelzschuppigen Fisches (Lepidotus) der Jurazeit. Innenskelett noch knorpelig. (Nach E. Kayser.)

(Branchiostoma), ohne Extremitäten, ohne jegliche Verknorpelung oder Verknöcherung, aber sonst in seiner ganzen Uranlage durchaus ein Wirbeltier.

Das oben beschriebene Urlandtier macht dann im weiteren Verlauf der Erdgeschichte allerhand Abwandlungen durch, es erscheint als Reptil, als niederes und zuletzt als höheres Säugetier. Aber es gibt auch da wieder innerhalb gewisser Gruppen spezielle Zeitsignaturen. So wird ein Teil der permisch-triassischen Reptilien um die Zeit, als das früheste Säugetier sich andeutet, sehr stark mit säugetierhaften Merkmalen ausgestattet, es bekommen solche Formen die Tracht des Säugetieres, ohne solche zu sein oder in sie wesensmäßig sich je umzubilden. (Abb. 14, S. 78.) Als um die Mitte des Erdaltertums das sumpfbewohnende Landtier erschien und dabei in der allgemeinen Körpergestalt der Habitus des Lurch- und Molchtieres hervortrat, nahmen Landtiere, die von Natur aus keine Amphibien, sondern Echsen waren, dennoch die Lurch- und Molchhaltung im Körperbau an. Als im Erdmittelalter die fliegenden Echsen und der Urvogel aufkamen, nahmen halb aufrechtgehende Echsen im Skelett und Schädel Vogeleigenschaften an; Füße, Beckenbau, zahnlose Kiefer mit Hornschnäbeln sind solche Merkmale.

Wir haben den Grundtypus des Fisches geschildert. Wenn nun aber sich Fische gelegentlich so umwandelten, daß sie, wie jener Devonfisch im Altrotland (S. 99), eine zum Lungensack gewandelte Schwimmblase bekamen und andere ihre Vorderflossen wie Beine zum Kriechen an Land benützten, so blieben sie doch im Grunde „Fisch". Umgekehrt: wenn Landechsen oder Landsäugetiere sich für das Meeresleben umgestalteten, so bekamen sie (Fischechsen des Erdmittelalters, Wale, Delphine der Erdneuzeit) äußerlich geradezu täuschend die Fischgestalt übergezogen (Abb. 17, S. 81), eben als den typischen Baustil für das Meeresleben des Wirbeltieres; aber in ihrer Grundanlage blieben sie durchaus das, was ihre Ahnen am Land waren, nämlich Echsen und Säugetiere, sie behielten ihre Lungen, aber sie wurden morphologisch und physiologisch so weit umgeprägt, als es unbedingt für die neue Lebensweise und damit für die Weiterexistenz der Gruppe nötig war.

Die Natur brachte da bei den erdmittelalterlichen Fischechsen eigenartige Anpassungen hervor. Die Landechsen legen Eier, die ohne Pflege der Ausbrut durch die Sonne überlassen werden. Die Eier der Fischechsen würden nach dem Abwurf in das Meer zugrunde gegangen sein. Daher unterblieb hier der Abwurf beschalter Eier, die Jungen wurden nur von feinen Hauthüllen umgeben und zur Zeit des Abwurfs in einen rückwärtigen Raum des Mutterleibes hineingeboren, der offenbar mit dem freien Meerwasser in Verbindung stand. Von dort streckten sie die Schwänze zuerst hinaus. bis durch deren Bewegungen die zweiflügelige Flosse voll ausgebildet war. Dann wurden sie völlig ausgestoßen und konnten nun bei Verlassen des Mutterleibes sofort frei im Meer leben. Oder eine andere Anpassung: Die Wirbelsäule der Fischechse ist ersichtlich in den unteren Schwanzlappen abgeknickt. Das hatte bei dem steifen torpedoartigen Körper, dessen gestreckter Schädel starr auf dem kurzen Hals aufsaß, die praktische Bedeutung, daß bei nur geringer, vielleicht mehr vibrierender Bewegung der Schwanzflosse der untere Lappen fortgesetzt einen stärkeren Druck

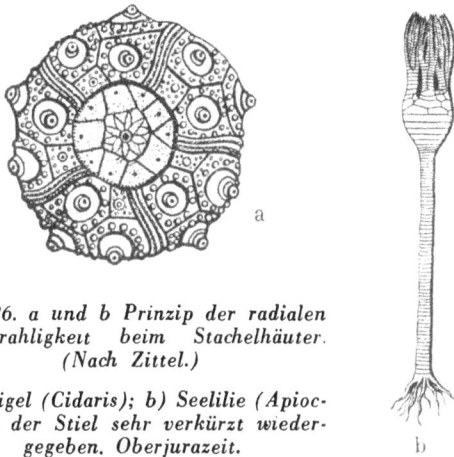

Abb. 26. a und b Prinzip der radialen Fünfstrahligkeit beim Stachelhäuter. (Nach Zittel.)

a) Seeigel (Cidaris); b) Seelilie (Apiocrinus), der Stiel sehr verkürzt wiedergegeben. Oberjurazeit.

erfuhr als der obere, wodurch die Schnauze mechanisch über die Wasseroberfläche herausgehoben blieb. Die Tiere konnten somit, da sie Lungenatmer waren und nur zum Tauchen und Schwimmen unter Wasser Luft einnahmen, in Ruhestellung unbekümmert atmen.

Wieder andere Grundbaustile haben etwa die Gliedertiere, also die Insekten und Krebse und ihre vielgestaltigen ausgestorbenen Repräsentanten (Trilobiten, Merostomen usw.), bei denen ganz im Gegensatz zum Wirbeltier das durchgehende „Rückenmark" von Anfang an auf der Bauchseite liegt, also ein „Bauchmark" ist. Dementsprechend gibt es auch keine Wirbelsäule, auch nicht eine nur weiche stranghafte, und auch die Extremitäten sind wie die Flügel bei Insekten nur Ausstülpungen der Körperhaut und vom Bauchmark her innerviert. Ähnlich verhält es sich bei den Würmern. Wieder anders ist der Bau der Stachelhäuter (Seesterne, Seeigel, Seelilien). (Abb. 26.) Diese sind in der Grundanlage fünfstrahlig radiär, wiederholen in jedem der fünf Körperabschnitte dieselben inneren Organe, wenn auch, um die Einheitlichkeit des Organismus fertigzustellen, manches einheitlich zusammengenommen ist, wie etwa der Eingang und Auslauf des inneren Wassergefäßsystems. Die Arme des Seesterns sind beim Seeigel in eine kalkige Körperkapsel hineingenommen, bei den mit ihrem Stil festgewachsenen Seelilien sind sie zu mehr oder weniger langen und verzweigten Armen erweitert, mit denen die Tiere ihre Nahrung beiholen. Auch die Schwämme und Korallen sind radiär gebaut.

Von den Würmern ableitbare, für alle Formationen bezeichnende Schalenträger unter den niederen Tieren sind die Tascheln (Brachiopoden) und die Muscheln. Beide gehören grundverschiedenen Ästen des niederen Tierreiches an, aber es liegt bei beiden die Anlage eines den Körper völlig umhüllenden Kalkgehäuses vor. Dasselbe ist zweiklappig. Aber bei den Tascheln (Abb. 1 c, 2 a) bedecken die beiden Klappen Rücken- und Bauchseite, bei den Muscheln (Abb. 2 e) dagegen rechte und linke Flanke. Bei den Schnecken besteht typischerweise nur ein Gehäuse, aber bei den ältesten war es, ehe die Spiralröhre kam, nur eine einfache Mütze, unter deren Schutz sich das Weichtier an den harten Boden kauerte. Nun gibt es bei den genannten Gehäuseträgern gleichsinnige Abwandlungen, die von jedem mit derselben Baustilform beantwortet werden, wobei aber wiederum die Grundorganisation als solche erhalten bleibt, trotz aller äußeren Gleichheit, die erzielt wird. Indem die Tiere die eine ihrer zwei Klappen am Boden festlöten, wächst der Körper mit der anderen empor, die festgelötete wuchert und bildet alsbald einen gestreckten Sockel, so daß er zu einer konisch hornförmigen Gestalt auswächst, bei der die mit emporgenommene Klappe als Verschluß dient, so wie bei vielen Schnecken der Gehäusedeckel. Es ist die Form der im Abschnitt I, 3 beschriebenen Rudistenmuscheln. Es gibt sogar einen tertiärzeitlichen Krebs, der mit dem Rückenpanzer festwächst. ebenso damit emporwuchert und gleichfalls die „Rudistenform" annimmt. Aber selbst bei solch weitgehenden Modifikationen der ursprünglichen Formanlage bleibt die Grundorganisation, wie erwähnt, durchaus erhalten, und die Embryonalzustände aller dieser Gruppen geben den deutlichen Hinweis auf ihre bestimmte Stammeszugehörigkeit.

Es gibt aber auch Grundorganisationen, die nicht auf diese Weise sekundär, sondern schon primär für das Festgewachsensein ange-

110

legt sind. Es sind die Hydrozoen, die Schwämme und die Korallen. Die beiden letzteren haben daher vom Ursprung her schon die Horn- oder Becherform, die sich die zuvor beschriebenen Schalenträger beim Festwachsen erst durch Umbildung erwerben. Ein Mittelding sind die Hydrozoen des Süßwassers und Meeres, deren grundsätzlich bäumchenartiges Angewachsensein durch Quallenbildung abgelöst wird. Es bilden sich an ihren Zweigspitzen

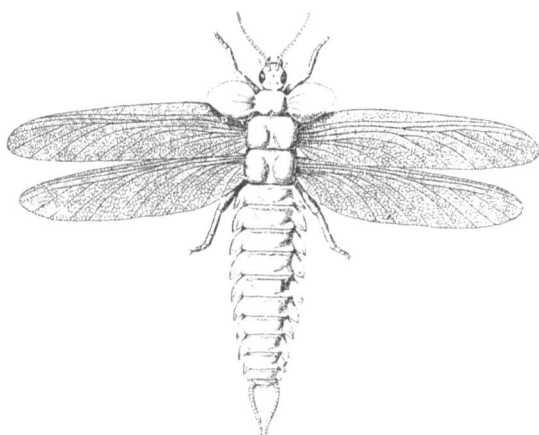

Abb. 27. Urinsekt der Karbonzeit, mit vorderen festen Tragflächen und nicht zusammenklappbaren Flügeln. (Nach Handlirsch.)

Knospen, die danach freiwerden und als selbständige radiäre Glocken frei herumflottieren, Larven aussenden, die sich alsbald wieder festsetzen und neuerdings zu Bäumchen auswachsen.

Für das Schwimmen und Fliegen gibt es für die einzelnen Gruppen der Tierwelt gleichfalls, je nach der Grundorganisation und teilweise auf bestimmte Zeitalter verteilt, verschiedene Baustile.

Die fliegenden Insekten der Steinkohlenzeit (Abb. 27) haben einige besondere Eigentümlichkeiten, es waren libellenähnliche Formen. Sie hatten an den vorderen Körperabschnitten noch starre Tragflächen, und die beweglichen Flügel selbst konnten sie in Ruhestellung nicht auf dem Rücken bzw. seitwärts zusammenlegen, sondern mußten wie ein Flugzeug mit gestreckten Flügeln zur Ruhe niedergehen. Sie kamen wahrscheinlich unmittelbar als Larven aus dem Wasser, und in diesem Augenblick entspannten sie ihren Flugapparat, der dann in dieser Form bestehen blieb. Es repräsentiert· dies den ältesten Zustand. Erst später, frühestens von der Permzeit ab, kommt dann als jüngere Zeitformenbildung das uns heute gewohnte „normale" Insekt mit entsprechendem Flugbau auf.

Abb. 28 a. Extrem entwickelter Flugdrache der Oberkreidezeit aus Nordamerika, 7 m Flügelspannweite: Lebensbild. (Nach Abel.)

Beim Wirbeltier kommen im Erdmittelalter Flugechsen, an deren Vorderextremität der vierte Finger armstark entwickelt war, vor. (Abb. 16, S. 80.) An ihm entlang erstreckte sich eine Flughaut, die sich an der Körperflanke noch hinabzog und bis zu den Oberschenkeln reichte. Der Körper war fein flaumig behaart. Die Beinchen waren dünn und zart, wurden auch niemals wie bei den Vögeln zum Stehen oder Hüpfen benützt, vielmehr hingen sich die Tiere bei Ruhestellung mit dem Kopf nach unten wie Fledermäuse daran auf. Mit den bekrallten übrigen Vorderfingern, die etwas über die Wurzel des verstärkten vierten vorragten, klammerten sie sich vielleicht nur vorübergehend irgendwie an. Dieser allgemeine Flugtiertypus der erdmittelalterlichen Echse hatte dann noch seine speziellen Abwandlungen: die schwanzlose Form mit Rüttelflug und die mit langem sehnig versteiftem Ruderschwanz, die elegant fliegende Gestalt. Letztere konnte auch durch Zusammenlegen der Hautflügel bootartig auf die Meeresoberfläche niedergehen. Eine bizarre Ausgestaltung sind am Ende der

112

Kreidezeit die großen Flugdrachen mit 7 m Flügelspannweite, der gesamte Flugapparat ebenso gebaut wie bei den vorigen, aber mit ganz kleinem Körper im Verhältnis zur Flügelgröße und einem langen unbezahnten breiten storchenartigen Schnabel, als dessen Gegengewicht ein rückwärtiger Knochenkamm erscheint. Die aus dem Meerwasser aufgenommene Nahrung wurde in einem leichten Kehlbrustsack anverdaut und konnte daher rasch durch den kleinen

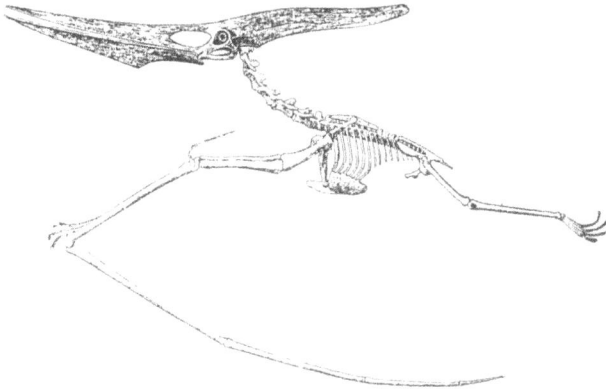

Abb. 28 b. Skelett des extrem entwickelten Flugdrachen.
Vgl. Abb. 28 a.

Körper gehen, der nicht mit einem Magen und langem Gedärme beschwert war. (Abb. 28 a, b.)

Die andere, alsbald erscheinende vollkommenere Lösung des Flug-problems des Wirbeltieres bahnte der Urvogel an. Dieses älteste befiederte Wesen der Jurazeit (Archaeopteryx) war ein tauben-großes, extrem spezialisiertes Reptil mit noch voll bekrallten vier Extremitäten, an den Armen die Federflügel, Beine und Schwanz ebenfalls befiedert. Mit den kralligen Füßen erkletterte es Felsen und Bäume, warf sich, wenn es in der Luft eine Beute erblickte, von dort herab mit unbeholfenem Flattern. (Abb. 18, S. 82.) Die Kiefer waren bezahnt, die Wirbelsäule mit der Beckenregion noch nicht zu einer festen Knochenpartie verschmolzen, der Schwanz noch aus Knochenwirbeln bestehend, die vier Füße noch voll-ständig vorhanden — das alles sind echte Echseneigenschaften gegenüber den späteren echten Vögeln, mit denen es das Gefieder, die gewölbte Schädelkapsel, die hohlen Knochen u. a. gemeinsam hat. Erst mit der Kreidezeit kommt dann die volle Lösung der

Vogelgestalt als neue Zeitformenbildung. Der Vogel ist das grundsätzlich auf das Fliegen, also das Leben in der Luft eingestellte Vierfüßlerwesen, während es die Echsen und der Urvogel Archaeopteryx nur in einer vorausnehmenden Weise waren.

Eben dies gilt auch von der Fledermaus als einem Säugetier. Sie übernimmt gewissermaßen zur Lösung ihres Flugproblems von der erdmittelalterlichen Echse die Hautflügel, die gleichfalls an den Flanken und über die Oberschenkel ausgespannt sind. Auch bei den Fledermäusen sind die Hinterbeine zart, nur zum Aufhängen wie bei jenen geeignet, der Körper gleichfalls flaumig behaart, nur ist das ganze Handskelett, nicht bloß ein Finger, zur Aufnahme der Flughaut verlängert, ähnlich wie Gestänge und Tuchüberzug eines Schirmes. Es ist also, wir wiederholen es, diese Art der Ausgestaltung im Gegensatz zum Vogel die Behelfslösung und Stilform für das nicht ursprünglich dem Flug zugedachte Wirbeltier und eben eine sekundäre Anpassung, nicht eine primäre Anlage. Freilich dürfte auch der „echte" Vogeltypus aus einst andersartigen Formen hervorgegangen sein, aber gewiß nicht auf dem Weg über die fliegende Echse oder den Archaeopteryx, sondern vermutlich unmittelbar aus unbekannten Vierfüßlern.

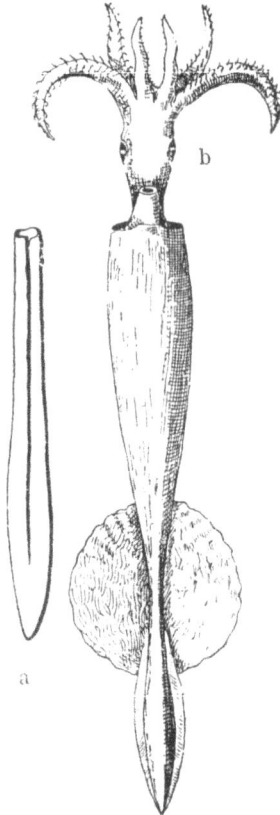

Abb. 29. Rekonstruktion des Belemnitentieres b, mit dem harten, im Körperende eingebetteten Kalkstachel a. Oben am Hals die Mündung des Trichterorgans zum Ausstoßen des Wassers. Nächstverwandt den Ammoniten und Nautiliden. Jura- und Kreidezeit. (Nach Abel.)

Das Schwimmen des Fisches ist die Funktion, die unmittelbar aus seinem Grundbau sich ergibt. Wenn man sich vorstellen will,

114

wie die Fischgestalt geschichtlich einmal aus einer primitiven Wirbeltierform wie dem oben genannten Branchiostoma allenfalls entstanden sein könnte, so mag eine Überlegung Platz finden, wie wir sie im vorigen Abschnitt (S. 94) schon anzustellen Gelegenheit fanden. Bei niederen Tieren kommen andere Bautypen für das Schwimmen zur Anwendung, so bei Krebsen und Trilobiten einerseits Borstenfüße, andererseits seitliche Ruderpaddeln. Hautflügel, die aus der Umformung des Fleischfußes hervorgingen, zeichnen flottschwimmende, mit der Kreidezeit erstmals erscheinende Meerschnecken mit glasklaren dünnen Röhrengehäusen aus. Die seit dem Erdmittelalter entfalteten Tintenkraken haben ein Trichterorgan, das, mit Wasser vollgepumpt, raketenartig dieses auspufft und so den Körper in entgegengesetzter Richtung weitertreibt. (Abb. 29.) Dieses Organ kommt auch den einstigen Ammonshörnern zu, die, mit den Tintenkraken nächstverwandt, meist flottschwimmende Tiere des freien Meerwassers waren.

Ein schönes Beispiel, wie man aus dem Körperbau und dem für bestimmte Lebensweisen angemessenen Baustil auf das Leben ausgestorbener fossiler, also heute nicht mehr unmittelbar in ihrer Betätigung beobachtbarer Tiere schließen kann, bieten die silurischen Merostomen, von denen im vorigen Abschnitt als Bewohnern des alten roten Nordgebietes die Rede war. Unter vielen ihresgleichen greifen wir die umstehend abgebildeten vier Typen heraus. (Abb. 30.)

Die erste ist eine normale bodenbewohnende Form mit entsprechenden Kriechfüßen. Ihr Schwanzstachel dient beim Rückwärtsgehen zur Zerfurchung des Schlammbodens, aus dem sie ihre Nahrung holte. Die zweite Form hat sehr ausgedehnte Füße, ersichtlich nicht zum einfachen Kriechen eingerichtet, sondern dazu dienend, im ausgebreiteten Zustand als Sperrwerk gegen das rasche Versinken im Schlammboden zu wirken. Die Art lag also mehr träge da und ist wenig gelaufen, hat sich wohl nur langsam kriechend schiebend fortbewegt. Die dritte Form macht auf den ersten Anblick den Eindruck eines rasch durch das Wasser dahinschießenden Krebses, dessen Extremitäten fast ganz reduziert sind, bis auf die hintersten, die zu kurzen kräftigen Ruderpaddeln umgebildet sind. Die beiden Großaugen liegen am Vorderrand des Kopfes, ganz so, wie ein rasch dahinschwimmendes Tier sie braucht. Dagegen waren die Augen des vorher erwähnten Bodenliegers entsprechend nach oben gerichtet und auf der Schädeloberseite zu-

sammengerückt. Bei dem erstbeschriebenen normal kriechenden
Tier aber lagen sie halb randständig, weil sie in dieser Stellung
sowohl für das langsame Vorwärtskriechen wie für das Stilliegen
am besten brauchbar waren. Die vierte Gestalt endlich erscheint

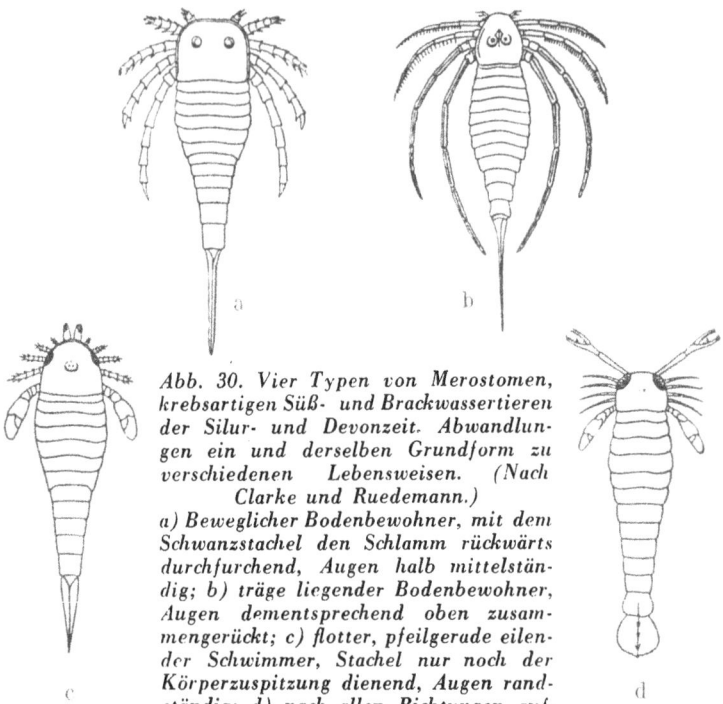

Abb. 30. Vier Typen von Merostomen,
krebsartigen Süß- und Brackwassertieren
der Silur- und Devonzeit. Abwandlungen ein und derselben Grundform zu
verschiedenen Lebensweisen. (Nach
Clarke und Ruedemann.)
a) Beweglicher Bodenbewohner, mit dem
Schwanzstachel den Schlamm rückwärts
durchfurchend, Augen halb mittelstän-
dig; b) träge liegender Bodenbewohner,
Augen dementsprechend oben zusammengerückt; c) flotter, pfeilgerade eilen-
der Schwimmer, Stachel nur noch der
Körperzuspitzung dienend, Augen randständig; d) nach allen Richtungen auf-
und niedergehender Schwimmer, Schwanz
ein senkrecht verstellbares Steuer,
lange Greifscheeren.

nach ihrem Körperbau gleichfalls als Schwimmtier, aber der in
einer Spitze zulaufende Körper ist hier distal mit einem auf-
und abwärts beweglichen Steuerblatt versehen, so daß ganz ersichtlich die Schwimmbewegung rasch nach oben und unten umgestellt
werden konnte, das Tier also gewiß nicht pfeilgerade durch das
Wasser schoß, sondern in fortwährend sich ändernden Wellenbe-
wegungen. Dem entsprechen nun die langen Greifscheeren. mit

denen es seine Beute ergatterte. Zu diesem Zweck mußte eben die Vorwärtsbewegung dauernd rasch umgestellt werden können. Auch hier liegen die Augen sinngemäß ganz vorne. So verrät die Bauart des Körpers beim selben Grundtyp doch die verschiedenartigsten Lebensweisen des merostomen Krebstieres als solchem, aber alles ist trotz seiner Verschiedenheit innerhalb derselben engeren Grundorganisation beschlossen.

Die verschiedenen Bauformen entsprechen oft verschiedenen biologischen Grundtendenzen in der Natur. So ist eine ganz besonders auffallende Zeitsignatur im Erdmittelalter, zuerst schwach beginnend in der Triaszeit, dann im Jura sich vollendend, das Sicherheben des Vierfüßlers über den Boden. Waren bis dahin die Kriechtiere und Lurche mit ihrem Gleichgang auf allen Vieren in ziemlich wagrechter Lage der Ausdruck für die biologische Zeitsignatur des an den Boden gebannten Wirbeltieres gewesen — es sei an die schon beschriebene altertümliche Grundform des Vierfüßlertieres (Abb. 24, S. 106) erinnert —, so kamen mit dem Beginn des Erdmittelalters im Körperbau der Echsen die ersten Anzeichen zum Vorschein, daß das Landtier in gewissen Gruppen sich zum Erheben des Körpers rüstete. Es werden die Hinterbeine stärker, länger, die Wirbelsäule richtet sich auf, der lange starke Schwanz dient zur Stütze bei dieser Haltung. Aber die Strebung ging weiter. Denn als Ausdruck der höchstmöglichen Erhebung über den Boden erobert nun der Reptilstamm auch die Luft durch die Ausbildung der Flugechse, zuletzt des Urvogels, wie wir sie beschrieben haben. Überdies nehmen die Bodenbewohner in der gleichen Zeit, wie ebenfalls schon angedeutet, Vogelmerkmale im Skelett und Schädelbau an. Es gab unter ihnen aber auch Bodenbewohner mit hohlen Knochen, die wohl sehr flüchtig waren und hoch springen konnten, vielleicht ihre Luftsprünge noch durch seitliche Hautfalten zwischen Oberarm, Oberschenkel und Flanken unterstützend, die beim Sprung durch Streckung der Extremitäten ausgespannt wurden und das Herabgleiten in längerem Bogen wohl erlaubten.

Jener Erhebung über den Boden, die mit der Ausbildung des Flugtieres endete, steht sozusagen polar das Hinabgehen von einigen Echsengruppen unter den Boden gegenüber. Die Schildkröte, am Frühbeginn des Erdmittelalters auftretend, bedeutet gewissermaßen ein sich in eine Höhle einbauendes Kriechtier, sie bleibt aufs engste und schwerfälligste an den Boden angepreßt. Das ist

eine spezielle Bauart, die nun auch rein als Panzerbildung durch
verknöcherte Hautbedeckung von einigen anderen Echsenformen
derselben Zeit nachgeahmt wurde, beispielsweise von einer Meer-
echse, die so wie eine Schildkröte aussieht. (Abb. 31.) Aber das

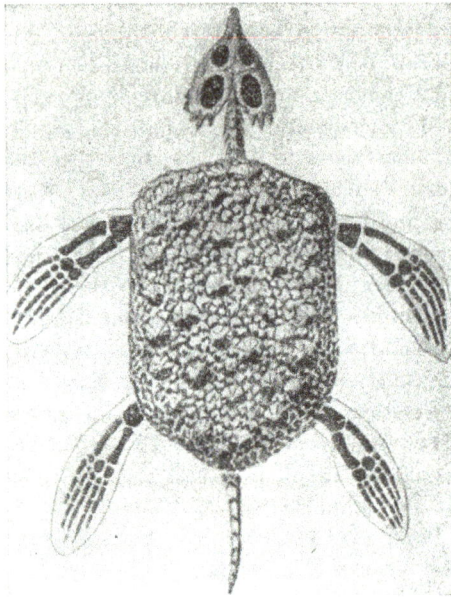

*Abb. 31. Schildkrötenartiges Meerreptil (Placochelys) der
Triaszeit mit Panzerung; keine Verwandtschaft mit echten
Schildkröten. Beispiel einer Zeitformenbildung. (Nach
Jaekel.)*

weitere Hinabgehen der Echsen unter den Boden vollzieht sich
durch die Entsendung mehrerer Reptilstämme in das Meer, es kommen die schon beschriebenen Meerechsen. Da finden wir neben der
vollendeten Fischgestalt auch längliche, aalartige Formen, die
schließlich auch zu einer Art großer Seeschlange werden oder zu
Formen mit tonnenförmigem Rumpf, starken, großen Ruderpaddeln
und sehr langen schlangenartigen Hälsen. Das alles als gegenpolare
Bewegung gegen das Erheben in die Luft: das Hinabgehen in das
Meer. Diese beiden biologischen Tendenzen von den Halbaufrech-
ten mit ihren Riesengestalten bis zu den Flugdrachen der Kreide-

118

zeit einerseits und bis zu den Seeschlangen andererseits bedeuten Formstile einer langen Zeit, die hierin zum Fabelhaftesten gehören, dem wir überhaupt im Bereich des höheren Lebens in der Erdgeschichte begegnen.

Wie für die einzelnen Erdzeitalter und kürzere Zeitperioden bestimmte Tier- und Pflanzengattungen bezeichnend sind, so auch bestimmte Baustile bei niederen und höheren Tieren. Schon zuvor wurden einige Beispiele hierfür genannt: die Säugetierhaftigkeit von Reptilien und die Vogelhaftigkeit der halb aufrechtgehenden Schrecksaurier, die in den Zeiten des Erscheinens der Säugetiere bzw. Vögel sich bei heterogenen Gruppen ausprägt. Ebenso wird die Plattenpanzerung der Schildkröten entsprechend von verschiedenen Typen gleichzeitig mitgemacht. Es werden auch von bestimmten Hauptästen des Tierreiches zu bestimmten Zeiten gewisse Entwicklungsstufen durchlaufen. So ist der den Ammonshörnern unmittelbar verwandte Stamm der mit luftkammeriger Schale ausgestatteten Nautiliden im frühesten Erdaltertum zuerst geradegestreckt, dann werden die Gehäuse gebogen, dann allmählich mehr spiral, aber noch nicht völlig geschlossen, bis sich dann die Umgänge aneinanderlegen, sodann sich mehr zu umgreifen beginnen, bis endlich der jeweils letzte Umgang die vorherigen völlig umfaßt. Man hat die geradegestreckten „Orthoceras" benannt, die eingerollten „Nautilus". (Vgl. S. 142.) Jetzt weiß man, daß dies keine geschlossenen Gattungen sind, sondern Entwicklungsstadien, die von vielen verschiedenen Zweigen dieser Gruppe ziemlich gleichzeitig durchlaufen werden. Auch für die Meereskrebse des Erdmittelalters ist das unabhängig gleichzeitige Durchlaufen solcher Formstadien erwiesen.

Bis ins kleinste der Körperbildung kann man solche Zeitsignaturen oft verfolgen. Die ältesten Glasschwämme bauen nur aus einfachen sich kreuzenden Fäden ihr Kieselgerüst auf, die späteren bekommen mehrachsige Nadeln, noch später werden kunstvoll und sozusagen mit größter technischer Vollendung konstruierte Gittergerüste gebaut. Die Meeresschnecken des frühesten Erdaltertums bilden auf ihrem Gehäuse einfache Spiralrippen aus, die Querrippen sind noch verhältnismäßig grobe Aufblätterungen der Anwachslamellen, aber schon in der Steinkohlenzeit haben die Meerschnecken auch vollendete Querrippen. Die Knoten und Stacheln auf den Gehäusen der devonischen Schnecken sind als hohle Röhren entwickelt, die vorausgehenden der Silurzeit bestehen nur in der Zuspitzung der genannten Aufblätterungen; die späteren aber zementieren die Röhrenknoten von innen her fest aus. Die Ammonshörner haben, wie der Nautilus, eine dicht luftgekammerte feine spiralige Schale. Die Kammerwände der frühesten sind einfach geknickt, die der zu Anfang des Erdmittelalters folgenden Gattungen vielfach gebogen; die der sodann bis ans Ende des Erdmittelalters folgenden Typen haben äußerst verwickelte, ästchenartig hin und hergefaltete Wände. (Abb. 1 d, 2 c). Nach diesem Baustil kann man, wie auch bei den obengenannten Schnecken, genau das Alter von Gesteinsschichten feststellen, auch wenn man nur ein Bruchstück einer Schale darin findet, so wie der Archäologe aus einer Pfeilspitze oder einer Topfscherbe oder nur aus einem Ornament das menschheitsgeschichtliche Alter festzustellen vermag. Es macht den Eindruck, als ob die Natur eben in einer gewissen Zeit nur in einer bestimmten Fähigkeit der Formgebung verharre, andere technisch-organische Feinheiten noch nicht ausgebildet habe und nur in einer ganz bestimmten Weise bauen könne; auch hier wäre der Vergleich mit dem menschlichen zeitbedingten Können angebracht.

Es ist nicht so, als ob jeweils eine Zeitsignatur oder ein Zeitbaustil sich nun durchweg auf alle Gruppen gleicherweise erstrecken würde. Denn es gibt immerzu nicht nur einen, sondern gleichzeitig in anderer Richtung mehrere, ja viele Baustile, je nachdem, was man da an Eigentümlichkeiten ins Auge faßt; es gibt da stets alle möglichen Übergangsstadien. Greift man, wie in den genannten Beispielen, eines heraus, so sieht man dieses bei einer bestimmten Anzahl Gattungen voll verwirklicht, andere Gattungen haben es weniger deutlich, sie nehmen dafür an einem anderen Zeitmerkmal stärker teil und sind für dieses die vollständigeren Zeugen. Das geht weiter, so daß wir zu allen Zeiten Gattungen haben, in denen sich auch mehrere Signaturen überschneiden und so ein Gemisch aus allen möglichen Formgebungen entsteht. Auch gibt es zeitliche Vorausnahmen und Nachschläge — die Natur arbeitet nicht schematisch.

Noch ein wichtiges Ergebnis bringt dieses Zeitformengesetz mit sich; man kann daraus auf das erdgeschichtliche Entstehungsalter von Tierformen schließen, die, mit solchen früheren Zeitmerkmalen behaftet, sich in der heutigen oder in späteren urweltlichen Zeiten finden. Hierfür ein gutes Beispiel. In der zweiten Hälfte des Erdaltertums bis in die untere Triaszeit hinein war bei damals neu entwickelten Reptilien ein drittes kleineres Auge auf dem Schädeldach eine charakteristische Zeitsignatur; alle Reptilien und Amphibien jener Periode besitzen es. (Abb. 32.) Bei später entstandenen Vierfüßlern ist es nicht mehr ausgebildet worden. Nun lebt heute noch auf Neuseeland eine kleine bizarre Echse, die jenes Organ noch vollentwickelt, von einer dünnen Haut überkleidet, im Schädeldach trägt. Daher wissen wir auch für die Frühreptilien, was für ein Organ das Loch auf dem Schädeldach enthielt. Der Spezialstamm jener neuseeländischen Echse aber ist bis hinab in

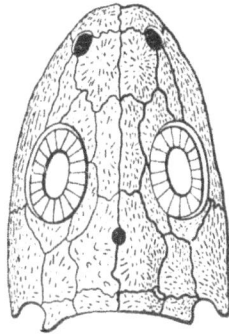

Abb. 32. Schädel eines permischen Amphibs mit kleinem Scheitelauge. Größe etwa 2 : 1. (Nach Jaekel.)

die untere Triaszeit durch Funde belegt. Wir könnten, auch ohne diese Funde, nach dem Organ bestimmt sagen, daß ihr Stamm in einiger Abwandlung bis in das Ende des Erdaltertums zurückreichen muß. Man kann aus dem Vorhandensein von Organen oder Baustilen früherer Epochen bei späteren Formen das erdgeschichtliche Alter erschließen, auch wenn keine vermittelnden, nach rückwärts weisenden Funde vorliegen. Es ist weiter bezeichnend, daß vor der Mitte des Erdaltertums, in der Silurzeit, bei Fischen dieses obere Auge nicht, wie bei den späteren Echsen und Amphibien, zwischen den Scheitelknochen lag, also ein „Scheitelauge" war, sondern als ein „Stirnauge" sich zwischen den Stirnknochen befand. (S. 216.) Hier ist also das Zeitmerkmal in wieder einer anderen Weise verwirklicht, und Schädel mit Stirnauge gehören somit in eine weit frühere Epoche als die mit Scheitelauge.

Die Zeitformenbildung ist nicht das einzige bestimmende Moment zur Hervorrufung von gleichartigen Gestalten, die genetisch nicht näher zusammengehören. Die Natur scheint vielmehr das Bedürfnis zu haben, immer wieder in neuen Zeitaltern biologisch gleichwertige und gleichartige Gestalten zu schaffen, die immer wieder von anderen Grundorganisationen her verwirklicht werden müssen. So werden die Formen der alten Trilobitenkrebse von späteren Krebsen und krebsartigen Gestalten abgelöst; die paläozoischen kapselförmigen Urstachelhäuter von erdmittelalterlichen Seeigeln; die Graptolithen von späteren Hydrozoen, die mittelalterlichen Fischechsen von Walen, Delphinen und Seelöwen, die frühen und späteren Beuteltiere von den höchstorganisierten Säugetieren. Eine Säugetierschildkröte erscheint im quartärzeitlichen Riesengürteltier, statt der Flugechsen der Jurazeit kommen die fliegenden Säugetiere und vieles andere. Auch hierdurch ergeben sich konvergente Formbildungen, die aber, wie betont, etwas ganz anderes sind als die zuvor besprochenen Zeitformenbildungen. Die Natur verfolgt die verschiedensten Wege, um zu ihrem großen Formenreichtum zu gelangen, aber es geht nicht ins Uferlose, sondern zugleich bindet sie sich an bestimmte Gestaltungen, die für bestimmte Lebenszwecke sich bewährten. Alles aber, was hervorkommt, entwickelt sie aus dem Gesamtstrom des organischen Lebens, dessen Faden noch nie abgerissen ist, seit überhaupt das Leben auf der Erde erschien.

4. Allgemeines zur Abstammungslehre

Tiere wie Pflanzen, das gesamte organische Reich läßt sich mit allen lebenden und urweltlichen Arten als eine Stufenleiter der Organisationen darstellen. Man erhält so das Bild eines vielfach verzweigten und im einzelnen verästelten Baumes. Dabei nehmen die einfachsten Gestaltungen die untersten Äste und Zweige ein, die vorgeschritteneren die mittleren, die höheren stehen weiter oben und die höchsten ganz oben in den letzten Spitzen. Alle diese Grundorganisationen sind nur in Form wirklicher jetziger oder einstiger Tiere und Pflanzen vorhanden, und alle diese Gattungen und Arten haben in ihrer Weise eine spezielle Ausgestaltung gehabt, so daß in Wirklichkeit die einzelnen Organisationstypen allesamt in die Seitenäste und -zweige eingeschrieben werden müssen, während der Grundstamm, zu dem sie gehören, wie erst recht der gedachte Stamm des ganzen Baumes nur ein ideales Gebilde, ein Symbol ist.
Es ist nicht so, daß im Lauf der Erdgeschichte die organischen Gestalten genau in der Reihenfolge hervorgetreten wären, wie sie in dem Baumschema angeordnet sind. Auch die niederen und niedersten haben gewissermaßen ihren Eigenstammbaum und haben in diesem zu allen Zeiten ihre eigenen neuen Seitenäste, größere

und kleinere, ausgetrieben, haben sich in ihren Spezialformen
mehr oder weniger lang fortgesetzt, teils sich umwandelnd, teils
ihre frühere Form bewahrend, viele sind auch inzwischen wieder
ausgestorben. Das gilt für alle Grundorganisationen und für die
Gruppen innerhalb derselben. Aber im großen ganzen gesehen,
sind doch die höheren Gestalten stufenweise hinzugekommen, zuletzt der Mensch. So erkennen wir eine bestimmte Ordnung in der
mit dem Zeitverlauf Hand in Hand gehenden fortschreitenden
Organisationshöhe — und dies eben legt den Gedanken nahe, daß
der Lebensbaum sich real durch die physiologische Umbildung der
niederen Organisationszustände in die höheren und höchsten entfaltet, das Leben zusammenhängend entwickelt habe.
Das ist der Inhalt der Abstammungs- oder natürlichen Entwicklungslehre: Alle organischen Gestalten sollen von Anfang an, da
überhaupt Leben auf der Erde erschien, sich in zusammenhängenden Ketten und fortgesetzter Umwandlung in natürlicher Zeugung
entfaltet haben, also allesamt irgendwie voneinander abstammen.
Viele Äste des Baumes sind im Lauf der Zeiten abgestorben, viele
gehen von frühen und frühesten Zeiten her durch bis in die Jetztzeit, sind noch frisch von alten Zeiten her; andere sind spät erst
durch Austrieb von Hauptästen oder vom allerdings unsichtbar
gebliebenen Stamm her hinzugekommen. Dieser angenommene
große Zusammenhang sollte sich dadurch erweisen, daß man nach
und nach aus den einzelnen erdgeschichtlichen Epochen Stufe um
Stufe immer wieder neue und bezeichnende Gattungen und Arten
wirklicher Pflanzen und Tiere zutage brächte, um sie dann streng
in dieser ihrer zeitlichen Reihenfolge zu mehr und mehr sich
schließenden Formenketten zusammenzureihen. Denn wenn es
mit der oben formulierten Abstammungslehre seine volle Richtigkeit hat, müssen ja die urweltlichen Organismen in ihren Ge-
nerations- und Artfolgen zugleich die leibhaftigen Ahnen der jeweils später auftretenden Formen sein.
Zur paläontologischen Begründung der natürlichen Entwicklungslehre kann man vor allem anführen, daß stets zu dem Zeitpunkt,
wo neue Grundformen erscheinen, gleichzeitig oder auch kurz zuvor bei schon bisher existierenden Gruppen sich Gestaltungen
zeigen, die sich mit vielen ihrer Eigenschaften dem neuen Organi-
sationstyp nähern und so geradezu wie stammesgeschichtliche
Übergänge von den früheren älteren Zuständen zu den neuen, also
wie echte Ahnen erscheinen. Man kann sie somit als Beweise stam-

mesgeschichtlicher Ausgangspunkte später getrennter Gruppen ansehen. So gibt es um die Mitte des Erdaltertums Fischformen mit gewissen amphibischen Körpermerkmalen und gleichzeitig damit kommen echte Amphibien in Vollendung schon zum Vorschein; oder am Ende des Erdaltertums und zu Beginn des Erdmittelalters gibt es Reptilien mit Säugetiermerkmalen, wobei kurz darauf die ersten niederen Säugetiere erscheinen. Es sei weiter an das vogelartige Jurareptil, den „Urvogel", erinnert (S. 112); gleich nach ihm kommen die typischen Vögel. Die ältesten Huftiere der Tertiärzeit sind fünfzehig, im Gebiß primitiv und so beschaffen, daß man die späteren Paar- und Unpaarhufer aus ihnen „ableiten" kann. Solche Erscheinungen sind, wie gesagt, starke Stützen für den realen genetischen Zusammenhang kleiner und großer Gruppen des Lebensreiches, letzthin also für den gesamten Stammbaum.

Sind so die großen Äste nach rückwärts morphologisch aneinander angenähert und ihre Abzweigungsstellen voneinander in gewisser Richtung bezeichnet, so können auch innerhalb engerer Gruppen durch Auswählen bestimmter wirklicher Gattungen oder Arten gradweise Steigerungen und zuletzt weitergehende Umwandlungen dargestellt werden. Dies geschieht mittels Stufenreihen. Man greift aus aufeinanderfolgenden Stufen der Erdzeitalter Gattungen heraus, die gewissermaßen formal als Vorstufen einer später in bestimmter Richtung vollendeten Gestalt anzusprechen sind. Ob sie wirklich voneinander abstammen, ist dabei zunächst nebensächlich; es sind Formen, die lediglich nur unterschiedliche Vollkommenheitsgrade hinsichtlich eines „idealen Anpassungstypus" bedeuten; es ist die damit erzielte Formenreihe (Abb. 33) also eine Stufenleiter, keine Stammreihe. Wenn etwa die in Abb. 33 b dargestellte erdmittelalterliche Fischechse in der Liaszeit den höchsten Vollkommenheitsgrad der Anpassung eines von Landtieren abstammenden Vierfüßlers und Lungenatmers an das völlige Meeresleben darstellt, so ist etwa die Gestalt des in der Trias lebenden Nothosaurus rein ideell die Vorstufe, der „Vorläufer" dieser Echse, auch wenn kein unmittelbares Abstammungsverhältnis zwischen beiden besteht. Wohl aber wird durch solche Reihen immerhin der Weg bezeichnet, auf dem möglicherweise in einst wirklich lebenden Formen sich die Umwandlung eines Landtieres in eine Fischechse vollzog. Die wirkliche, die physiologisch genetische Entwicklung kann allerdings auch ganz anders verlaufen sein.

124

*Abb. 33. Stufenreihe von einem Landreptil zu einem Meersaurier.
(Nach Fraas.)*

*a) Nothosaurus der Triaszeit, noch Landbewohner, aber auch in
das Meer gehend, Füße mit Schwimmhäuten zwischen den Zehen;
b) Plesiosaurus der Unterjurazeit, vollkommen an das Meerleben
angepaßte Gestalt, Extremitäten völlig dem Wasserleben angepaßt.*

Eine engere Stufenreihe ohne sicheren realen Abstammungswert
ist auch die von Affe, Menschenaffe, Eiszeitmensch und Vollmensch.
Auch das ist eine Aneinanderreihung von Gestalten, zu denen man
in den einzelnen geologischen Stufen oder bei gleichzeitig lebenden
Gattungen einzelne Formrepräsentanten auswählen und sie aneinanderreihen kann, ohne daß damit mehr als ein rein begriff-

licher Beweis oder eine formale Formenkette vorgeführt würde. Zuverlässiger im Sinn echter Stammesverbindung sind sodann Formenreihen, deren einzelne Glieder im geologischen Alter streng aufeinanderfolgen. Nur wenn man Glieder einer solchen Formenkette vorzeigen kann, darf man sie als wahre Stammreihe ausgeben. Die Zeitreihe darf dabei nicht abreißen oder wenigstens durch vorhandene Lücken in den einander folgenden Partien nicht wieder abgelenkt sein, sondern jedes folgende Einzelglied oder Kettenstück muß eine gleichgerichtet bleibende, sei es geringere, sei es stärkere, aber eindeutige Fortbildung des Früheren bringen. Als Beispiele hierfür können gewisse erdmittelalterliche Ammonitenreihen und einige tertiärzeitliche Huftierreihen gelten.

Eine Einschränkung der Schlüssigkeit und Geschlossenheit solcher Stammreihen, sowohl engerer, wie weitgespannter, sind die häufig dabei auftretenden Spezialisationskreuzungen. Nehmen wir etwa die Pferdereihe in der Tertiärzeit, so geht eine Umwandlung aus den primitiven vielzehigen kleinwüchsigen Anfangsformen des Alttertiärs zu dem einhufigen großwüchsigen spättertiären Pferd besonders auffallend an der Extremität und gleichzeitig im Gebiß vor sich. Wählt man nun die in den Tertiärstufen zeitlich genau aufeinanderfolgenden Gattungen bzw. Arten nach dem Merkmal der fortschreitenden Fußumwandlung aus, so ergibt sich die Reihe ABCDE; wählt man sie aber nach dem Gebiß aus, so ergibt sich etwa die Reihe ACBED. Im einen Merkmal also ist die Art B und D das Vorstadium zu C und E; im anderen aber ist die Ahnen- und Nachkommenfolge verstellt, die Spezialisierung von Fuß und Gebiß läuft nicht zusammen gleichmäßig weiter, sondern sie sind überkreuzt. Das beeinträchtigt nun den Beweiswert der stammesgeschichtlichen Kette, aber dennoch sind solche Reihen zweifellos gute Abstammungslinien, und man braucht sich durch solche engen Überkreuzungen der Eigenschaften wohl nicht darin beirren zu lassen, hier von wahrer Abstammung zu sprechen.

Wir führen nun weitere Momente an, die vor einer allzu einfachen und schematisierenden Auffassung des Verlaufs der wirklichen Stammesgeschichte im einzelnen wie im allgemeinen warnen. Da fällt die im vorigen Abschnitt besprochene Zeitformenbildung ins Gewicht. Durch das Auftreten von Zeitbaustilen während der erdgeschichtlichen Epochen werden zuweilen Übergangsformen zwischen einzelnen Grundorganisationen hergestellt, die jedoch nur formal-morphologischer, nicht stammesgeschichtlicher Natur sind. Wir erinnern an die säugetierartigen Reptilien der Perm-Triaszeit sowie an den Urvogel. Gewiß ist es, äußerlich besehen, möglich, wie vorhin erwähnt, daraus gewisse Fingerzeige zu entnehmen, aber in eine echte Stammreihe gehören sie nicht. Denn es hat sich ausnahmslos ergeben, daß solche durch Zeitformenbildung geschaffenen Übergangstypen immer einseitig ausentwickelte Repräsentanten von Linien sind, die in einen blind endigenden Seitenzweig der größeren Gruppen, zu denen sie gehören, zu verweisen sind; so neuerdings durch eingehende Untersuchung an reichem Material wieder die säugetierhaften Perm-Triasechsen; zudem tragen diese gar nicht durchaus Merkmale niederer Säuger an sich, die unmittelbar nach ihnen erscheinen, sondern die von höheren Säugern, die erst lange danach, im Tertiär, auftreten. Schon dies macht sie zu Ahnen erdmittelalterlicher Säugetiere untauglich. Nicht als ob nun jede „Übergangsform" unbedingt nur mit dem „Gesetz der Zeitsignaturen" erklärt werden müßte — es so aufzufassen, wäre mißverständlich; aber daß Zeitformenbildungen zwingen, die wahren von den scheinbaren stammesgeschichtlichen Übergangsformen zu unterscheiden und nicht einfach nur Reihen damit zu bilden, die man dann als genetische Stammbäume, statt nur als formale anspricht, ist selbstverständlich.

Eine weitere Schwierigkeit liegt mit folgender Tatsache vor. Man nahm anfänglich, als die Stammbaumlehre aufgestellt wurde, als selbstverständlich an, daß der Zusammenhang des Lebensbaumes mit allen seinen Ästen und Zweigen um so eindeutiger hervortreten würde, je reichlicher und eindringender die urweltlichen Formen bekannt und je geschlossener sie in ihrer zeitlichen Abfolge aneinandergefügt werden könnten. Aber auch da ergab sich alsbald eine unerwartete Einschränkung. Denn je weiter man in der zahlenmäßigen und morphologischen Kenntnis der urweltlichen Lebewesen kam, je besser man die Ursprünge der einzelnen Formen kennenlernte, um so undurchsichtiger, um so verwickelter wurden die Zweige und Äste des angenommenen einfachen Stammbaumes, sowohl im großen wie im kleinen. Und so erscheint uns heute das gesamte Lebensreich mit allen seinen mannigfaltigen, von jeher quellenden und sprießenden Gestalten nur noch als Ganzes, schematisch sozusagen, wie der einfache Stammbaum der Theorie, bei genauerem Zusehen aber wie ein lebendiger Boden voll verschiedener Sträucher und Büsche, die sich zu einem meist undurchdringlichen Dickicht verschlingen; und eben das sich Ineinanderschlingen wird durch die stetig wirkende Zeitformenbildung bewirkt. Man könnte, um es zu vereinfachen, höchstens von einem Strauch mit vielen dicht stehenden, mehr oder weniger parallel aufstrebenden, teilweise sich auch querenden und abbiegenden Ruten sprechen, wofür man den treffenden Ausdruck „Stammstrauch" geprägt hat. Wenn dieser Stammstrauch tief drunten vielleicht seinen Knoten hat, in dem alle diese zahllosen Ruten in einem Komplex zusammenlaufen, von wo sie also zeitlich ihren Ausgang nahmen, so muß dieser in der algonkisch-archäischen Zeit liegen.

Die wachsende Kenntnis urweltlicher Gattungen und Arten und Formenreihen und Stammreihen hat, wie gesagt, das alte Baumbild als zu einfach und unzureichend erwiesen. Freilich, wenn man sich ideelle Gestalten konstruiert, sog. Urformen, wie es um die Mitte des vorigen Jahrhunderts in der Sturm- und Drangzeit geschah, und wenn man sie in den Entwicklungsgang überall dort einsetzte, wo die Deszendenz nicht schlüssig werden wollte, so kann man alles beweisen. Doch es kann sich ja für den empirisch verfahrenden Naturforscher nicht um die Schaffung von Idealbildern handeln — das wäre ja Metaphysik —, auch nicht um Erfüllung ideeller Vorstellungen, sondern um ganz realistisch greifbare Formen und Vorgänge. So aber, wie man den Stammbaum gewöhnlich auffaßt, ist er nichts anderes als die bildliche Darstellung der Linnéschen Systematik. Das ist immerhin, wie sich zeigte, eine fruchtbare Vorstellung, sozusagen eine heuristische These, um zu erkennen, wie die reale genetische Entwicklung im Lauf der Erdzeitalter nach dieser Systemanordnung verlief; aber eben diese These zu beweisen, ist erst die Aufgabe, kein von vornherein gewisses Dogma.

Es kommt noch weiter hinzu und ist ein Hinweis auf die Richtigkeit des Bildes vom Stammstrauch, daß mit der fortschreitenden Durchforschung der Formationen auf Fossilien zusehends die Tier- und Pflanzenstämme sowie die Einzeläste immer wieder als älter sich erweisen, als man bisher anzunehmen berechtigt war. Ein auffallendes Beispiel, das auch zeigt, wie wenig gewisse angenommene Stamm- oder Übergangsformen oft für die wahre genetische Herkunft beweisen und wie sehr sie als Zeitformenbildungen anzusehen sind, bietet neuerdings die Schildkröte. Sie war ein Jahrhundert lang nur aus der Triaszeit bekannt, in der Permzeit aber fand man ein ähnliches Reptil mit erst in den Anfangsstadien verbreiterten und noch nicht zu einem völlig geschlossenen Panzer erweiterten Rippen. Diese Gestalt galt unbesehen als der primitive Ahne der späteren triassischen Chelonier. Und nun ist neuerdings eine voll entwickelte Schildkröte auch im Perm gefunden worden. So ist es sehr wohl denkbar, daß auch das Wirbeltier in unverknöcherter, skelettloser Frühgestalt schon mit Beginn der kambrischen Zeit lebte, obwohl wir es erstmalig bisher als Fisch im Silur antreffen; denn die ältesten Wirbeltierstadien müssen vermutlich wie das Branchiostoma gewesen sein (S. 107); sie konnten aber wegen ihrer Skelettlosigkeit nicht fossil werden, auch kaum, wenn sie knorpelig waren. Findet man aber künftig einmal in kambrischen Feinschiefern den Abdruck eines solchen Wesens, so wird damit auch der untere Zusammenlauf des Stammstrauchs mit allen seinen Hauptästen endgültig als algonkisch-archäisch erwiesen sein.

Mit alledem sind wir, das sei ausdrücklich festgestellt, nicht der Meinung, die angeführten Tatsachen und Schwierigkeiten dahin auszulegen, daß nun der theoretisch angenommene allgemeine Zusammenhang des Lebens auf der Erde nicht einheitlich und die gesamte natürliche Entwicklungsidee unbedingt hinfällig sei; wohl aber ist das Problem verwickelter, als es gemeinhin aufgefaßt und dargestellt wird. Zugleich aber muß man doch im Auge behalten, daß in der frühesten Urzeit auf verschiedenen Wegen die frühesten Organismen sich gestalteten. Insbesondere wenn man an die natürliche Urzeugung des Lebens auf der Erdoberfläche selbst glaubt — man braucht keineswegs eine Zufuhr von Keimen aus fremden Atmosphären anzunehmen (S. 87) —, liegt es gar nicht außerhalb der Möglichkeit, daß an den verschiedensten Stellen solche Lebenssynthesen vor sich gingen, der Stammbaum also von vornherein eben kein geschlossener Baum, ja nicht einmal ein Stammstrauch, sondern ein Nebeneinander verschiedenster, aus eigener Wurzel aufbrechender Büsche und Sträucher war. Das ist kein Widerspruch zu dem Bestreben, immer wieder von neuem in den fossil überlieferten Formen und Reihen nach den Umbildungsvorgängen und -gesetzen zu forschen und sie auch von den heute Lebenden aus in die Vergangenheit zu projizieren.

Die entwicklungsgeschichtliche Stammbaumforschung macht ihrerseits häufig noch den methodischen Fehler, nur die fertigen Formen, seltener aber den Verlauf der Keimlings- und Frühzustände miteinander zu vergleichen. Zu einem Lebewesen gehört aber das

Ganze seiner individuellen Formerscheinung, und gerade die Frühzustände offenbaren häufig, auf welchem möglichen stammesgeschichtlichen Weg sich die fertige Gestalt entwickelt haben mag.
Sehen wir doch an den Populationen der Lebenden, daß in Individuen wie in Arten sogar latente Fähigkeiten der Formgebung
stecken, die nur gelegentlich und unter bestimmten äußeren Bedingungen, sonst aber nicht sichtbarlich verwirklicht werden oder
sich am selben Individuum sogar ausschließen. Oftmals sind die
Frühzustände für die Zugehörigkeit zu einer gewissen Grundorganisation sogar bezeichnender als die des Ausgewachsenen, das
sich in seiner Formbildung sogar außerordentlich weit vom klaren
Ursprungsbild entfernen kann; wir verweisen auf die im Abschnitt II, 3 angeführten Formkonvergenzen der Festsitzenden. Umgekehrt kann allerdings auch der Frühzustand mancher Meerestiere,
die bei der Fortpflanzung Larven aussenden, eben in diesen ganz
andere, sekundäre Ausprägungen besitzen, die geradezu ein falsches
Grundformenbild vortäuschen. Es muß also mindestens der ganze
Zusammenhang der individuellen Entfaltung überblickt werden,
damit man ein leidlich klares Bild bekommt, von welchen Form-
bildungsfolgen die körperliche Erscheinung einer Art beherrscht
wird.
Und da verweist uns die Natur eben auf die frühembryonalen
Keimprodukte und auf die Struktur der Keimzellen selbst, der
Keimbahn. Es ist das große Gebiet der Genetik. Hier aber deutet
alles auf Umprägungen und sprunghafte Mutationen, auch im kleinen, und oft melden sich spätere große Umprägungen schon in den
frühesten Keimlingszuständen an und häufen sich dort, ehe sie
an fertigen Wesen gereifter heraustreten.
Man kann an den Gehäusen früherer Ammonshörner nachweisen,
daß eine später an erwachsenen Tieren, also an neuen Arten oder
Gattungen, scheinbar unvermittelt auftretende Neuformung längere
Zeit, d. h. in mehreren Generationen schon auf frühesten Jugend-
stadien vorausgenommen wird. Dann aber, zu irgendeinem Zeitpunkt, geht das so vorgebildete und meist unsichtbar bleibende
neue Frühstadium plötzlich auf das ganze Gehäuse über, und nun
steht wie sprunghaft die neue Form als Ganzes da. In Wirklichkeit ist dies aber keine absolute Neuschöpfung, wie man sieht,
sondern nur eine frühere Verhüllung der umgeprägten Eigenschaften. Doch da man in den Schichtungen allermeist nur reifere oder
ausgewachsene Individuen findet, so erscheint dem Paläontologen

die neue Gattung sprunghaft entstanden. Daher ist es zur sicheren Aufstellung von wahren Stammreihen notwendig, soweit angängig auch die frühen Zustände der Arten bzw. Individuen zu betrachten. Zwar versagt da das paläontologische Material vielfach, doch bei Ammoniten und Korallen liegen die Verhältnisse besonders günstig, und gerade über die Stammesgeschichte dieser beiden Gruppen niederer Tiere sind wir auch am besten unterrichtet.

Wir müssen in dieser Hinsicht also alle unsere Hoffnung auf die Vererbungsforschung, die Genetik setzen, aber ihre doch eben auf allerengste kleinste Formumbildungen gerichteten Ergebnisse müssen sich für große gedankliche Erweiterungen den sachlichen Ergebnissen der biologischen Vorweltforschung unterwerfen. Die eigentliche Evolution vollzieht sich nicht unmittelbar am fertigen Tier, sondern in der von Generation zu Generation durch die Jahrhunderttausende sich fortsetzenden Keimbahn, an der die wirklichen Individuen bzw. Arten sozusagen wie Perlen auf einer Schnur aufgereiht sind, wobei freilich die Schnur und die Perlen lebendig eines sind, die Perlen aber die ins Sichtbare herausgestellten Formausprägungen der Potenzen der Schnur, also der durch alle durchziehenden Keimbahn.

Nicht nur die Individuen sind im naturgeschichtlichen Sinn etwas Reales, sondern auch die „Art", zu der sie gehören; in diesem Fall dasselbe wie „Gattung", wenn man die Art etwas umfassender nimmt. Diese Realität erweist sich äußerlich schon darin, daß die Nachkommen, abgesehen von ihrer individuellen Variante, im wesentlichen stets den Eltern und Vorfahren gleichen; alles trägt in sich seine „Art" und vererbt sie auf die Nachfahren. Aber die Realität geht noch weiter. Wir entnehmen etwa einem engeren Lebensraum die Vertreter einer darin einheimischen Art. Dann gehen wir mit ihr in ein anderes Gebiet, wo gleichfalls die natürlichen Bedingungen zum Gedeihen dieser Art gegeben sind, und finden dort dieselbe Form, aber mehr oder weniger abgeändert. Wir verpflanzen beide Vertreter wechselseitig in die betrachteten Gebiete und bemerken, wie sie alsbald ihre Form gegenseitig auswechseln. Es gibt aber auch nahverwandte Arten, die nicht auf diese Weise einen Formaustausch vollziehen. Außerdem beobachtet man auch dauerhafte plötzliche Formänderungen, Mutationen genannt. Es zeigt sich also, daß Umänderungen von Arten möglich sind, die nicht andauern, und solche, die andauern und sich fortpflanzen. So kann man sagen, daß verwandte Arten durch Zeugung auseinander oder aus einer gemeinsamen Grundform hervorgehen. Das ist der einfachste Pfeiler der natürlichen Abstammungslehre.

In den eine Art repräsentierenden Individuen liegt zweierlei vor: 1. die Fähigkeit, ihre Form an die Nachkommen weiterzugeben; 2. die Fähigkeit, selbst andersartig zu werden und andersartige Nachkommen hervorzubringen. Sodann können wir einen äußeren und einen inneren Artzustand unterscheiden. Die äußere (phänotypische) Art ist jener Formzustand, der sich in dem konkreten fertigen Individuum und seiner sichtbaren Individualentfaltung darstellt; die innere (genotypische) Art ist eine formbildende und formermöglichende Potenz, die in den Individuen variabel zum Ausdruck kommt. Die genotypische Art liegt in der Keimbahn, sie ist an die Erbmasse der Keimzellen gebunden und wird von Generation zu Generation weitergegeben. Man kann diese Potenz mit ihren vielgestaltigen Möglichkeiten symbolisiert sehen in den Erbmasseteilchen; zugleich ist sie etwas Immaterielles. Hier liegt die Grenze zwischen naiv realistischer und metaphysischer Deutung des Artbegriffs.

Zur weiteren Verdeutlichung des Unterschiedes von äußerer phänotypischer Ausgestaltung und innerer Potenz mag auch die Tatsache dienen, daß Eigenschaften, die sich im rein Körperlichen geradezu ausschließen, doch in der „Art" enthalten sein können. Da gibt es etwa im Erdmittelalter die doppelklappigen Tascheln, deren Gehäuse randwärts stark gefaltet ist. Man beobachtet nun in ein und derselben engen guten Art unter Geschwistern derselben Population alle Übergänge von gefalteten zu glatten Schalen. Es besteht also zu gleicher Zeit bei der Art die Fähigkeit, gefaltet und die, glatt zu sein, obwohl beides sich an ein und demselben, die „Art" innerlich enthaltenden Individuum in der äußeren Wirklichkeit völlig ausschließt, denn keines kann zugleich glatt und gefaltet sein.

Was aber ist im inneren Artbezirk geschehen, wenn die äußere Art sich plötzlich oder langsam verwandelt? Hat sich da die Potenz zur Gestaltung gleichfalls gewandelt? Wenn Schmetterlinge die Farbzeichnung wechseln, sobald sie unter andere klimatische Bedingungen kommen, oder wenn Frösche bei besonderer Ernährung einen kürzeren Darm bekommen, so ist die Eigenschaft im Artinneren nicht statt rot blau geworden oder statt langdarmig kurzdarmig, sondern die Fähigkeit, die Potenz zu einem Farb- oder

Gestaltwechsel ist vorhanden und spricht sich nun in andersartigen materiellen Strukturen aus. Es stecken also in den Arten die Möglichkeiten zu entsprechenden körperlichen Formänderungen in bezug auf die Umwelt, aber die Potenz bleibt, was sie ist. Man kann somit sagen, das innere Artbild bleibt unverändert, während das äußere sich ändert.

Aber solche Eigenschaften wie die soeben von Schmetterlingen und Fröschen angeführten können sich jederzeit wieder in die alten Zustände zurückbegeben. Wie steht es aber bei mutativen plötzlichen Formänderungen, die mit ihrer neuen Ausbildung dauernd erblich bleiben? Hier wird man durchaus sagen können, daß auch die innere Potenzstruktur sich umgebildet hat. Ob aus sich oder durch Einwirkung äußerer Verhältnisse? Das ist noch eine Streitfrage. Was man bisher an künstlichen Mutationen hervorrufen konnte, reicht nicht aus, das Problem zu entscheiden.

Damit begegnen wir wieder einer grundsätzlichen Schwierigkeit der Abstammungstheorie. Wenn sich noch so viele äußere Arten in der geologischen Zeit voneinander abzweigten, so ist es doch durchaus möglich, ja sogar wahrscheinlich, daß sich in dem inneren Wesen der Art, das ja auch seine Tiefenschichtungen haben muß, gar nichts Wesentliches änderte, sondern daß nur wie in einem Kaleidoskop die Steinchen umgruppiert wurden, aber nach Menge und Art ganz dieselben blieben, wenn auch zuvor verdeckte hervorgeholt oder offenliegende verdeckt wurden, so daß unendlich viele Figuren bei jeder geringsten oder auch starken Drehung und Erschütterung sich wieder in ganz grundverschiedenen Bildtypen, morphologischen Grundorganisationen sozusagen, offenbaren. Es ist somit denkbar, daß nicht nur artliche, sondern auch gattungsmäßige, ja noch größere und schließlich die letzten Grundorganisationen des Tier- und Pflanzenreiches bewirkende Umprägungen lediglich auf der Mobilisierung durchaus in der organischen Ursubstanz schon eingeborener Potenzen beruhen und daß durch die Jahrmillionen in der ewig weitergegebenen Keimbahn weder etwas hinzugekommen, noch qualitätsmäßig verändert worden ist. Das wäre die gesuchte wahre, lebendig physiologische Einheit des Lebensstammbaumes.

Das ist möglich, es muß aber nicht so sein. Ist es anders, dann bleibt nur der Schluß übrig, daß zu den vorhandenen Erbpotenzen im Lauf der erdgeschichtlichen Zeit epigenetisch neue Potenzkräfte hinzukamen. Wie? das ist ein Rätsel. Aber Rätsel ist da alles. Entweder steckte schon in den primitivsten organischen Bildungen archäischer Zeit jegliche Potenz zu jeglicher späteren Lebensform, auch der höchsten, dem Säugetier und dem Menschen, und alles wurde entfaltet durch die Mobilisierung latenter Teilkräfte; oder es ist auf irgendeine Weise die Fähigkeit zu höheren Formbildungen im Lauf der Zeiten hinzugekommen. Aber das eine wie das andere ist ein völliges Rätsel, wie die Entstehung des Lebens selbst, und hier liegen vorläufig die Grenzen unserer Erkenntnis. Es ist Aufgabe der Genetik, dies künftig zu klären, falls es an dem Material, das die heute lebenden Organismen bieten, und mit den kleinen engen Artbeobachtungen überhaupt möglich ist. Glauben wir also als realistische Naturforscher an den wesensmäßigen Zusammenhang des ganzen Lebensbaumes, so sind doch die Wege, auf denen er sich entfaltete, nichts weniger als geklärt.

5. Gesetzmäßigkeiten der Lebensentfaltung

Wir haben im Abschnitt II, 2 von den Entstehungszentren und den Wanderungen der Tier- und Pflanzengruppen gesprochen. Wenn irgendwo neu aufgetretene Pflanzen- und Tiergestalten sich im Gebiet ihrer Entstehung oder in neu besiedelten Gegenden vermehrten, änderte sich zugleich ihre Form, sie trieben neue Arten hervor. Eben damit eroberten sie sich die neuen Lebensplätze und schufen sich selbst innerhalb derselben neue Lebensmöglichkeiten; sie spezialisierten ihre Körperformen und Organe, nützten damit die vorhandenen Umweltbedingungen stärker, aber auch einseitiger aus. Es liegt in der Natur des Lebewesens, durch solche Vermehrungen, Umbildungen, Vermannigfaltigungen und Spezialausbildung der Organe neue Lebensbedürfnisse zu erfüllen, ja sie gewissermaßen selbst hervorzurufen und so allerhand Erfordernissen gerecht zu werden, welche die anfänglichen, im ganzen einfacher ausgeprägten Arten derselben Stammgruppen noch nicht zu erfüllen wußten.

So stand das Leben und seine Ausgestaltung von jeher in engstem Zusammenhang, in engster Wechselwirkung zur irdischen Umwelt, von der es Förderung und Gedeihen, aber auch Leid, Tod, Untergang erfuhr. Doch Tod und Untergang kommen nicht nur von außen an das Leben heran: es liegt im Wesen des Lebens, aufzublühen, Frucht zu tragen und unterzugehen. Das Leben ist Rhythmus, die Entfaltung wie der Abstieg ist ein zyklisch geschlossenes Geschehen — wie Jugend, Reife, Altern und Sterben des einzelnen Wesens. Es ist ein Kreislauf aus dem unbekannten Dunkel der inneren Herkunft in die Helle äußeren Sichgestaltens und wiederum in das unbekannte Dunkel des Vollendeten, das für unseren am Äußeren haftenden Blick einen verhüllten Innenbezirk der Natur bildet, aus dessen Tiefen immer wieder neues Leben quillt.

Betrachtet man die Art und Weise, wie sich die Folge der Lebewesen und ihre Formenketten durch die Zeitalter der Vorwelt darbieten, so gibt es Gesetzmäßigkeiten, die sich in der Evolution aller Gruppen zu allen Zeiten gleicherweise wiederholen.

Das vordringlichste und am meisten in die Augen springende Ordnungsgesetz im gesamten organischen Reich ist die im Vorherigen schon dargelegte Aufeinanderfolge immer höherer Typen im Lauf der Erdgeschichte; wir brauchen es nicht noch einmal zu beschreiben. Es ist der Gesamtaufstieg des Lebensreiches, seine Bereicherung mit immer höheren Grundorganisationen und die Vermannigfaltigung der vorhandenen durch Ausbildung neuer Typen und innerhalb derselben neuer natürlicher Gruppen und Ordnungen, bei gleichzeitiger Weiterausgestaltung oder Abstoßung der alten.

Sind gewisse Grundanlagen einmal in bestimmten Gattungen in der Zeit erschienen, einerlei nun, wie sie entstanden und woher sie kamen, so macht sich vom ersten Augenblick ihres Auftretens ab in zeitlich geordneten Folgen von weiteren neuen Arten eine zunehmende Spezialisation der Körper- und Organausgestaltung geltend. Die ältesten Arten einer natürlichen, genetisch einheitlichen Gruppe, sei sie groß oder klein, sind im Vergleich mit den späteren des gleichen Grundformenkreises oder Spezialstammes durchweg einfacher, primitiver. Was dabei „primitiv", was „vorgeschritten" oder „spezialisiert" heißt, erkennt man rein erfahrungsmäßig dadurch, daß man die zusammengehörigen Arten einer fortschreitenden Zeitreihe miteinander vergleicht. Da zeigt sich eben, daß die früheren und frühesten solcher Reihen in allem noch einfacher gestaltet sind als die späteren und spätesten derselben Formenkette. Es ist aber nicht so, daß die jeweils frühesten Formen etwa unbestimmt, schemenhaft wären, denn das kann es in der Natur überhaupt nicht geben, weil jegliche Art, und sei sie noch so einfach, immer irgendwie ausgebildete Organe haben muß, mit denen sie auf die Umwelt eingestellt ist. Denn keine lebt im leeren Raum, sondern in einer ihr zukommenden Umwelt, und eben dies bedeutet ein Angepaßtsein an diese mit bestimmten Form- und Organbildungen. Die Anfangsgestaltung wird, solange der Lebensfaden der Formenreihe nicht abreißt, durch fortgesetzte Ausbildung nach einer oder vielen Richtungen immer einseitiger ausgeprägt, wird für mannigfachere, im einzelnen zugleich speziellere Lebensfunktionen geeignet. Das eben ist und bedeutet das fortlaufende Entstehen neuer Arten, von denen jede in eigentümlicher Weise ausgebildet wird. Wir erinnern an das im Abschnitt II, 3 gegebene Beispiel der für die verschiedensten Lebensfunktionen spezialisierten Merostomen, die von einer gemeinsamen, primitiven, noch nicht so einseitig spezialisierten Grundform ausgehen.

Sobald sich solche Evolutionen ihrem Ende nähern — keine geht unbegrenzt weiter — kann wieder eine gewisse Primitivität von den letzten Gliedern der Reihe zur Schau gestellt werden, es gibt Wiederannäherungen an ahnenhafte Formzustände, die einst von der Gruppe entwicklungsmäßig überwunden waren. Solche wiederhergestellte Primitivität ist aber nicht mehr ein erneuter lebensträchtiger Ausgangszustand, sondern bedeutet ein Ausgeschöpftsein, ein Müdewerden der Formbildungskraft, es ist entleerte Primitivität, die Erbmasse ist aufgebraucht. Dann stirbt die Kette aus oder es pflanzen sich die letzten Glieder noch einige Zeit fort, bringen aber keine lebensvollen neuen Nachfahren mehr hervor.

Zu einem entsprechenden Endzustand führt auch die mit fortschreitender Spezialevolution in einer natürlichen Formenkette meistens sich einstellende Ausbildung von Riesenformen. Was als „Riesenform" einer Gruppe zu bezeichnen ist, wird, wie das „primitiv" und „spezialisiert", nicht nach allgemeinen Vorstellungen bestimmt, sondern ergibt sich wiederum unmittelbar aus dem Vergleich der Anfangs- und Endglieder einer Entwicklungsreihe miteinander. So ist es ein Gesetz, daß am Anfang der Stamm- oder Formenreihe meist kleine Gestalten stehen, die allmählich durch größere ersetzt werden. Kommen dann die ganz großen, die Riesenformen, so zeigt uns dies entweder die bereits abgelaufene Zeit der Hauptentfaltung an oder es bedeutet schon den Untergang selbst, das Aussterben. Ganz zuletzt kann aber auch die Körpergröße noch einmal zurückschlagen, was dann gleichfalls ein atavistischer Zug ist. Die Größenzunahme innerhalb enger oder weiter, genetisch einheitlicher Gruppen ist aber nichts anderes als ein Sonderfall der zuvor beschriebenen Spezialisation der Organe und Formen.

Alle solchen Gesetzmäßigkeiten im Ablauf natürlicher Formenreihen bedeuten ja nur die Entfaltung einer der Grundform mitgegebenen Erbanlage. Die Lebewesen beschreiten aus inneren Gründen diesen Evolutionsweg. Bleiben sie sich selbst überlassen, d. h. können sich die inneren Potenzen ihrem eigenen Rhythmus gemäß entfalten, bleiben ihnen störende, ablenkende, fremde Einflüsse fremd, ist die Umwelt dem normalen Ablauf ihrer Gestaltung günstig, so treten jene Gesetzmäßigkeiten geordnet hervor. Aber das Leben begegnet vielfach auch feindlichen äußeren Einflüssen, und diese erfordern oftmals spezielle Anpassungen und Formausbildungen, entgegen dem von innen her bestimmten Ablauf. So geschieht es, daß gelegentlich auch schon in den Frühstadien der Formenreihen einseitige Ausspezialisierungen von Organen erzwungen und so auch viel früher Riesenformen ausgebildet werden, worauf dann später entweder Rückschläge in wieder kleinere Gestalten erfolgen oder die Gruppe überhaupt vorzeitig und nach anderer Richtung in „fehlgeschlagenen Anpassungsreihen" abgelenkt wird, ja sogar eben dadurch alsbald ausstirbt.

Als ein weiteres umfassendes Lebensgesetz erscheint die Unmöglichkeit einer Rückentwicklung auf ein Ausgangsstadium, von dem aus noch einmal in der gleichen Weise wie zuvor eine Neuentwicklung ausgehen könnte. Das Leben ist ein geschichtlicher Prozeß, und ein solcher läßt sich, da er durchaus schöpferisch ist, nicht umkehren. Die organische Evolution ist unumkehrbar, weil sie kein Mechanismus wie ein nur die leere abstrakte „Zeit" angebendes Uhrwerk ist, dessen Zeiger jederzeit auf die frühere Stunde zurückgedreht werden können. Wenn einmal eine Art da war, so kommt sie nie in gleicher Weise und mit demselben Forminhalt wieder. Wir sagten zuvor, daß eine wiedereinsetzende Primitivität Tod bedeutet, nicht Ausgangspunkt für eine abermalige Evolution sei. Ebenso können Organe, die einmal rückgebildet wurden, später nicht wieder in gleicher Weise und von neuem sich ausbilden.

Oft treten solche Reduzierungen oder völlige Abstoßungen von Organen ein. Ist eine von solcher Rückbildung betroffene Gruppe noch lebensfähig, ist ihr Erbgut noch nicht aufgebraucht und wird im Lauf der weiteren Evolution das verlorengegangene Organ wieder notwendig, so wird es auf einem anderen Weg entwickelt. Ist, um ein Beispiel zu nennen, ein ehemals fünfzehiger Fuß bereits durch fortgeschrittene Spezialisation auf einen drei- oder zweizehigen reduziert und bedarf später eine Gattung wieder eines breit auftretenden sohlengängerigen Fußes, so werden nicht die fünf einstigen Zehen wiederhergestellt, sondern statt dessen wird ein Haut- und Hornballen ausgebildet, der dann praktisch denselben Dienst tun muß, wie der einstige breit aufsetzende vielzehige Fuß. Oder es haben Meerschildkröten des Erdmittel- alters durch Rückbildung den Panzer verloren, er ist unwieder- bringlich dahin, aber in der Tertiärzeit wird er von neuem be- nötigt. Dann bekommen sie ihn nicht durch Wiederauswachsen des alten Panzers aus dem Knochenskelett wie ehedem, sondern es wird ihnen aus der Haut ein harter Ledersack geschaffen, der nun dem Körper die ˙notwendige abermalige feste Umhüllung bietet und zugleich den Vorteil hat, durch seine größere Beweg- lichkeit den einstigen starren Knochenpanzer, der dem Schwimmen im Meerwasser ungünstig war, zweckmäßig zu ersetzen.

Ein weiteres organisches Gesetz ist das der zunehmenden Entwick- lungsschnelligkeit, und dieses herrscht sowohl bei dem Hervorkom- men der in immer kürzeren Fristen aufeinander folgenden höheren Grundorganisationen des Gesamtlebensbaumes (Abschnitt II, 1) wie auch innerhalb der engeren, sich spezialisierenden Formenfolgen, die im Vorstehenden besprochen sind.

Was das erstere betrifft, so haben sich in der unendlich langen Zeit der vorkambrischen Erdepochen die niederen Tierstämme ent- faltet. Demgegenüber kommt erst spät mit dem Silur, möglicher- weise auch mit dem Kambrium (S. 76) das fischartige Wirbeltier auf. Im Karbon — die Epochen des Erdaltertums waren kurz gegen die vorkambrischen, aber lang gegenüber denen des Erd- mittelalters, und diese lang gegenüber denen der Tertiärzeit — erst kommt das vierfüßige Landtier als Amphib und Reptil; in der Trias das niederste Säugetier, in der Oberkreide das höhere, und in geradezu drängender Eile entfalten sich in der Tertiärzeit alle seine weitgehend verschiedenen Untertypen und Gruppen weit rascher als die Reptilien im Erdmittelalter. So auch die Pflanzen: Bis zum Devon währt es überhaupt, daß die ersten, noch ans Wasser gebundenen Kräuter bis zu den Farnen sich ent-

138

wickelten; im Perm (Oberkarbon?) kommen die ersten Nadelhölzer hinzu, und schon in der Mittelkreide — kurz gegenüber den alten Zeiten — ist der gewaltige Schritt zum Laubholz und den Bedecktsamigen getan. Man vergleiche für diese allgemeine Schnelligkeitszunahme in der organischen Welt die im Abschnitt I, 6 besprochene geologische Jahresuhr.

Aber diese Beschleunigung betrifft nicht nur den großen Gang der Evolution des Lebensbaumes, sondern auch den Ablauf der Spezialisationsreihen. Bei Verfolgung derselben durch die feineren Zeitstufen sieht man die primitiveren Stadien der Reihen stets sehr langsam sich in ihrer Formgestaltung vorwärtsschieben; es macht geradezu den Eindruck, als tue sich die gestaltende Naturkraft anfänglich noch recht schwer, über sich selbst hinauszugehen, gerade wie die Technik des Menschen sich lange Zeiten auf einer verhältnismäßig einfachen Stufe hält und kaum Fortschritte zu machen weiß. Aber allmählich kommt es in der Formenbildung zu einer größeren Schnelligkeit, was sich zugleich auch in der rascheren Größenzunahme zeigt. Ist dann aber einmal eine gewisse Schwelle der Ausbildung überschritten, vor der zuerst jede Errungenschaft mühsam erreicht wurde, so kommt es alsbald zu einer sogar oft erschreckenden Raschheit in der Auswerfung neuer Spezialanpassungen. Ist der Höhepunkt erreicht, wo in einer oder vielen Richtungen die besten, wenn auch einseitigsten Ausbildungen gelungen sind, dann schießt sehr oft die Spezialisierung, statt haltzumachen, noch über das Ziel hinaus. Es kommt zu Übertreibungen, die aus der biologischen Nützlichkeit in ebensolche Schädlichkeit ausschlagen, es kommen bizarre oder übertrieben große einseitigste Organübersteigerungen zum Vorschein und übertriebene Riesenformen der Gesamtgestalt. Auch das bedeutet raschesten Tod und Untergang, während jene Gruppen, die bei Erreichung der bestmöglichen Anpassung einhalten, auch lange in ihrer Vollkraft noch weiterleben. Wundervolle Beispiele hierfür bietet die Evolution der Rüsselträger (Elefantiden im weiteren Sinn), der Paarhufer und der Unpaarhufer (Pferde im weiteren Sinn) in der Tertiärzeit. (Abb. 34—36.)

Die Natur ist keineswegs immer die gütige Mutter, die ihre Wesen nur zum Besten lenkt und mit allem Wünschenswerten ausstattet, es herrscht in ihr eine ebenso heftig bejahende wie auch wegwerfende und zerstörerische Dämonie. Ist nicht die ganze Evolution, wie wir sie mit den Reihen kennzeichneten, eben gerade der Todesweg mitten durch alle Lebensfülle? Was ist das unbewußte Ziel all der vielen Gestaltungen, die in der Erdgeschichte hervorsprießen? Alles, was sich entfaltet in der äußeren Natur, bezeichnet Wege des Hinstrebens eben auf äußeren Lebensgewinn, auf Selbstbehauptung und Ausnützung aller nur erreichbaren Lebensmöglichkeiten im Kampf ums Dasein. Es ist immer bio-

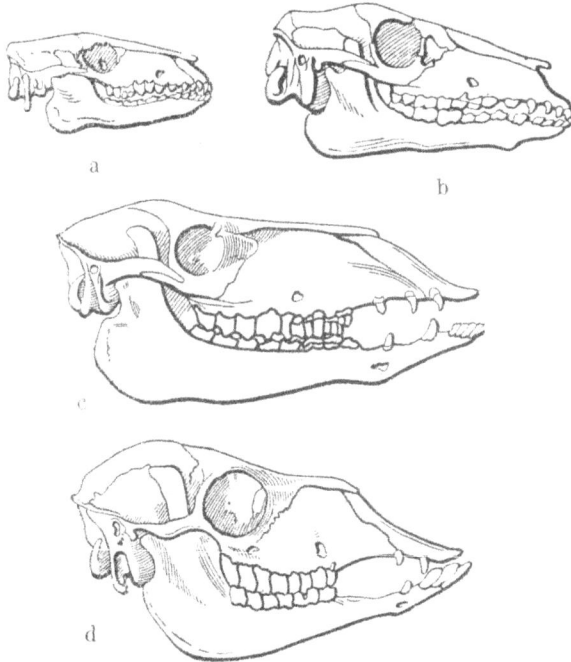

Abb. 34. Umbildung des Camelidenschädels aus kleinen Formen mit vollzähligem Gebiß und gestrecktem Schädel im Alttertiär, bis zum heutigen Kamel mit reduziertem Gebiß und gehobenem Schädel. Gesetz der Größenzunahme. (Nach Scott.)

logischer Fortschritt, der zustande kommt durch die Um- und Ausgestaltung, um das Leben jeweils mit möglichst vielseitiger Artenbildung vorwärts zu treiben, von denen jede ihre besonderen Eigenheiten ausprägt, sich damit biologischen Erfordernissen angleicht und oft zu ganz erstaunlichen Höchstleistungen, zu Rekorden führt. Aber eben diese Lebensfülle ist ja zugleich ein Einseitigwerden, ein Sichverrennen in Seitenwege, in Sackgassen der

Entwicklung, eine Abnahme der Lebenskraft zur Ausprägung neuer Grundgestaltung. Und kommen dann für die solcherweise einseitig ausgebildeten Formen andere Lebensverhältnisse von außen heran, die nun eine erneute Formenbildung erfordern, so ist die Umbildungsfähigkeit ausgeschöpft, es kommt die Degeneration und das Ende.

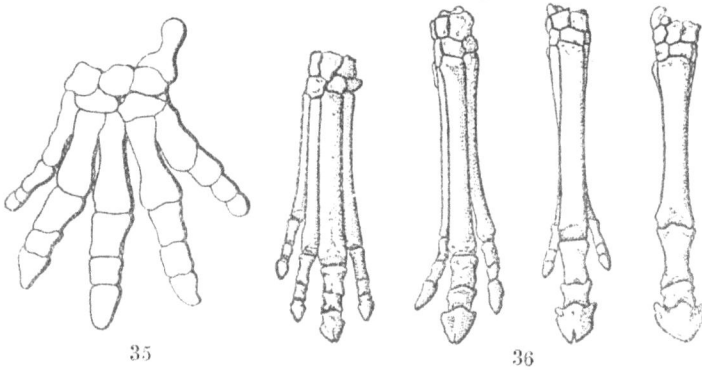

Abb. 35. Primitive fünfzehige Huftierextremität, einfachste Fußform des Säugetieres, Zehen noch gleichmäßig ausgebildet, Alttertiärzeit. (Original.)

Abb. 36. Umwandlung des mehrzehigen ursprünglichen Unpaarhuferfußes der Frühtertiärzeit in den einzehigen Pferdefuß der Quartärzeit. Gesetz der zunehmenden Spezialisation. (Nach Romer.)

Es gibt in der Erdgeschichte ein wundervolles Beispiel für Entstehung, Entwicklung, Aufblühen, sogar mehrfaches Aufblühen, dann aber auch Abstieg und Untergang einer geschlossenen Tiergruppe, die auf diesem ihrem Entwicklungsweg auch einen großen Seitenast treibt, dann selbst in normaler Spezialisierung am guten Ende haltmacht, während der ausgetriebene große Seitenast in rascher Entfaltung zu unglaublichem Formenreichtum gelangt, dann aber zuletzt in widerspruchsvolle Formgestaltungen und Übertreibungen sich verliert und untergeht. Es sind die mit luftgekammerten Spiralschalen ausgestatteten, mehrmals (S. 97, 130) erwähnten Meeresmollusken der Nautiliden und Ammonshörner, deren Lebensgeschichte wegen des beispielhaften Wertes hier kurz geschildert sei.

Die ältesten Nautiliden des frühen Erdaltertums hatten geradegestreckte Gehäuse. (Abb. 37.) Allmählich biegen sich diese ein, werden mehr und mehr eingerollt, bis im Karbon Formen mit aneinandergelegten Umgängen erscheinen, dann von der Trias ab solche, die sich zu umgreifen beginnen, zuletzt ganz eingerollte, bei denen der letzte Umgang jeweils alle früheren umfaßt. Fragt man nach dem biologischen Sinn dieser Umbildung und Spezialisierung der einst völlig geradegestreckten, in die völlig kompakt

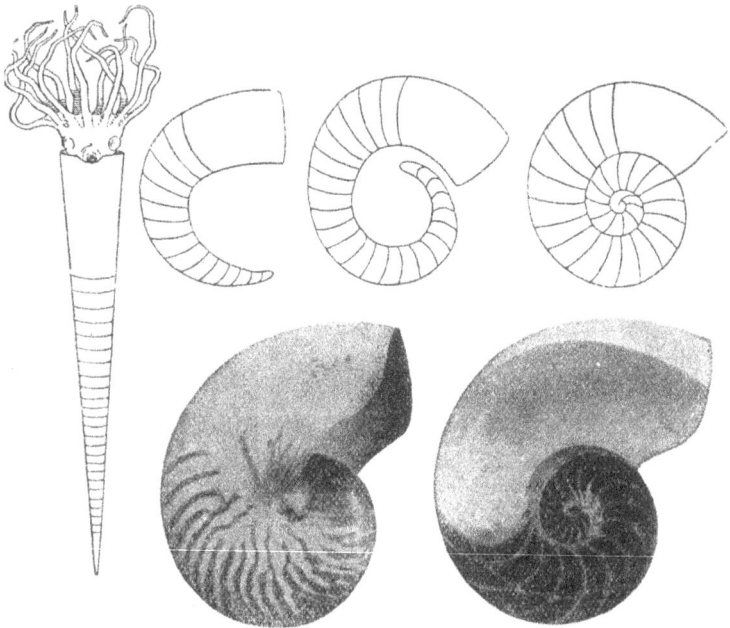

Abb. 37. Schematische Darstellung der allmählichen Einrollung des Nautilidengehäuses, beginnend mit dem geradegestreckten Orthocerastyp der Silurzeit bis zum eingerollten Typ der Karbonzeit und zum Endstadium des Nautilus (seit der Jurazeit bis heute) mit völlig einander umschließenden Umgängen. (Original.)

eingekugelte Gehäuseform, so gibt es verschiedene Hinweise. Die ältesten geradegestreckten (Orthoceren) waren äußerst zerbrechlich. Sie konnten nur im freien ruhigeren Meerwasser schweben und schwimmen, aber wohl kaum auf den Boden, noch weniger zwischen Felsen oder in unruhiges Küstenwasser gehen, auch nicht am Boden kriechen. Denn gar zu leicht brach das bis zu einer grob stecknadelkopfgroßen Anfangskammer zugespitzte Gehäuse dabei

142

ab; der Lebensraum, die Lebensmöglichkeit war beschränkt und das Tier gefährdet. Durch die allmähliche Einrollung und das zuletzt erzielte globulöse Gehäuse wurde die Standfestigkeit der Schale ungemein gesteigert; es war jetzt sozusagen ein geschlossener Fachwerkbau geworden, widerstandsfähig gegen starke äußere mechanische Beanspruchung. Zugleich wurde Baumaterial gespart, indem das kugelige Volumen bei geringerer Schalenoberfläche viel mehr Gas in den Luftkammern bergen konnte als jene Erstgestalt, die mit ihrer langen konischen Form gerade die ist, die bei denkbar größter Oberfläche und Wändeausdehnung den verhältnismäßig geringsten Gasinhalt bergen konnte. So hat hier die Natur durch die Umbildung etwas geleistet, was der genialste Ingenieur nicht besser hätte schaffen können. Der völlig eingerollte, schon in der Jurazeit so vollendete Nautilus aber lebt heute noch.

Als die Nautiliden gerade das Stadium der ersten weitgewundenen Einrollung erreicht hatten, etwa am Beginn der Devonzeit, entließ der Stamm einen neuen großen hoffnungsreichen Zweig, die dünnschaligeren Ammoniten. (Abb. 1 d.) Diese bekamen die Gehäuseeinrollung schon als volles Erbgut mit, also das, was vom Nautilidenstamm erst langsam erworben worden war. Nun entfaltete sich dieser große starke Ast in unvorstellbarer Formenmannigfaltigkeit während des ganzen Erdaltertums und Erdmittelalters, nicht ohne eine Aussterbekrisis an der Grenze Trias/Lias durchzumachen, wo alle erdaltertümlichen Formen erlöschen, nur ein feiner Zweig in den Jura herüberkommt und nun abermals eine zweite riesenhafte Blütezeit von ihm aus einsetzt.

Aber mit der Kreidezeit kommen atavistische Ermüdungserscheinungen auf. Das alte nützliche Erbgut der völligen Einrollung der Umgänge wird teilweise aufgegeben (Abb. 38), es kommen wieder losgelöste uhrfederförmige Spiralgehäuse auf, also verlassene Frühstadien des Nautilusstammes. Ja die Schalen werden schneckenförmig, was für das freie Flottieren im Meerwasser, das den Ammonshörnern wesensmäßig nach ihrem Schalenbau zukommt, durchaus unzulänglich ist, sie werden also kriechende Bodenbewohner. Ja es scheint, daß sich sogar einzelne Gattungen mit den Saugarmen des Weichkörpers am Boden fest verankerten und dann ganz unregelmäßig wuchernde Gehäuse bekamen — durch und durch biologisch unzweckmäßige, der ganzen Lebensbestimmung des Ammonitentypus widersprechende Formen; es kommen auch atavistische Gattungen mit wieder primitivem Bau der inneren

Scheidewände auf. Dann aber erscheinen Riesengestalten, eine hat einen weit über 2 m gehenden Durchmesser — und nun stirbt auf der ganzen Erde der Ammonitenstamm völlig aus, keine Gattung geht mehr in die Tertiärzeit hinüber. Der alte Nautilus aber mit seiner ruhigen geordneten Umbildung, die kein bizarres Spiel verfolgte, hat sich bis zur Stunde noch in einigen Arten erhalten.

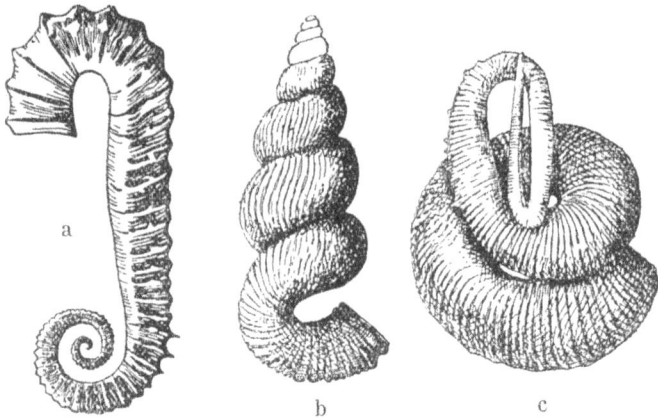

Abb. 38. Aus der Art geschlagene Ammonshörner vom Ende des Erdmittelalters. (Nach Kayser und Abel.)
a) Uhrfederartige Spiralform (Ancyloceras), Unterkreide;
b) Schneckenhausform (Heteroceras), am Boden kriechende Form;
c) wahrscheinlich mit dem Weichkörper verankerte Form (Hamitoceras), daher luftgefüllte Schale unregelmäßig wachsend; b u. c Oberkreidezeit.

Ein mit dieser zweiten Blüteperiode der Ammoniten gleichzeitig hervortretender Zweig der Schalenkephalopoden sind die mit innerer Schale versehenen Belemniten, die als Hauptcharakteristikum einen dicken Kalkstachel tragen. (Abb. 29, S. 114.) Auch sie bevölkern in rascher Explosion der Formen Zeitstufe um Zeitstufe die Meere der Jura- und Kreidezeit und sterben gleichzeitig mit den Ammonshörnern trotz ihres Formenreichtums am Ende der Kreidezeit völlig aus, möglicherweise bleibt noch eine einzige Gattung bis in das früheste Tertiär erhalten. Auch bei ihnen gab es zwischenhinein einige Abschwächungsperioden und erneute Blütezeiten.

Soweit dieses anschauliche Beispiel einer großen, durch zwei lange Weltalter sich hinziehenden und vielseitig sich entwickelnden Gruppe. Gewiß ist alles, was wir zu allen Zeiten an Gattungen und Arten blühen und gedeihen sehen, der kraftvolle Ausdruck des im Wesen des Organischen liegenden Unbegreiflichen, der Erbpotenzen, die sich durch Körpergestaltungen Ausdruck verschaffen, nach den eigenen, ihnen innewohnenden Gesetzen. Es ist für alle organischen Formen sozusagen die in der äußeren Natur zu erfüllende Aufgabe, das Ausleben ihres Wesens, was Sinn und Zweck ihres Daseins ausmacht. Aber eben dadurch wird allmählich auch das Erbgut erschöpft — und die große Frage ist, wie dennoch immer wieder Neues, Höheres, Zukunftsträchtiges aufbricht, wenn alles sichtbar gewordene greifbare Leben eben durch seine äußere Entfaltung immer wieder und wieder den Leidensweg des Einseitigwerdens und des Todes geht?

Eine die ganze Abstammungs- oder natürliche Entwicklungslehre entscheidend beherrschende Frage ist es daher, ob aus den stets vorhandenen Spezialisierungsreihen nur die einseitige Ausbildung von Organen und Gesamtgestalten hervorspringt, oder ob die Reihen, die wir nun einmal als echte Stammreihen im engeren Sinn ansprechen dürfen, etwa auch zugleich der Weg sind, auf dem neue Grundorganisationen hervorgehen oder hervorgehen können, gleichgültig ob man als solche Grundorganisationen nun engere oder weitere Bautypen ins Auge faßt.

Wenn wir in der Erdgeschichte neue Grundorganisationen auftauchen sehen, so tragen sie in sich immer Eigenschaften, die sich in vorausgehenden Spezialevolutionen teilweise auch finden. Sie schöpfen also offenbar aus den früheren Errungenschaften der anderen, vorausgehenden. Aber dennoch ist das Neue, Höhere nie eine einfache Fortsetzung und Steigerung des Alten, Ausgelebten, sondern es bedeutet grundsätzlich eine neuartige Urkombination, Urkonstruktion, Urveranlagung. Es ist sozusagen ein neuer Baugedanke, nicht aber eine Weiterführung von Spezialisationen, sondern eine neue Idee der Gesamtanlage. Glauben wir auch nach dem heutigen Stand unserer Erkenntnis an den wesensmäßigen inneren Zusammenhang des Lebensbaumes — und damit knüpfen wir wieder an das Ende des vorigen Abschnittes an —, so scheint uns doch der Weg, auf dem sich solch grundsätzlich Neues entfaltet — einerlei ob in engerem oder weiterem Kreis — nichts weniger als geklärt. Es sind Umprägungen, Neukonstruktionen von innen heraus; wir haben das schon dargestellt. Alles Ausentwickelte vergeht, und das Neue kommt — wir haben zunächst keinen treffenderen Ausdruck dafür — aus der unsichtbaren Tiefe des in der Keimbahn laufenden, von der äußeren Form unabhängigen Lebensstromes.

Das Ergebnis dieser sachlichen paläontologischen Erfahrung ist, daß sich in der Entfaltung des organischen Reiches zwei mindestens nach außen verschiedene Formbildungsgesetze rhythmisch begegnen und miteinander wirken: periodische, rasch sich vollziehende Neuprägung und langsame evolutionäre Abwandlung. Erst indem eine Neuprägung entsteht, können auch wieder auf ihrer Grundlage Spezialisationsreihen sich auftun, nicht umgekehrt. Neue Grundformen, mit neuen Grundpotenzen ausgestattet. bedeuten also gegenüber dem ausgelebten Vergehenden neue Kraft zum Leben.

Das erstmalige Auftreten des Neuen oder Höheren und die dann einsetzende Reihenbildung stellt sich in zwei Phasen dar. Die erste ist ein plötzliches explosives Erscheinen und eine formenreiche Aufspaltung sprunghaft erscheinender engerer oder weiterer Spezialtypen der Grundgestalt, der „Urform". Diese Untertypen sind wenig stabil und zugleich primitiv in ihrer Art, sie haben noch keine bestimmte Anpassungsrichtung eingeschlagen. Nur wenn bei diesen explosiv herausgetretenen Untertypen günstige Formen vorliegen, werden sie sich halten und den Weg der Ausspezialisierung beschreiten können. Es setzt also sofort mit ihrem Erscheinen eine Selektion, eine natürliche Auslese ein. Die Überlebenden treten nun in die zweite Phase ein: die der zunehmenden Spezialisation, wie wir sie beschrieben haben. Hierin gibt es dann enge, stammbaummäßige Reihen, wie die der oben genannten Elefantiden oder Unpaarhufer; es gibt auch weitgliederige, mehr als Stufenreihen aufzufassende Umwandlungen, wie die der Nautiliden und Ammoniten. Es gibt Zerteilungen, Neuaustreibung von Ästen und Zweigen, es gibt Parallelbildung mehrerer Zweige in gleicher Richtung, es gibt mehrfaches Seitenaustreiben fortbestehender Seitengrundformen (Iteration) usw. Diese Reihen alle lassen sich äußerlich aufzeigen; für das Hervorkommen grundsätzlich neuer Ausprägungen aber gilt dies nicht.

Trotzdem wird man kaum zweifeln, daß auch die Neuprägung im engeren oder weiteren Maß auf physiologischem Weg aus der Keimbahn der Generationen hervorgeht und daß es sich, wie S. 133 beschrieben, in diesem Werdegang um keimlingshaft verhüllte Vorgänge allenfalls handelt. Auch hier verweisen wir auf das am Schluß des letzten Abschnittes Gesagte. Diese von anderer Seite bestrittene Zweiphasenlehre bedeutet die Anerkennung polarer Spannung des Lebens. Polare Spannung aber bedeutet statischen und dynamischen Rhythmus, der sich periodisch in explosiv neuprägendem und evolutional weiterlaufendem Wechsel äußert — und Rhythmus ist das Wesen des Lebendigen. Der gesamte Stammbaum des Lebens, seine Entfaltung und Ausgestaltung durch die Erdzeitalter steht unter diesem polaren Spannungs- und Entspannungsgesetz.

Wir beschrieben im I. Teil das rhythmische Geschehen in den geologischen Entwicklungsgängen und Umwandlungn der Erdoberfläche. Auch im Auftreten der organischen Formen gibt es rhythmische Bewegungen, die man durch Vergleiche des Auftretens und der Entfaltung einzelner organischer Gruppen in den verschiedenen Erdzeitaltern entnehmen kann. So entspricht das Tertiär biologisch dem Karbon: in beiden Zeitaltern eine üppige Vegetation, dort getragen von niederen Typen bis zur Höhe eines Farnes, hier von hochorganisierten Laubhölzern und Bedecksamigen; in beiden Epochen starke Entfaltung von Landtiertypen: Amphibien bzw. Plazentalsäugern; in den Meeren riesige einzellige Kalkschaler (Fusulinen, Nummuliten), in beiden viel Landbildung und Gebirgsfaltung, wie allgemeines Warmklima. In Devon und Kreide ein Neuaufkommen von Landpflanzen, dort den frühesten niedersten, hier den spätesten höchsten; in beiden extreme Ammoniten.

Auch Einzelgruppen ersetzen sich während der Erdzeitalter rhythmisch. Im Untersilur wechseln an einer bestimmten Zeitgrenze unter den geradegestreckten Nautiliden (s. oben) zwei grundverschiedene Schalentypen; in der obersten Triasstufe verdünnt sich, wie erwähnt, der seit dem Obersilur breitfließende Strom der Ammonshörner bis auf eine Gattung; im Obersilur kommen die ersten echten Ammonshörner auf, nach der Trias-Juraschwelle die Belemniten (s. oben). Es besteht irgendwie eine innere polare Beziehung, ein rhythmisches Erscheinen und Verschwinden von Tier- und Pflanzengruppen während der Erdzeitalter, es sind komplementäre Vorgänge im Spiel. Die ersten Meeresmuscheln im frühen Erdaltertum waren nur Bodenbewohner, gleichzeitig kommen die Nautiliden, die nur schwammen; später im Karbon bilden die Muscheln auch leicht schwimmende Formen aus, dafür werden die einst nur schwimmenden Nautiliden durch ihre Einrollung auch zu kriechenden Bodenbewohnern. Am Ende der Kreidezeit sterben mit den Schreckensauriern und Meersauriern die

Ammoniten und Belemniten auf der ganzen Erde aus, an der Wende vom Erdaltertum zum Erdmittelalter bis dahin sehr formenreiche Gruppen der beschalten Tascheln (Brachiopoden), die Trilobiten und die vierstrahligen Korallen; alle werden durch entsprechende neue Gruppen und Bautypen ersetzt, so die Trilobiten durch die moderneren Krebsformen (Garnelen, Krabben).

Worauf aber beruht das Aussterben? Wir sprachen oben schon vom Erlöschen der Erbmasse und ihrer formschaffenden Potenzen. Wir sagten auch, daß das Leben überhaupt zyklischen Charakter habe und immer wieder von Geburt zum Tod aus inneren Gründen gelange. Beim Einzelindividuum verstehen wir es unmittelbar — aber gilt dies auch für die Stämme und Äste des Tier- und Pflanzenreiches, ja für die Gattungen und Arten?

Man muß, um es zu verstehen, einen erweiterten und vertieften Begriff der organischen Gestalt sich zu eigen machen. Daß ein Einzelwesen Gestalt hat, ist uns unmittelbar verständlich; daß aber die Art und Gattung Gestalt hat, ist dem Denken ungewohnter, doch auch hier besteht eine solche, aber in einem die Individuen in einem höheren lebendigen Strom erblickenden, durchaus naturwirklichen Sinn, nicht bloß im abstrakten Begriff. So haben auch die Äste, die Stammreihen und Spezialisationsreihen ihre in sich geschlossene stammesgeschichtliche Gestalt. Die ganze derartige Kette ist eine „phyletische" Einheit und wie alles Leben der Einzelform nun auch dem Zyklus von Entstehen, Reifen, Altern und Sterben unterworfen. Es ist der natürliche Gang des Lebens, und es liegt daher im Wesen der gesamten Entwicklung, sowohl der Arten wie der höheren Einheiten, der Gruppen, also der Äste des Lebensbaumes, ja endlich des Lebensbaumes selbst, zu entstehen und zu sterben. Vielleicht wird auch einmal der gesamte Lebensbaum, als umfassendste, phyletische Gestalt genommen, sein Aussterben haben, vermutlich wenn seine höchste Grundform, der Mensch, seinen Entwicklungsgang vollendet und in äußerster Spezialisierung seine Erbmasse aufgebraucht haben wird.

Es gibt verschiedene Wege des Aussterbens der Formen und Formenreihen in der erdgeschichtlichen Zeit. Das eine ist das Verschwinden der Arten dadurch, daß sie sich zu neuen umbilden; das ist aber dann nur ein Scheinsterben, in Wirklichkeit vorwärtsschreitendes Leben. Sodann gibt es ein Aussterben durch Katastrophen, wenn bestimmte engere Lebensräume ausgelöscht werden, in denen sich noch die letzten Vertreter einer Gattung oder eines

Spezialstammes, einer Gruppe oder Ordnung des Tier- oder Pflanzenreiches befinden und an Zahl und räumlicher Ausdehnung bereits reduziert sind, was eben auf ein schon in Gang befindliches Aussterben aus inneren Gründen ihrer Evolution, die abgelaufen ist, deutet. Und diese inneren Gründe sind zu suchen, um endlich das phyletische Aussterben verständlich zu machen.

Dazu gibt es folgende Theorie. Die Spezialisationsreihen als wahre Stammreihen endigen, wie gezeigt, mit zunehmendem Größenwachstum der Arten, also der die Arten repräsentierenden Individuen. Individuen hören erfahrungsgemäß mit der Geschlechtsreife auf, zu wachsen. Riesenwachstum aber tritt dort ein, wo die Entwicklung und Tätigkeit der Geschlechtsdrüsen hinter der Gesamtentfaltung des Organismus zurückbleibt. Die Geschlechtsdrüsen nun hängen mit einigen anderen innersekretorischen Drüsen zusammen, die den Breiten- und Höhenwuchs des Individuums regeln und sich gegenseitig hemmen oder fördern können; sie unterstehen alle der Herrschaft der Geschlechtsdrüsen. Lassen diese nach, so werden auch die anderen in ihrer Wirksamkeit betroffen. Das Entstehen von Riesenformen in einer Stammreihe ist Ausdruck für eine Entwicklungshemmung der Geschlechtsdrüsen, somit ein Nachlassen der Fortpflanzungskraft. Dies muß unter gleichzeitiger schwächender Beeinflussung der damit gekoppelten Drüsen zum Aussterben führen. Aber dies hinwiederum ist verkettet mit der Eigenschaft der kolloidalen physiologischen Substanzen, aus dem feinstrukturellen Zustand in den groben Dispersion überzugehen, womit eine Auflockerung und ein Nachlassen der Oberflächenenergie verbunden ist. Das Altern der Organismen ist gerade an diesen Stoff geknüpft, die Kolloide werden beim Altern wasserärmer. Auch kettenartige organische Verbindungen sind aktiver als ringförmige, erstere suchen stets in diese entropisch überzugehen; daß dies verhindert wird, ist eben die Aktivität des Lebens. Nun treten gerade bei stammesgeschichtlich gealterten Gruppen, wie es an Pflanzen festgestellt wurde, auch komplexe chemische Ringverbindungen auf, d. h. Alkaloide von hoher Stabilität. Aber damit wird die Reaktionsfähigkeit des Zellplasma verringert, es erfolgt das entwicklungsgeschichtliche Altern und Sterben.

Es ist also die Auflösung des physiologischen Gleichgewichts, die sich in der phyletischen Reihe wirksam erweist. Wie die Kleinheit des Individuums in seiner Frühphase mit anderen primitiven Formmerkmalen verbunden erscheint, so sind mit dem Riesen-

wachstum zugleich greisenhafte Merkmale und einseitige Über-
spezialisationen verbunden. Und so ist das endliche Aussterben
auch der lebenskräftigsten Stamm- und Spezialisationsreihe ein durch
das Erlöschen innerer Kräfte bewirkter Vorgang, und wie beim
Individuum ist auch der Lebenszyklus der „phyletischen Gestalt"
von innen heraus einmal abgeschlossen. Auch daraus geht hervor,
daß der Abschluß einer Spezialisationsreihe nicht der Ausgangspunkt für eine nächsthöhere Grundorganisation sein kann, sondern daß diese auf einem anderen Weg entstehen muß.

6. Der Mensch als Naturgestalt

Es gibt eine Anzahl sehr schwerwiegender Gründe für die Annahme einer sehr unmittelbaren Zusammengehörigkeit von Mensch
und Menschenaffe. Zunächst ist der allgemeine Körperbau, der
Bauplan, die Grundorganisation ein- und dasselbe. Beide sind
von Grund aus aufrechtgehende Gestalten, der Mensch am vollkom-
mensten; sie sind grundsätzlich Vierhänder, nicht Vierfüßler, ihre
Augen sind nach vorne gerichtet und sie gehören derselben Blut-
gruppe an. Einige der Menschenaffen sind mit uns näher verwandt
als unter sich; Gorilla und Schimpanse haben mit dem Menschen
gewisse Körpermerkmale gemeinsam, durch die sie sich etwa vom
Orang-Utan oder dem Gibbon unterscheiden. Am nächsten steht
uns der Schimpanse, und wohl kein Besucher eines zoologischen
Gartens wird sich eines eigenartigen Gefühls gerade gegenüber
dieser Tiergestalt erwehren können. Sind solche Tiere unsere
Ahnen oder gar herabgesunkene Frühmenschen?
Es war die ursprüngliche Annahme der allgemeinen Abstammungslehre, daß der Mensch über die Stufe der Menschenaffen von niederen affenartigen Formstadien her seinen naturgeschichtlichen
Ausgang genommen habe. Es wäre gegen diese Hypothese, die sich
aus formalen morphologischen Gründen wohl vertreten läßt, auch
heute noch nichts einzuwenden, wenn sich nicht mit entsprechend
schwerwiegenden Gründen dartun ließe, daß sämtliche uns bekannten Menschenaffen bei aller im Bauplan grundlegenden Übereinstimmung doch hinwiederum in vielen entscheidenden Merkmalen als einseitige Spezialisierungen seitab von der vollen Menschengestalt bzw. über sie hinausgetrieben sind. Wie aber im vorausgehenden Kapitel schon dargelegt, ist es aus paläontologisch

eindeutig festgestellten Gründen unmöglich, daß eine bereits seitab entwickelte Gattung innerhalb der Stammreihe desselben
Grundplanes der Ahne einer primitiveren und wieder eigens spezialisierten Gattung sein kann. Der Mensch aber ist ursprünglicher
gebaut als sämtliche jetztlebenden und, soweit sie überhaupt bekannt, auch vorweltlichen Menschenaffenformen, die alle zweifellos der gleichen Grundorganisation angehören. Wo der Mensch
vorgeschrittener, oder sagen wir, selbst eigenartiger spezialisiert
ist, sind es Merkmale, wie die Vergrößerung der Gehirnkapsel,
die Gehirngestaltung, die Rückbildung des Kieferapparates, die
Ausbildung des Kinns.

Aber in anderem wieder ist der Mensch einfacher, ursprünglicher
innerhalb der gemeinsamen Grundorganisation als die Menschenaffen. Die Hand des Menschen ist von einer nicht zu überbietenden
Ursprünglichkeit ihrer Anlage. (Abb. 39.) Die vollkommen unbe-
einträchtigte Fünffingerigkeit kann gar nicht einfacher gedacht
werden. Bei den Säugetieren, z. B. bei den frühesten alttertiären
Huftieren, ist die völlig ausgebildete fünfzehige Extremität (Abb. 35)
das Anfangs- und Ausgangsstadium für alle späteren Abwandlungen in die Vier-, Drei- und Zweizehigkeit (Paarhufer) oder Ein-
zehigkeit (Unpaarhufer). (Vgl. S. 139.) Die Hand der Menschenaffen dagegen ist durchweg durch das Klettern einseitig spezialisiert. (Abb. 40.) Oder die Augenstellung: Der Mensch hat als ein-

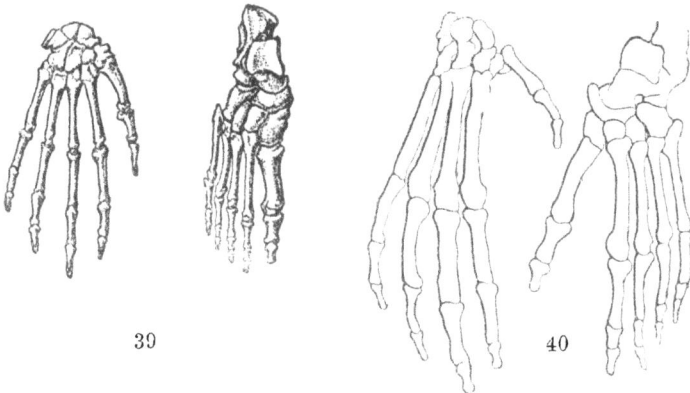

39   40

*Abb. 39. Menschenhand und Menschenfuß als einfachste Gestal-
tung in der Reihe Menschenaffe — Mensch. (Nach Romer.)*

*Abb. 40. Spezialisierte, einseitig an das Klettern angepaßte Hand
des Menschenaffen. (Nach Romer.)*

ziges „Säugetier" vollkommen stereoskopisch nach vorne eingestellte Augen; bei allen sonstigen Säugern aber stehen die Augen
mehr oder weniger seitwärts. Wären die Menschenaffen ein stam-
mesgeschichtliches Zwischenstadium vom Säugetier zum Menschen,
so müßten ihre Augen noch um ein weniges seitwärtiger stehen
als die des Vollmenschen; statt dessen sind sie noch enger gegen
die Nasenwurzel hin zusammengerückt, also über den Menschen
hinaus spezialisiert.

Seit Aufstellung der Abstammungstheorie hat man viele „primitive" fossile Menschengestalten entdeckt, die alle der Steinzeit angehören. Die gesamte Steinzeit liegt im späteren, mit ihren bisher
erkennbaren Anfängen höchstens im mittleren Diluvium. Man
unterscheidet von oben nach unten eine Jungsteinzeit, eine Mittel-
steinzeit und eine Altsteinzeit; sie werden nach den darin aufge-
fundenen Menschenwerkzeugen und teilweise den Menschenresten
selbst eingeteilt. Die bekannteste mittelsteinzeitliche Menschengestalt ist der Neandertalertypus, nicht ganz als Vollmensch in
unserem Sinn anzusprechen, mit derbem Schädel, über den Augen
mit Knochenwülsten, fliehender Stirn und mangelndem Kinn, die
Körperhaltung mehr vorwärts gebeugt. Etwas früher zu datieren
ist ein Unterkiefer aus den Neckarsanden bei Heidelberg, der Hei-
delbergmensch (Abb. 41), mit zwar vollmenschlichem Gebiß, aber
im Kieferbau doch weniger vollmenschlich als der Neandertaler.
Noch etwas älter ist u. a. der anatomisch unter dem Neandertaler
stehende Pekingmensch (Abb. 42), auch der südafrikanische Rho-
desiamensch, und ihnen voraus geht der vielberufene Pithecan-
thropus von Java, vielleicht eine Menschengestalt, aber im Gebiß
primitiver. Dieser gehört in die älteste Stufe der diluvialen Eiszeit. Seine Schädelkalotte steht zwischen einem hypothetischen
Vormenschen und einem pekingartigen Menschen. Eine andere
Art, die Karmelform aus Syrien, ist nicht so differenziert und spezialisiert wie der Neandertaler, also vollmenschlicher und daher
uns ähnlicher. Schon dadurch scheidet der letztere aus der unmittelbar zum Vollmenschen hin gehenden Stammbahn aus. Gehen wir
aber zurück vor die Eiszeit, in die Tertiärepoche, so begegnet uns
eine schimpansenartige Form in Südafrika mit einigen menschenhaften Merkmalen. Die tertiärzeitlichen Reste von Menschenaffen
sind, weil zu unvollständig, nicht auswertbar. Niedere Gattungen
im Alttertiär, von denen eine seinerzeit allzu voreilig als „Ahne
sämtlicher Simiiden und Hominiden" angesprochen wurde, haben

sich inzwischen gleichfalls als
auf eigener Bahn spezialisierte
Gattungen erwiesen.

Alle eiszeitlichen Menschenarten gelten, wenigstens formal, als „Vorläufer", das will
sagen, als wirkliche natürliche
Ahnen von Vollmenschen oder
mindestens als Nächstver-
wandte von wirklichen Ahnen.
Sie gehen ihm, den Funden
gemäß, einstweilen noch zeitlich voraus, sie zeichnen sich
im ganzen durch „niedere Organisation" aus. Hier begegnen
wir einer Verwechslung der
beiden Grundbegriffe „höher"
und „niederer", „primitiv"
und „spezialisiert". Die fossilen Frühmenschen gehören
nicht einer niederen Grundorganisation an als der Voll-
und Jetztmensch, sondern gehören zur selben wie er. Aber
innerhalb dieser gemeinsamen
Grundorganisation sind sie ge-

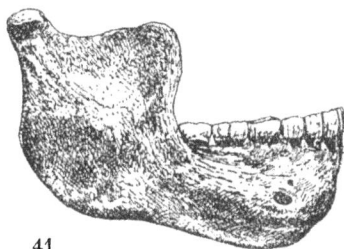

41

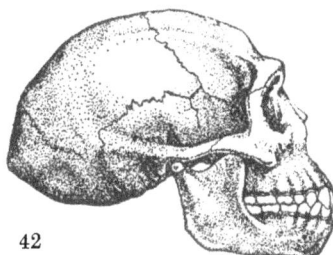

42

Abb. 41. Unterkiefer von Heidelberg, sehr starke Knochenbildung,
aber rein menschliches Gebiß.
Eiszeit. (Nach Wiegers-Weinert.)

Abb. 42. Schädel des altstein-
zeitlichen Pekingmenschen, Eiszeit. Starke Knochenwülste über
den Augen, niedere Schädelkalotte. (Nach Romer.)

genüber dem in eigner Bahn vorgeschrittenen, aber im Grundplan doch eben noch ganz ursprünglichen Vollmenschen spezialisiert.
Wir haben es also mindestens mit einem Stammast voller Spezialisationskreuzungen (S. 126) zu tun, aber mit keinem echten Stammbaum.

Das eben Dargelegte gewinnt nun erhöhte Bedeutung, wenn wir
die individuelle Entwicklung des Menschenwesens vom Keimlings-
zustand her betrachten und ihn sowohl mit seinem eigenen ausgewachsenen und Altersstadium wie mit der Jugendgeschichte der
Menschenaffen vergleichen. (Abb. 43.) Da ergibt sich, daß der jugendliche Vollmensch eben vollmenschlicher ist als der erwachsene,
was sagen will, daß er die ideale Urform reiner repräsentiert als
der alternde und alte Mensch. Sein Schädel ist gewölbter, sein Gesicht idealisierter, es fehlen noch die Andeutungen von Knochen-

wülsten über der Nasenwurzel und den Augen, wie sie der alte hat. Und nun sehen wir auch, daß die Jungen der Menschenaffen, vollends die des Schimpansen, aber auch die entfernteren, im erwachsenen Zustand schon weit tierhafteren (Gorilla, Orang-Utan), gleichfalls vollmenschlichere Gestalt und vor allem Schädelform

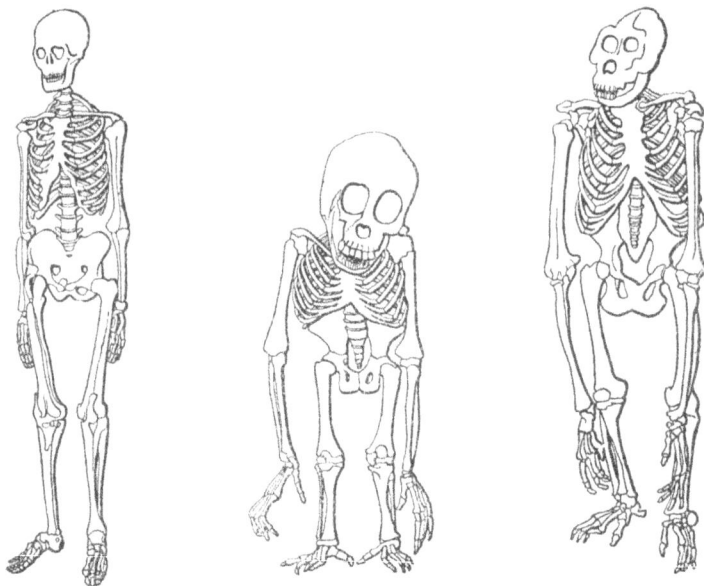

Abb. 43. Skelett von Mensch und Menschenaffe. (Orig.)
Mensch, Junges des Gorilla, Gorilla. Schädel und Gebiß beim Jungen menschenähnlicher als beim Alten.

haben als die ausgewachsenen Individuen. Die oberen Vorderextremitäten sind im Verhältnis noch nicht so lang, das Gebiß noch menschenähnlicher, der besonders für die Affen bezeichnende Eckzahn noch nicht so entwickelt; der Schädel vollkommen gewölbt, hochstirnig; die Augen- und Schädelwülste sind noch nicht zu sehen. Aber noch überraschender wirkt es, wenn uns beim Steinzeitmenschen abgeschwächt dasselbe begegnet: auch dort ist der Jugendliche idealer vollmenschlich als der Erwachsene, an dem sich manche, dem Affenstadium näherkommenden Merkmale zeigen.

154

Wollen wir dies im Geiste der gewöhnlichen Abstammungslehre auswerten, so bedeutet es, daß die vergleichende Morphologie und die individuelle Entwicklungsgeschichte, soweit sie überhaupt Beweismittel für wahre natürliche Stammesgeschichte sind, dartun, daß Grundanlage und Frühzustand des Vollmenschen der Ausgangspunkt sowohl für den erwachsenen, also „späteren" Menschenzustand, wie auch für den dem Menschen nächststehenden Tierzustand und endlich für den „niederen" Eiszeitmenschen sind. Mithin kommt das höchste Säugetier, der Menschenaffe, von der „Urform" des Vollmenschen her, nicht dieser von ihm. Der „frühere" Menschenzustand ist vollmenschlicher als der des Eiszeitlers. Der heutige Mensch aber zeigt in seiner individuellen Entwicklung, daß er immer noch nicht jenes Formstadium erreicht hat, das er seiner frühesten Anlage nach in sich trägt.

Kann, wie im Abschnitt II,5 gezeigt, das Primitive nicht vom Spezialisierten stammen, so kann zwar in derselben Stammreihe auf das Spezialisierte wieder ein scheinbar Primitives noch einmal folgen, aber das ist ein impotenter Rückschlag ohne Inhalt, erbleer, nicht mehr zukunftsträchtig. Wir sagten aber, der jetzige Vollmensch sei in vielem primitiver als der Eiszeitmensch. Wir dürfen aber nicht etwa diese „Primitivität" des Vollmenschen atavistisch deuten. Denn wir haben wahrlich keinen Grund, den Vollmenschen für atavistisch gegenüber dem Altsteinzeitler oder dem Menschenaffen zu halten. Eine Formenreihe Affe-Menschenaffe-Frühmensch-Vollmensch aufzustellen, ist reiner Formalismus, aber kein Stammbaum im wahren Sinn und ist angesichts der paläontologisch begründeten Erkenntnis der wirklichen Entwicklungsgesetze um ein halbes Jahrhundert des Denkens und der naturgeschichtlichen Erfahrung veraltet.

Ein weiteres Moment, das verbietet, den Vollmenschen unmittelbar über den Eiszeitmenschen vom Menschenaffen abzuleiten, ist die Ausbildung des Eckzahnes. Dessen große Stärke ist sowohl ein Kennzeichen für die Menschenaffen wie für die niederen Affen. Der alte Unterkiefer von Mauer müßte einen besonders starken Eckzahn haben, da er zeitlich wesentlich früher steht als andere Menschenformen; aber er zeigt ein sehr reines vollmenschliches Gebiß. Auch die jugendlichen Menschenaffen haben ein solches, wie schon erwähnt. Was aber das Gebiß der niederen Affen betrifft, so ist es fraglich, ob es in seiner Anordnung überhaupt dem Menschenaffen- und Menschengebiß entspricht, da möglicherweise der

Affeneckzahn ein vorgeschobener vorderer Backenzahn ist. Immerhin dürfte auch das Gebiß der niederen Affen aus einer Gebißform mit einfachem Eckzahn hervorgegangen sein. Doch das sind sehr verwickelte Spezialfragen.

Aber sehen wir nun einmal ab von dem formalen Aneinanderreihen von allerhand Arten, fossilen und lebenden, zu Stufenreihen, die jedoch keine echten Stammreihen sind; sehen wir ab vom Verschwimmen der Formgestaltungen ineinander und besinnen wir uns auf das Wesensmäßige der naturhistorischen Menschengestalt, auf ihren Grundplan, so erweist sie sich als eine eigene Uranlage, in die, wie oben gesagt, der Eiszeitler und die Menschenaffen durchaus miteingeschlossen sind. Alle irgendwie bekannten heutigen oder urweltlichen Säugetiere, die nicht in diese Grundanlage mit eingeschlossen sind, sind von Grund aus Vierfüßler. Die Extremitäten des Menschen aber sind in ihrer Grundanlage nicht Füße, sondern Hände. Die Hand aber ist gerade das wesentlich Menschenhafte, abgesehen von anderem, wovon nachher die Rede. Auch der Menschenfuß ist seiner Anlage nach eine Hand, mindestens kein Vierfüßlerfuß. Es ist daher ein grundsätzlicher methodischer Fehler, wenn man eine Hand aus einem Vierfüßlerfuß „ableiten" will, sei es formal, sei es genetisch; man kann sie nur vergleichen.

Formulieren wir die morphologische Grundidee der Menschengestalt, so können wir bildlich sagen: Die Grundkonzeption in der Natur, als der Mensch wurde, ist ein Lebewesen, dessen „Urform" darin besteht, daß es einen schöpferischen Verstand hat, dazu Träger eines Vollhirnes ist und einer Hand, mit völlig aufrechtem Gang und genau stereoskopisch stehenden Augen. Nun tritt dieses Wesen hinein in die physische Welt als „Art", es muß auf dem irdischen Boden im Raum sich bewegen, muß gehen, greifen. Es wäre eine Naturwidrigkeit, wenn es mit vier Händen zur Welt käme, also als Nicht-Vierfüßler die vier Hände notgedrungen wie ein Vierfüßler zum Laufen benützen müßte. So tritt in natürlicher Anpassung der Formzustand ein, den wir an der physischen Menschengestalt wirklich sehen: die Hinterhände sind zu einem in eigenem Grundplan liegenden Fuß, nicht zu einem Vierfüßlerfuß umgebildet. Dieser Menschenfuß ist also eine modifizierte Hand, und dieses Gebilde ist stammesgeschichtlich niemals ein Vierfüßlerfuß gewesen. Dagegen waren alle Vierfüßlerfüße, die wir aus der Geschichte des Lebens kennen, schon von Grund aus Füße. Bildet

sich die Uranlage der Menschenhand zu einem „Fuß" um, so bringt
dies einen Scheinfuß hervor, wenn wir den Vierfüßlerfuß sozusagen als den „echten", wahren Fuß ansehen; bildet sich, etwa
durch Klettern, der Vierfüßlerfuß zu etwas Handartigem um, so
bringt dies eine Scheinhand hervor, wenn wir die Hand des Menschen als die „echte", wahre Hand ansehen.

Durch diese beiden, sich in der Natur überkreuzenden Vorgänge
entstehen nun bei wirklichen Lebewesen Übergangsbildungen und
verleiten bei einem nur äußerlichen Verfahren dazu, anzunehmen,
diese formal ineinander übergehenden Bildungen seien Beweis-
stücke für die „Abstammung" des Menschen vom Vierfüßler. So
sind Mensch und Vierfüßler allein schon nach diesem Merkmal
verschiedene Grundanlagen der organischen Gestalt, mögen sie
biologisch und physiologisch und auch in einzelnen morphologischen
Merkmalen noch soviel Gemeinsames haben. Im Menschen liegt
eine neue Grundkombination vorausgegangener Eigenschaften vor,
die Menschengestalt ist eine neue Grundanlage der organischen
Natur.

Verglichen mit sämtlichen wirklichen, nicht hypothetischen Säugetieren erscheint der Mensch in mancher Hinsicht, nicht durchweg,
sogar als ein in der vollen Ausspezialisierung gehemmtes Wesen,
er bleibt, wie dies auch gelegentlich im Tierreich zu sehen, auf
einem Frühzustand stehen und wächst mit diesem zu einem fertigen geschlechtsreifen Wesen aus. Nur dadurch ist es möglich,
daß sich sein hervorragendstes Merkmal, der aufrechte Gang und
das Großhirn mitsamt der Hand, so eindeutig und unbeeinträchtigt halten. Zugleich wird es auch erklärlich, weshalb gerade der
Mensch, verglichen mit allen Tieren, eine so lange unbeholfene Ju-
gendzeit durchmacht, während jene ihr allgemeines Grundstadium
rasch durchlaufen und sofort in die einseitige Entwicklung ihrer
Spezialbildung hineingehen.

Man könnte allerlei Momente anführen, um die Täuschung in
stammesgeschichtlicher Hinsicht zu kennzeichnen, denen eine bloß
formale Morphologie immer wieder unterliegt. Aber das eine ist
wohl gewiß: die Menschenaffen sind in den Menschenbauplan ein-
zubeziehen, sie erweisen sich aber als einseitig abgewandelte, ja
in mancher Hinsicht überspezialisierte Abkömmlinge einer Grundform, die bei ihrem naturgeschichtlichen Auftreten sofort in eine
Anzahl Zweige wohl explosiv auseinandertrat und sofort auch, nach
Abstoßung der zum Menschenaffen führenden Linien, den Voll-

menschenstamm hervorkommen ließ. Es muß dies immerhin schon erdgeschichtlich früher als in der Eiszeit gewesen sein. Der Mensch wurde daher naturgeschichtlich nicht Mensch, weil sich ein Affenstamm einmal ausentwickelte in irgendeiner Anpassung an die Umwelt. Es ist vielmehr, wie einmal ein früherer Anthropologe sagte, das große Wunder, daß der Mensch sich ohne diese Anpassung in der äußeren Natur behaupten konnte. Das zeigt, daß er von der Grundwurzel her eben „Mensch" mit den zur Beherrschung der Umwelt dienenden geistigen und körperlichen Eigenschaften war und jener mehr tierhaften Körperspezialisationen nicht bedurfte. Und ein neuerer Anthropologe sagt: „Wenn es nicht vor der Menschwerdung schon Wesen gegeben hätte, die imstande waren, mit Bewußtsein Handlungen auszuführen, die von der Gemeinschaft verstanden wurden und zur Besserung ihrer Lebensverhältnisse führen konnten, dann wäre auch trotz aller körperlichen Vorbedingungen niemals das geistige Wesen ‚Mensch' entstanden." Heißt das aber etwas anderes, als daß schon in seinem physischen Urzustand der Menschenstamm spezifisch menschlich war?

Aus der durchaus in der Grundanlage „menschlichen" Urwurzel spaltete sich, wie betont, sofort einerseits das Menschenaffenwesen, andererseits das urtümlich Vollmenschenhafte ab. Wie nun diese Stammform selber aussah, wissen wir nicht, aber auf keinen Fall war sie ein Baumbewohner im Sinn des Klettertiers, selbst wenn sie der physischen Sicherheit wegen auf Bäumen wohnte. Denn sie war jedenfalls kein Vierfüßler, auch kein Vierfüßlerabkömmling, der kletterte, und auch kein primitiver Affe, auch kein Menschenaffe, der kletterte. Und das führt uns zur Betrachtung des letzten entscheidenden Merkmales, des von Grund aus aufrechten Ganges.

Hierzu ist eine in zweifacher Hinsicht grundsätzliche Unterscheidung zu machen. Ebenso wie das Gehen ist das Klettern des Vierfüßlers und das des Menschenaffen etwas Grundverschiedenes. Der kletternde Vierfüßler bleibt im Grund ein Läufer, dessen Füße oft nur zu einem Scheinklettern handartig angepaßt sind. Das echte Klettern aber, sofern wir diesen Begriff unserem eigenen turnerischen Können entnehmen, ist ein Umgreifen mit der Hand und dem hierzu geeigneten opponierbaren Daumen und, wenn es zugleich unter Hinzunahme der Füße geschieht, mit der sekundär wieder opponierbaren großen Zehe. Deshalb können die Menschenaffen echt klettern im menschlichen Sinn, und zwar vollkommener als der Mensch, weil sie Hand und Handfuß völlig einseitig zu dieser Klettertätigkeit umgebildet, ausspezialisiert haben und ihr Skelett entsprechend umgeprägt ist. Wir, die Menschen, sind darin ursprünglicher, ja sogar völlig unberührt geblieben. Weil aber, wie dargelegt, das Ursprünglichere nicht vom Fortgeschrittenen abstammen kann, kann auch der Mensch weder vom Menschenaffen abstammen, noch kann er zuvor selbst ein Klettertier gewesen sein. Unsere Hand ist unbeeinträchtigt geblieben von dieser Entwicklung, und sie hätte, da es keine Umkehrbarkeit der Entwicklung zum Anfangsstadium, außer einem atavistisch degenerativen, gibt, niemals wieder Menschenhand werden können, wenn sie je einmal an das Klettern angepaßt gewesen wäre.

Der Mensch ist somit von seiner Uranlage, seiner „Urform" her von Grund aus das aufrechtgehende Wesen. „Gehen" im menschlichen Sinn kann allein der Mensch, kein Menschenaffe und kein Vierfüßler, auch der oft wie menschenartig gehende Bär nicht, dessen Extremitäten zugleich mit denen des Seehundes noch am meisten formal menschenähnlich, aber im Grund immer noch Füße sind. Auch etwa aufrechtgehende Echsen früherer oder heutiger Zeit haben kein rechtes Aufrechtgehen an sich, denn es sind nur aufgerichtete, aber nicht in der Grundanlage des Körpers aufrechtgestellte Wesen.

Der Mensch unterscheidet sich in seiner Körperform grundsätzlich von allem Vierfüßertum durch die Lage seiner durchgehenden Körperachse. Diese ist beim Vierfüßler von allem Anfang an wagrecht, läuft bei den ursprünglichsten Formen nach vorne in die wagrechte Schädelachse aus und setzt sich nach rückwärts ebenso in den vielgliederigen Schwanz fort. (Abb. 24, S. 106.) Die Extremitäten sind senkrecht dazu gelagert. Durchaus und vom Ursprung her anders steht es mit der Menschengestalt. Ihre Körperachse ist durchaus lotrecht, die Extremitäten sind zu dieser Richtung nicht quer, sondern parallel eingefügt, der Schädel steht senkrecht zur Höhenachse und der kleine scheinbare Schwanzstummel ist überhaupt seinem Wesen nach keine Wirbelsäulenverlängerung, also kein tierischer Schwanz, sondern das über dem Becken etwas abgebogene Ende der Vollwirbelsäule. Es ist in alledem derselbe grundsätzliche Unterschied, wie wir ihn für die Menschenhand gegen den Vierfüßerfuß angegeben haben. Der Mensch ist also auch hierin von eigener Grundanlage, und die dazugehörenden Menschenaffen sind mit ihrer Vorwärtsbeugung der

Wirbelsäule vom lotrechten Menschenskelett herkommende Über-
spezialisierungen, nicht dessen Vermittler zum vierfüßigen Säugetier. Dies gilt abgeschwächt auch von den „primitiven" Eiszeitmenschen. Man kann auch, da diese beiden Typen selbst gegenüber der Grundanlage abspezialisiert sind, nicht den Nachweis
einer „Erwerbung des aufrechten Ganges" beim Menschen aus dem
Vierfüßler fordern und die gebücktere Haltung des Eiszeitlers und
vollends des Menschenaffen gewissermaßen als stammesgeschichtlichen Übergangszustand hierfür ansehen.

Die Gebißform, aber auch die Stellung der Zahnreihen hat eine
hinweisende Bedeutung für die stammesgeschichtliche Stellung des
Menschen zu den Vierfüßlern und damit für die mögliche zeitliche Herkunft seiner Gestalt. Es haben nämlich alle Reptilien,
nicht nur die heutigen, sondern auch die der Vorzeit, auswärts geneigte Zahnreihen, alle Säugetiere einwärts geneigte; der Mensch
allein hat vollkommen aufrechtstehende. Danach würde der Mensch
vor alle Säugetiere treten, und diese vermitteln nicht etwa zwischen ihm und jenen tieferstehenden Vierfüßlern. Am ehesten
schließt er sich hierin an die erdgeschichtlich frühen Amphibien
an, wie sich ja auch nur bei diesen sehr alten Wesen Andeutungen
eines opponierbaren Daumens finden; aber auch diese Gestalten
sind nicht in den wahren Menschenstamm mit hereinzubeziehen,
sie waren eben einseitig ausgebildete Amphibien.

Das Hervorkommen des Menschen in der äußeren Natur bedeu-
tete eine neue Grundform und damit eine neue Potenz, er schuf
sich selbst eine neue, vorher nicht dagewesene Umwelt, eben gemäß seinem Grundbauplan. Wir können vorläufig nur mit einiger
Wahrscheinlichkeit sagen, daß eine höhere, sehr menschenhafte
Grundform der naturgeschichtliche Stammvater des heutigen Vollmenschen und auch schon des Eiszeitmenschen war. Diese Grundform ist zu suchen. Wir können uns heute nicht mehr mit einer
rein idealistischen Morphologie begnügen, denn wir wissen augen-
fällig um die Entfaltung und Entwicklung des Lebens in der Zeit.
Aber wir dürfen auch nicht fortgesetzt den umgekehrten „idealistischen" Fehler begehen, uns durch formale Konstruktionen und
Reihenbildungen echte Stammbäume vorzutäuschen. Beides ist einseitig und wird dem wirklichen Werdegang des Organischen nicht
gerecht.

Das ist nun kein besonderes Ergebnis der Forschung über den Zusammenhang von Mensch und Tier, sondern ist dem Sinn nach

160

das gleiche, was man für alle wirklich dagewesenen Gattungen und Grundformen des Tierreiches immer wieder fand: der Stammbaum als Ganzes besteht nur durch formal erdachte Ahnen, nicht aus wirklichen Arten. Wir stehen mit der Frage nach der Säugetierherkunft des Menschen daher vor demselben Rätsel, vor derselben Erfahrung, welche die paläontologische Forschung für alle übrigen Äste und Zweige des Tier- und Pflanzenreiches machte: niemals liegen uns wirkliche, naturgegebene erwachsene Formen vor, die so beschaffen gewesen wären, daß man mit ihnen auch nur innerhalb engerer Gruppen einen durchgehenden Stammbaum, geschweige denn einen solchen für das gesamte Lebensreich aufbauen könnte. Wenn wir daher sagen, der Mensch entsprang dem höheren „Säugetierstamm", so mag dies bildlich insoweit richtig sein, als wir uns bewußt bleiben, daß sich seine Morphologie ideell mit jener der höheren Säugetiere und schließlich auch noch mit allerhand niederen Vierfüßlern in Beziehung setzen läßt; aber es ist naturhistorisch falsch, wenn wir damit sagen wollen, er sei wirklichen ehemaligen oder heute noch lebenden Säugetieren, die wir nennen könnten, also etwa bestimmten Affen und Menschenaffen entsprossen.

Soweit die Frage nach der stammesgeschichtlichen Herkunft der natürlichen Menschengestalt. Nachdem diese aber einmal sich zu dem entfaltet hatte, was wir an fossilen und urgeschichtlich überlieferten Menschengemeinschaften sehen, stand sie — biologisch — durchaus unter den Naturgesetzen und hatte im Kampf mit der Umwelt sich zu bewähren. Doch besteht ein Unterschied zwischen Mensch und Tier, zwischen Menschen- und Tierentwicklung. In der Tierwelt enden die Entwicklungsreihen mit dem Aussterben, es kommen neue Gattungen, der Mensch jedoch bleibt physisch im wesentlichen dieselbe Gattung. Er wird nicht ersetzt durch neue organische Gestalten, sondern er erscheint, kann man sagen, in neuen seelisch-geistigen Typen, er erneuert sich aus seiner Innenwelt. Seine Geschichte ist darum nicht Tiergeschichte, sondern Schicksal, Drama, Tragödie.

Erd- und lebensgeschichtliche Zeittabelle

(Die verschiedene Höhe der Rubriken bedeutet nicht
die relative Zeitlänge der Stufen)

Erdzeitalter (Tiere)	Periode	Abteilung	Stufe	Beschreibung	Erdzeitalter (Pflanzen)
Erd-neuzeit nach den Tieren (Käno-zoikum)	Quartär		Alluvium	Geschichtliche Menschenzeit Rückgang der gr. Säugetiere	Erd-neuzeit nach den Pflanzen (Neo-phytikum)
	Quartär		Diluvium ○	Älteste fossile Menschenreste	
	Tertiär	Jung-Tertiär	Pliozän	Niedere Tierwelt und die Pflanzenwelt wesentlich wie heute	
	Tertiär	Jung-Tertiär	Miozän ∨ △		
	Tertiär	Alt-Tertiär	Oligozän	Wenig Reptilien	
	Tertiär	Alt-Tertiär	Eozän	Üppige Entfaltung der höheren Säugetiere	
	Tertiär	Alt-Tertiär	Paleozän		
Erd-mittel-alter nach den Tieren (Meso-zoikum)	Kreide	Ober-Kreide	Danien	Aussterben der gr. Schreck-saurier u. d. Ammonshörner	
	Kreide	Ober-Kreide	Senon	Erste höhere Säugetiere	
	Kreide	Ober-Kreide	Turon	Erste bedecktsamige Blüten-pflanzen und Laubhölzer	
	Kreide	Ober-Kreide	Cenoman △	Höhere Nadelhölzer	
	Kreide	Unter-Kreide	Gault	Große Schrecksaurier,	
	Kreide	Unter-Kreide	Neokom	Riesenflugdrachen	
	Jura		Malm (Weißer Jura)	Erstes Vogelwesen Große Schrecksaurier	Erd-mittel-alter nach den Pflanzen (Meso-phyti-kum)
	Jura		Dogger (Brauner Jura)	Beuteltierartige Säugetiere Erste Knochenfische	
	Jura		Lias (Schwarzer Jura)		
	Trias		Rhät (Infralias)	Auftreten frühester niederer Säugetiere	
	Trias		Keuper	Aussterben der Altformen der Amphibien	
	Trias		Muschelkalk	Riesenlurche	
	Trias		Buntsandstein	Auftreten der Zykadeen	
Erd-alter-tum nach den Tieren (Paläo-zoikum)	Perm ○ ∨		Zechstein	Starke Entwicklung der Amphibien und Echsen	Erd-alter-tum nach den Pflanzen (Paläo-phyti-kum)
	Perm		Rotliegendes	Erste Nadelhölzer	
	Karbon △		Oberkarbon	Üppige Pflanzenwälder (blütenlose Sporenpflanzen)	
	Karbon		Mittelkarbon	Amphibien	
	Karbon		Unterkarbon ∨	Erste Reptilien	
	Devon ∨		Oberdevon	Älteste Landpflanzen	
	Devon		Mitteldevon	Älteste Amphibien	
	Devon		Unterdevon		
	Silur △		Obersilur	Älteste fischartige Wirbeltiere	
	Silur		Untersilur		
	Kambrium ○		Oberkambrium	Älteste deutliche Meerestierwelt, nur niedere Tiere	
	Kambrium		Mittelkambrium		
	Kambrium		Unterkambrium		
Erd-Urzeit	Algonkium ○ ∨		Späte Urzeit der Erde	Leben vorhanden	Un-geheuer lange Zeit-räume
	Archaikum △ ∨		Frühe Urzeit der Erde	Leben vorhanden, fast undeutbar	

○ bedeutet Eiszeiten △ bedeutet stärkere Gebirgsfaltungen
∨ bedeutet stärkeren Vulkanismus

162

III

METAPHYSISCHE FRAGEN

Das Metaphysische ist die höchste Stufe der Natur und der Naturerkenntnis. Metaphysik der Naturforschung ist keine philosophische Begriffsklitterung, sondern der Ausdruck für eine Schau auf das Wesenhafte sowohl der anorganischen wie der organischen Vorgänge und Gestalten. Dieses Wesenhafte kann jedoch nur durch Vergleiche und in Symbolen ausgesprochen und dargestellt werden, weil auch die gegenständliche Natur selbst nur als Symbol erscheint. Es ist die unbequemste Betrachtungsart, weil sie zu einer Denkweise zwingt, bei der nichts auf der Hand liegt, sondern alles oft paradox erscheint.

1. Vom Innern der Natur

Die nächstliegende Aufgabe bei der Erforschung der Natur ist, die sinnfälligen Erscheinungen und ihre Abfolge in Zeit und Raum festzustellen, unbekümmert um die Frage, inwieweit unsere Sinne ein der Außenwelt entsprechendes Bild wirklich vermitteln. Solche Fragen sind erkenntnistheoretischer Art und bleiben innerhalb des Rahmens der gewöhnlichen Naturforschung außer Betracht; wir nehmen die Sinnenwelt schlechthin als die Wirklichkeit, die sie in ihrer Weise unbedingt ist. Aber selbst innerhalb einer so realistischen Wissenschaft wie der Physik, ist diese Wirklichkeit inzwischen zu einem Problem geworden, als man erkannte, daß auch die Vorgänge im Experiment selbst vom Wesen des Beobachters abhängen und daß die greifbare Materie gar nicht Materie im gewöhnlichen Sinn ist.

Es gibt noch eine andere Seite der Wirklichkeit, die nicht weniger realistisch ist: die metaphysische. Sie zeigt, daß die sinnenhaften Erscheinungen zugleich Symbole einer wesenhaften Innenwelt sind, die sich darin darstellt und auswirkt. Es ist das innere Band der äußeren Geschehnisse, sozusagen ihr Gestaltungsquell. Die gewöhnliche wissenschaftliche Methode, die sich auf die greifbare Form als solche beschränkt, vollends die mechanistische Auffassung auch der organischen Naturformen, kommt als solche nicht an jene wesenhafte Innenwelt heran; und doch gibt erst diese Innenseite dem äußeren Geschehen seinen Sinn, wie in der menschlichen Geschichte nicht die äußeren Geschehnisse schlechthin Wesen und Sinn ausmachen, sondern das, was sich in ihnen als Innenwelt, als Seele spiegelt und ausspricht. Von außen nur besehen, hat die Geschichte keinen Sinn, auch die Naturgeschichte nicht.

Von einer metaphysischen Sphäre als einem Wesensteil echter Naturforschung ist freilich das Religiöse wohl zu unterscheiden. Es ist ein weitverbreiteter Irrtum, das Metaphysische mit dem religiösen Innenstand des Menschen zu verwechseln, wie es auch unzulässig ist, in die naturwissenschaftliche Methodik etwa religiöse Gefühlsmomente zu übertragen. Gewiß wird die religiöse Überzeugung letzthin auch die naturwissenschaftlichen Erkenntnisse in sich zu verankern trachten, aber bei der Feststellung sinnfälliger Tatsachen hat jene nicht das Wort. Es war ersichtlich ein Unglück für Wissenschaft und Religion gleicherweise, als man der aufkeimenden realistischen Naturforschung verwehrte, eine Theorie des Umlaufs der Erde um die Sonne zu schaffen, einerlei, ob diese wissenschaftliche Lehre von Dauer sein wird oder nicht; sie entspricht jedenfalls dem neuzeitlichen Weltgefühl und dessen Denkmöglichkeiten. Ebenso ist es ein Unglück gewesen, auch die Frage nach der naturgeschichtlichen Herkunft der Menschengestalt von Anfang an religiös und irreligiös zu belasten. Eine ganz unzureichende, dem uralten Mythus in keiner Weise gerecht werdende Auffassung der biblischen Schöpfungslehre griff der sachlichen Untersuchung der natürlichen Entwicklungslehre vor, und dies geschah bis in Einzelheiten hinein, indem sogar die Konstanz der Tier- und Pflanzenarten dogmatisch behauptet wurde.

Was in aller Welt aber hat der von beiden Seiten völlig verkannte Wortlaut des im alten Schöpfungsmythus festgelegten urtümlichen Weltbildes mit einer diesseitig gerichteten Naturforschung zu tun? Im alten biblischen Mythus wird die Erschaffung eines Weltzustandes erzählt, der wesenhaft über der irdisch-zeitlichen Natur steht und ihre jenseitige Grundlage bildet, also einen durchaus metaphysischen Sinn hat. Das in jenem Mythus erzählte Sechstagewerk hat nichts, wie man oft krampfhaft darzutun versuchte, mit dem Verlauf geologischer Epochen zu tun; die „sechs Tage" der biblischen Geschichte sind durchaus als Offenbarungen der Schöpferkräfte im unergründlichen Dasein Gottes gedacht, wie gesagt, ein durchaus vornatürlicher Weltzustand. Wenn es dort etwa heißt: „Es werde Licht", so wird damit nicht die Entstehung des physischen Sonnenballs unseres astronomischen Planetensystems gemeint, sondern die geistleibliche Ursonnenhaftigkeit, also eine Wesenheit, die in ganz anderen Daseinszusammenhängen steht als das, was wir jetzt mit unserem naturwissenschaftlichen Weltbild uns vorstellen. Was wir über die Entfaltung des Tier- und Pflanzenlebens in den Erdzeitaltern wissen, ist nicht das, was der Schöpfungsmythus uns sagen will; sondern dieser befaßt sich mit der schöpferischen Urwesenheit, den Urgestaltungskräften und den Urgestalten des Lebensreiches in metaphysischer Hinsicht. Die Paradieswelt ist nicht die irgendwie einmal in der geologischen Zeitenfolge dagewesene Idealwelt voller Harmonie, sondern ist ein Innenzustand lange vor und über aller irdischen Gegebenheit. Man vermengt also zwei grundverschiedene Daseinswelten sinnlos miteinander, wenn man den Versuch macht, die Normen der Naturforschung dem biblischen Mythus unterzuordnen. Aber ebenso töricht ist das Leugnen der inneren Berechtigung und Wahrheit der mythischen Weltschau vom Standpunkt der doch geistig sehr einseitigen neuzeitlichen Naturwissenschaft. Vielmehr ist es zu einer allgemeinen Erkenntnis und einer vollfülligen Weltanschauung unbedingt notwendig, sich auch über die möglichen transzendentalen Grundlagen unserer Naturbetrachtung und Naturforschung klar zu werden.

Metaphysik ist die selbstverständliche erkenntnistheoretische Grundlage zur wahren Tiefenerkenntnis der Natur; sie ist der Gegenpol zur sinnenfälligen Außenseite. Das Metaphysische ist der verstandlich zu erfassende Wesenskern der Dinge und, sofern wir nach reiner Erkenntnis streben, ein nicht minder wichtiges Erkenntnisgebiet wie das grobsinnliche, das wir gewöhnlich allein als das reale ansehen. Die an die Natur herangebrachte materielle Forschungsmethode, besonders die mechanistische Auffassung der Naturvorgänge, ist eben eine bestimmte begrenzte Art des Sehens, aber nicht die einzig mögliche. Die mechanistische Methode liefert einen bestimmten Ausschnitt der Dinge, gibt uns praktisch auch „technische" Möglichkeiten an die Hand; aber auch die metaphysische Betrachtung hat ihre in sich geschlossene, in der Natur des Gegenstandes liegende Methodik. Und ohne diese metaphysische Schau, ohne diesen metaphysischen Sektor bleibt aller wissenschaftliche Erfahrungskreis Stückwerk und bringt dem Menschengeist keine Erfüllung.

Der Ausdruck „äußere" und „innere" Natur darf nun nicht dahin mißverstanden werden, als ob eine auseinandernehmbare Zweiheit in den Dingen läge. Sie sind durchaus Eines, aber eben deshalb nicht nur ein Sinnenfällig-Materiales. Jede Naturerscheinung kann physisch und metaphysisch aufgefaßt werden, aber es bleibt geschlossene Einheit. Es ist eine Polarität, auch in der Betrachtung, und der eine Pol ohne den anderen ist undenkbar. Löst man sie grundsätzlich, statt nur methodisch voneinander los, will man allgemein weltanschaulich nur den einen Pol etwa gelten lassen, so ist es eine Beeinträchtigung der Wirklichkeit. Man muß, um dies zu erkennen, wieder an die Menschengeschichte denken: Sieht man in ihr nur den sich entfaltenden Geist, wie es eine berühmte Philosophie getan, so führt das zuletzt zu einem blutlosen Schemen; und wird das aufs Leben übertragen, so verdörrt die Seele; sieht man nur die äußere Sinnenwelt, so bekommt man einen mechanischen Ablauf von allem Möglichen, es endet in „technischer" Bar-

barei. Nur beides zusammen, das Physische und das Metaphysische, sind erst die gehaltvolle Wirklichkeit. Man kann sie methodisch getrennt erforschen, aber man muß unentwegt die Einheit beider Sphären im Auge haben, und der ganze denkende und erlebende Mensch muß darüberstehen.

Die Wissenschaft wird nicht, wie man immer wähnt, geschädigt, wenn wir uns nicht nur physischer, sondern auch metaphysischer Betrachtung befleißigen; aber sie wird geschädigt und endet im Begriffsscholastizismus, wenn man sich nur und ausschließlich der ersteren bedient und dabei in naiver Voreingenommenheit gar nicht merkt, wie man mit allen naturwissenschaftlichen Grundbegriffen schon auf metaphysischem Boden steht. Die für den Aufbau und Fortschritt sachlicher Forschung gefährlichen Köpfe sind nicht jene, welche klar und sicher der Metaphysik berechtigten Raum schaffen, sondern jene, welche immerfort von der „einzig exakten mechanistischen Methode" reden und nicht erkennen, wie sie mit allen möglichen Grundbegriffen, ohne die sie gar nicht operieren könnten, dauernd Anleihen bei der Metaphysik machen, von ihr genährt werden und es doch nicht wahrhaben wollen.

Die Wahrheit ist, daß auch die mechanistische naturgeschichtliche Forschung der metaphysischen Ausschau und Bindung nicht entraten kann. Es gibt gar keine Wissenschaft, die nicht aus metaphysischem Urgrund entsprungen wäre und immerzu sich inmitten einer ebenso metaphysischen wie physischen Welt bewegt. Schon allein, daß wir keinen Forschungsplan, kein Problem aufrollen können, das nicht von einer Idee und Ideenschau ausgeht — auch die Dinge selbst führen von sich aus fortgesetzt an die Grenzen der Metaphysik. Es ist nicht wahrhaft wissenschaftlich, dogmatisch zu leugnen, daß jede Wissenschaft nicht nur historisch, sondern auch in der täglichen Weiterarbeit unausgesetzt an metaphysische Grundlagen und Folgerungen geraten muß; — wahrhaft wissenschaftlich ist es, ununterbrochen diese metaphysischen Urgründe und Seinsgesetze aufzuzeigen und sich im rechten Augenblick auch mit ihnen auseinanderzusetzen, statt ihnen mit Scheuklappen aus dem Weg zu gehen.

Wir sprechen nicht gegen die mechanistische Methode als solche in der Naturwissenschaft, sondern nur gegen den Irrtum, dieser mechanistische Ausschnitt unserer Erkenntnis sei der umfassende Kreis und löse die Probleme. Wir sprechen also dagegen, daß sie zum umfassenden Weltanschauungsbild gemacht wird. Die mechanistische Betrachtungsmethode bewährt sich gewiß am unmittelbarsten auf anorganischem Gebiet, jedoch auch hier bleibt durchaus die ganze Einschränkung bestehen; sie deckt nur bis zu einem gewissen Grad die Erscheinungen des Organischen; aber sie versagt in beiden Gebieten völlig, wenn es sich um die Frage des wesenhaften Zusammenhanges der Geschehnisse handelt. Und um den ist es uns im Gebiet der reinen Erkenntnis doch zu tun. Haben wir nur technische Zwecke im Auge, so mag es genügen, mechanistische Zusammenhänge aufgedeckt zu haben. Aber selbst in der technischen Zwecksphäre gelingt es gar nicht, weiterzukommen, wenn nicht Sinn und Erwartung des Forschers den tieferen Zusammenhängen offenstehen.

Man kann einen Organismus auf zweierlei Weise betrachten: entweder als aus Teilen und Einzelorganen aufgebaut oder als ein in sich geschlossen wirkendes Ganzes, worin die Teile nicht von sich aus aufeinander zielen, sondern wo alles vom Ganzen her in die Teile wirkt. So ist es, wenn wir das Wesen des Geschehens vom Ganzen her erfassen. Da werden wir nicht mehr von einer Einwirkung einzelner Teile aufeinander reden, sondern begreifen, daß ein ganzer Organismus als solcher bestehen muß, damit überhaupt die als Teile betrachteten Einzelbezirke in ihm in lebendiger Wechselbeziehung bleiben und nach außen sich betätigen bzw. in Erscheinung treten können. Die Natur besteht deshalb nie aus „äußeren Einwirkungen", noch gar aus bloßen Häufungen und Zusammensetzungen, sondern ist überall vergleichsweise wie ein Organismus. Damit soll nicht gesagt sein, daß sie so ist wie ein tierisches oder pflanzliches Wesen; aber sie hat in irgendeinem Sinn innere, latente Lebendigkeit, und es ist die Äußerung solcher Lebendigkeit, wenn irgendwo und irgendwie im Weltall oder auf einem Stern, also auch auf der Erde etwas geschieht, und sei es auch nur das Zusammenrollen der Kiesel in einem Gebirgsbach. Man verstehe nicht falsch, was wir damit sagen wollen, daß in der gesamten Natur der innere Zustand herrsche wie in einem Organismus.

Wenn wir auch bei unserem beschränkten Blick in die Natur viele Vorgänge gar nicht anders als „tot" im Sinn des Nurmechanischen begreifen können, so ist dennoch überall die innere Lebendigkeit des Ganzen da und wird von uns deshalb nicht erkannt, weil wir nicht den Überblick über das Ganze haben. Es bestehen also zwischen allen Dingen und Geschehnissen innere Entsprechungen, und nirgends im Weltall kann irgend etwas vorgehen, was nicht in allem anderen eben seine innere Entsprechung fände. Ebenso wie in einem Organismus jede noch so geringe Veränderung in irgendeinem Organ notwendig überall seine Mit- und Gegenwirkung findet, auch wenn dies praktisch für unsere Sinneswahrnehmung nicht gleich deutlich wird: so ist es auch mit der Natur als Ganzem. Sagt doch schon der alte Varenius: Wenn ein Teilchen des Ozeans sich bewegt, bewegt sich der ganze Ozean — was bei ihm allerdings nur mechanisch gemeint war.

Wenn sich gewiß das Heben des Armes mittels der Muskeln und Sehnen als ein mechanischer Vorgang beschreiben läßt, so zeugt dennoch dieser mechanische Vorgang von einer inneren Einheit und Lebendigkeit, die trotz und in allem Mechanismus, der zweifellos besteht, vorhanden ist und die es erst ermöglicht, daß überhaupt der mechanische Vorgang des Armhebens, also der Muskelarbeit stattfinden kann.

Die Naturforschung ist sich erkenntnistheoretisch nicht klar darüber geworden, daß sogar ein Begriff wie die Schwerkraft, um überhaupt letzten Sinn zu bekommen, mechanisch allein nicht durchaus faßbar ist, nämlich soviel und so wenig wie das Armheben als mechanischer Vorgang; sie hat eben auch innere Entsprechungen zur Voraussetzung. Als der Begriff Schwerkraft aufgestellt und auf die Bewegungen der Planeten, ja sogar der Sterne angewendet wurde, dachte man sich den Raum als etwas Absolutes, das auch ohne Körper existent wäre; man dachte ihn leer und setzte, um überhaupt verstehen zu können, wie die Schwerkraft auf große kosmische Entfernungen zu wirken vermöge, einen angenommenen Stoff, der doch wieder nicht Stoff sein sollte, den Äther, als Vermittler ein. Aber der tiefere Sinn der Schwerkraftwirkung kann nur der sein, daß man mit dem Wort und den hinzugenommenen Hilfsvorstellungen etwas umschrieb, wofür man noch keine Denkmöglichkeit hatte: die innere Fernwirkung. Was das heißen soll, macht folgende Überlegung klar.

Es ist unvorstellbar, daß zwei durch einen wirklich leeren Raum getrennte Körper irgendwie aufeinander einwirken könnten, wenn sie in keiner mechanischen oder stofflichen Weise miteinander verbunden sind und so in Berührung stehen. Ist aber die Natur irgendwie eine lebendige Einheit, vergleichsweise wie ein Organismus, so besteht auf ganz anderem Weg als nur dem äußerlichen eine gegenseitige Beeindruckung und Verbindung von innen her.

Wenn wir den Kosmos als ein in sich wesendes, innerlich geschlossenes Ganzes erkennen, sehen wir auf einmal, was sich zuträgt, auch wenn es sich mechanisch deuten läßt. Da gibt es nichts Unverbunden-Einzelnes mehr, das sich mit anderem Einzelnen nur von außen stieße und also mechanisch berührte. Die Astronomie lehrt beispielsweise, daß sich die Fixsterne des Weltraumes in solchen Zwischenräumen voneinander halten, daß es ein großer Zufall wäre, wenn zwei solcher Sterne aufeinander stießen. Dennoch erblicken wir ein solches Ereignis gelegentlich am Nachthimmel oder müssen aus sonstigen Anzeichen wenigstens schließen, daß es geschehen sei. Aber dabei ist gar nicht erwogen, daß innere Entsprechungen im Kosmos bestehen, abgesehen von der räumlichen Anziehung oder Nichtanziehung. Die größten Weltkörper mögen, vergleichsweise gesprochen, nur so groß sein, wie ein paar Knabenschusser auf einem Raumfeld so groß wie Europa: sie werden aufeinandertreffen, wenn dies durch die inneren Lebensbeziehungen des Kosmos „organisch" bestimmt ist. Darum geschieht nichts, was nicht überall seine Entsprechungen hätte, und die Frage ist nur, ob und wie wir diese bemerken können. Insofern steckt auch in den Begriffen Schwerkraft und Anziehung ein solches verhülltes Element.

Wir begreifen, was es heißen will, wenn wir von einem Aufeinanderwirken von innen her auch im gesamtkosmischen Geschehen und damit auch im erdgeschichtlichen sprechen. Nur aus dem Bestehen solcher inneren Entsprechungen in der gesamten Natur wird es auch verständlich, warum die Welt ein Kosmos und kein Chaos ist. Wäre alles nur mechanisch, wäre alles nur Häufung und Aneinandergrenzung von totem Stoff, es wäre längst alles unabänderlich unbeweglich, alle lebendige Energie wäre in gebundene latente Energie verwandelt, der Erstarrungstod des Weltalls wäre eingetreten, wobei auch gar nicht einzusehen ist, wie denn überhaupt je etwas entstanden wäre. Nimmt man den Kosmos aber als ein innerlich Ganzes, dann kann nirgends sich etwas ereignen, was sich nicht im selben Augenblick auch schon in allem anderen Geschehen auswirkt oder auszuwirken beginnt. Wie ein Organismus nicht denkbar ist, in dem sich allein der Arm bewegt oder der Magen verdaut, sondern wie dies alles in einem inneren Zusammenhang mit allem anderen Geschehen im Körper steht, so kann auch im Weltall nichts vor sich gehen, was nicht überall von entsprechenden Zuständen und Zustandsänderungen begleitet ist.

Man braucht deshalb nicht den Kosmos als ein Riesenlebewesen im irdischen Sinn zu nehmen: das wäre wohl eine verzerrte Vorstellung; aber er hat innere Lebendigkeit, ist nicht ein Mechanismus schlechthin, worin sich alles nur von außen stößt, schiebt, trennt und vereinigt.

Es bleibt also, wenn wir zu einer rechten Naturerkenntnis und den in der Natur waltenden Kräften und Beziehungen vordringen wollen, immer nur übrig, stets in dem sinnfälligen mechanischen Geschehen die Wendung des Denkens und Anschauens auch nach der metaphysischen Seite hin zu machen und methodisch die inneren Beziehungen aufzusuchen. Diese Beziehungen beruhen auf der inneren Lebendigkeit der ganzen Natur und müssen, weil es das Kennzeichen des Wesenhaft-Lebendigen ist, notwendig auch Rhythmus zeigen. (Abschnitt II,5.) Aber nicht Rhythmus im toten mechanischen Sinn, wie ihn ein Uhrwerk hat und wie man sich etwa auch die Planetenbewegung vorstellt. So wenig wie der, der nur auf den metronomischen Gang eines Musikstückes hört und es auf die äußere Takteinteilung hin ansieht, irgend etwas vom Wesen des darin Ausgesprochenen, also von der Musik selbst erfährt, so wenig werden wir etwas vom Wesen des Naturgeschehens erfahren, wenn wir nur nach einem mechanischen Rhythmus, nur nach der dreidimensionalen Räumlichkeit, nur nach der linearen Zeitlichkeit der Geschehnisse fragen. Mechanisch können wir die Natur nur dann deuten, wenn wir sie zerlegen und losgelöst vom Ganzen die einzelnen Erscheinungen herausnehmen.

Wenn wir die innere beziehungsvolle Einheitlichkeit der Natur erblicken und uns von diesem leitenden Gesichtspunkt führen lassen, so ist dies also nicht, wie man zuweilen hört, eine unnütze Ablenkung von einem rationalen, die Dinge unvoreingenommen betrachtenden Verfahren, womit wir die Dinge zuerst „zerlegen", dann wieder „zusammensetzen", sondern es ist überhaupt der einzige Weg, das stoffhäufende Wissen zu einem lebendigen Bildungsbesitz unseres Geistes zu machen. Alle Wissenschaft, alles Gewinnen von Tatsachen gründet sich, wir deuteten es schon an, auf das Bewußtsein des inneren einheitlichen Zusammenhanges des Vielen und seiner Mannigfaltigkeit bei innerer lebendig-schöpferischer Einheitlichkeit der Natur. Das bedeutendste und überzeugendste Beispiel in der neueren Wissenschaftsgeschichte hierfür ist Kepler, der die Gesetze der Planetenbewegung nicht etwa auf rechnerische Weise schlechthin fand, sondern dessen Geist geradezu in religiöser Hingabe aus dem inneren Schauen und Glauben an die Harmonie der göttlichen Gesetze im Weltall zu jener Erkenntnis kam und erst danach sie rechnerisch darzustellen verstand. Es ist der Forschungs- und Erkenntnisweg vieler tiefen Geister der Menschheit, so zu erleben und zu denken; auf solchen Einblicken in das Innere der Natur beruht letzthin alle echte Wissenschaft.

Ohnehin: was sind „Tatsachen"? Es ist nicht so einfach, eine auch nur gewöhnliche sinnenfällige Tatsache festzustellen. Das Allereinfachste läßt sich gar nicht aussprechen, ja nicht einmal richtig sehen, wenn sich mein Geist nicht schon von vornherein auch der richtigen Deutung der Tatsache oder des Gegenstandes bewußt geworden ist. Wir können nicht einmal sagen: „Hier steht ein Tisch, ein Stuhl", wenn uns nicht zuvor schon der ganze Zusammenhang und die Beziehungen klar sind, die ein solches Objekt eben zum Tisch oder zum Stuhl machen; denn ohne dies wäre es ein undefinierbares Ding, und es wäre auch gar nicht entstanden, wenn nicht auch der Verfertiger den ganzen lebendigen Zusammenhang gewußt hätte, in dem die Stücke eben als Tisch und Stuhl „Bedeutung" haben. Sie deuten auf etwas, das sie dem Wesen nach sind — und erst mit dieser Bedeutung zugleich ist es möglich, die Tatsache des Gegenstandes richtig zu sehen als das, was sie ist.

Es wird nicht nur gegen die Metaphysik, sondern falschverstandenerweise auch gegen die mechanistische Naturforschung viel geeifert. Sie ist gewiß nicht, wie man so oft hört, „gegen den Geist", sondern sie ist sehr geistvoll und scharf im Geist. Man muß aber unterscheiden zwischen einer materialistisch-mechanistischen Welt- und Lebensanschauung als Grundlage der menschlichen Gemeinschaft und Seelenhaltung, und einer materialistisch-mechanistischen Forschungsmethode. Gegen die letztere etwas einzuwenden, ist töricht. Auch ihr Gegner wird sich kaum der Einsicht verschließen, daß sie uns bei rechter Handhabung Kulturgüter schenkt, wovon sich frühere Zeiten kaum etwas träumen ließen. Daß wir mit elektrischen Bahnen fahren oder schmerzlos operiert werden oder elektrisches Licht statt schwacher rußender Öllampen brennen, ist auch dem recht, der nicht mit der bloß mechanistischen Auswertung unserer Forschung und einer entsprechenden Lebenshaltung einverstanden ist. Und hier liegt der Angelpunkt: Wenn wir die mechanistisch errungenen Erkenntnisse und Güter Herr und Dämon unseres Daseins werden lassen, wir um ihretwillen die tieferen Lebenswerte, die Seele verkümmern oder gar morden, so ist

das eben der zuletzt sinnlose Wahn des sich selber irreführenden
Menschengeistes, es ist menschlicher Zusammenbruch — aber
immerhin: scharfer Geist.

Unter der ausschließlichen Herrschaft des kausalmechanischen
Denkens will man keine andere Weltsphäre mehr erleben als eine,
worin alles Geschehen ein immerwährendes Umsetzen und Um-
lagern gegebener Stoff- und Energiemengen und ihrer Spannungen
ist. Was unter diesem Blickpunkt geschieht, ist ein ewig unschöpfe-
risches Bewegen. Es kann da gar nichts Neues, nichts Urgründiges
mehr im Kosmos aufbrechen, es wird ein ewiges Einerlei, es ist
trotz milliardenfacher Variationen die Verkörperung unendlicher
Langeweile, ob sich Sternnebel und Sonnen dabei begegneten und
ausbrachen, neue Weltsysteme sich in Jahrmillionen bildeten oder
ein Kristall im Berginnern wuchs. Der Begriff des Entstehens und
Werdens des Vergänglichen wird aber ein anderer, wenn wir unseren Blick zur Innenseite des Geschehens wenden. Schon um die
Jahrhundertwende kamen der mechanistischen Forschung auf ihrem
ureigensten Gebiet selbst neue Zweifel an der durchdringenden
Bedeutung materialistischer und mechanistischer Erkenntnis. Es
traten Naturerscheinungen und -zusammenhänge auf, die dem gewohnten Denken zuwiderliefen. Den ersten Anstoß gab gerade die
doch so durch und durch mechanistische Physik mit ihren großen
Erfolgen, mit der Entdeckung der radioaktiven Substanzen, aus
denen elementare Materie entsteht, ohne daß die Quelle selbst
quantitativ abnimmt, abgesehen von anderen weltanschaulich neu-
artigen, aus der Atomphysik sich ergebenden Erwägungen und
Erkenntnissen.

Für Leibniz, den großen Universalphilosophen, der für unsere
Zeit noch ebenso zu entdecken ist, wie wir soeben Paracelsus als
Arzt entdecken, war jegliches selbständig bestehende Stoffgebilde
im Kern eine lebendige Monade. Auch die denkbar kleinste räum-
lich-materielle Gegebenheit ist irgendwie von innen her „Form",
ist Darbietung und Ausdruck schöpferisch einmaliger Kraftäuße-
rung. Das ist im Gegensatz zur mechanistischen Auffassung geradezu eine lebendige oder auch symbolhafte Naturlehre. Entscheidend
daran ist nicht, mit welchen Worten wir dies sprachlich auszu-
drücken vermögen; entscheidend aber ist es, zu wissen, daß es ein
Hervortreten von Naturerscheinungen gibt, deren Wesen nicht das
Quantitative ist, sondern ein metaphysischer Kern, der sich mechanistischer Umschreibung seinem Wesen nach entzieht. Die Dinge

liegen da in einer Weltschicht, die wir mit mechanistisch-quantitativen Arbeitswerkzeugen nicht greifen können.

Wenn wir den Kosmos nur als eine in Milliarden Ballungen und Splitter mechanisch verteilte Masse ansehen, so verstehen wir nicht seine wahre Natur. Dem Wesen nach aber ist alle Stoffbildung in ihrer Gestaltung ein monadisch Bestimmtes, im Sinn der Leibnizschen Grundidee. Jeder Geschehenszug ist schöpferisches Geschehen, nichts ist Wiederholung, Kopie oder nur mechanische Variante. Kopie gibt es nur im technischen Verfahren der menschlichen Maschine; nicht einmal im Handwerk gibt es Kopie, sondern es gibt in der Natur, im Weltall überhaupt nur originale monadische Bewirkung, im Unbewußtsein der kleinsten Erscheinung nicht anders wie im Gesamtkosmos und auf höchster freier Bewußtheitsstufe in der menschlichen Persönlichkeit.

Ein Wissensgebiet, auf dem diese Erkenntnis hier noch weiter darzulegen ist, ist die Entwicklungsgeschichte des Lebens durch die Jahrmillionen der Vorzeit. Das ganze Lebensreich aller Zeiten macht, wie schon ausführlich gezeigt (Abschnitt II,4), den Eindruck eines zusammenhängenden Baumes, der sich verzweigte, und alle je dagewesenen organischen Formen mögen sich zeugungsmäßig auseinander entwickelt haben, bis zuletzt die höchste Organisationsstufe, der Mensch, daraus hervorgegangen ist.

Auch dieser großartige Vorgang sollte mechanistisch ausgedeutet werden, es sollte sich alles durch quantitatives Hinzukommen und Wegnehmen von Eigenschaften ergeben haben, was da wurde und noch wird. Es fehlte die Schau auf die innere lebendige Einheit des Gesamtlebens, auf die innere Bedeutung. Denn wenn das Leben der Erde durch die Jahrmillionen hindurch ein wahrer lebendiger Baum war, so konnte dies nur sein, weil ein zeitlos-urbildhaftes Ganzes existierte, dessen Ausdruck, dessen äußere lebendige Symbole die in allen erdgeschichtlichen Zeiten erschienenen Einzelgestalten waren. Es ist also das Werden der organischen Natur nicht eine aufhäufende Vermehrung von Eigenschaften und Formen, sondern ein großmonadisches Werden, ein schöpferischer Prozeß. Ist aber ein Lebewesen irgendwie verständlich als Summe körperlicher Merkmale, selbst dann, wenn wir bis ins allerfeinste hinein es analysieren könnten? Wir können es mechanistisch tun, und das ist erfolgreich, aber es ist wiederum nur ein Sektor der Betrachtung, nicht das Wesenhaft-Ganze.

So mag uns daran abermals klar werden, weshalb hier kausal-

mechanisches Denken nicht letzthin Wesentliches erkennt, also
die Ur-Sache verfehlt. Wie bei allem Werden von Gestaltungen,
ganz besonders der organischen Gebilde, ist über die äußere Feststellung hinaus der Blick auf die innere tragende und schaffende
Lebendigkeit zu richten, damit uns nicht die Schöpfung zu einem
leeren Gehäuse werde, aus dem uns zuletzt die Öde angrinst. Nie
und nirgends kann eine Form entstehen und sich als Gestalten-
bildung äußern, wenn nicht das Innerlich-Lebendige, das Ganze
als Monade da ist und erkannt wird.
Unter der Herrschaft ausschließlich mechanistischen Denkens und
Forschens, sofern man seine Ergebnisse zur maßgebenden Lebensanschauung macht, verliert man den Blick dafür, daß in
jedem Augenblick das Dasein von innen her sich erneuert. Es ist
noch immer „Schöpfungstag". Es geschieht nichts nur als Umwandlung von außen her, wenn es nicht seine inneren Entsprechungen
in einem Ganzen hat; so wenig wie ein Einzelindividuum erstehen
und leben könnte, wenn es nicht metaphysisch mit der Gemeinschaft verbunden wäre, aus der es wird und zu der es seine innere
Lebensbeziehung hat, auch wenn es äußerlich als Einzelperson
erscheint.
So hat, wie wir es jetzt verstehen, das sinnenfällige Weltbild
und Forschen seinen ganz bestimmten Auftrag, seinen abge-
grenzten Erkenntniskreis im Menschengeist; es ist Handwerkszeug,
ist Diener, nicht Herr. Es gehört einer bestimmten Erkenntnis-
schicht an, ist aber nicht befähigt, den umfassenden Gesichtskreis
der Lebens- und Weltauffassung uns zu schenken. Vielmehr ist
die damit festgestellte Welt selbst ein Symbol innerer höherer
Lebendigkeit, schöpferischer Wirklichkeit, worin alles wurzelt,
woraus alles quillt, vermöge dessen allein es Sinn bekommt und
ewig neu ist. Es ist wie mit der menschlichen Geschichte, die wir
in so großartiger, aber auch furchtbarer Weise erleben: auch hier
ist nicht das Wesenhafte, was sich äußerlich zuträgt, sondern
wesenhaft und entscheidend ist daran der Sinn, der Urseelen-
grund, aus dem alles fließt und um deswillen allein die Ent-
scheidungen fallen.

2. Einheit von Anorganisch und Organisch

Es gilt als das Ziel des naturphilosophischen Materialismus, jede
Erscheinung, jede Gestaltung und Veränderung der anorganischen

und organischen Natur auf körperliche Einwirkungen von außen, zugleich auf ebenso erzielte Umlagerung von Atomteilchen und Atomgruppierungen zurückzuführen. Auch die feinsten internen chemischen Veränderungen werden so gedacht, und die chemische Affinität der Stoffe wird gleichfalls als von außen her geschehende gegenseitige Verdrängung oder Vereinigung angesehen. Gelänge dieser Nachweis überall, so wäre die Natur erklärt, es bliebe nichts mehr an Geheimnissen übrig. Aber man ist, wie im vorigen Abschnitt schon dargelegt, gerade auf dem physikalischen Forschungsgebiet zu Erscheinungen und zu Erkenntnissen gelangt — und die Biologie mit ihrem Bemühen, alle Lebenserscheinungen in das Mechanische umzubiegen, hinkt hier gewaltig hinter der Physik nach —, daß man von der Möglichkeit sprach, auch das Atom als ein in seiner Struktur irgendwie Lebendiges aufzufassen. Wie gleichfalls schon angedeutet, wird man aber dieses Lebendige nicht als ein Organismisches nehmen, sondern man wird in dem Wort nur eine Andeutung jenes autonom treibenden, gestaltenden, erhaltenden Etwas sehen, jenes ursprünglichen Naturzustandes, der sowohl zur Bildung mechanisch-chemischer wie auch organismischer Stoffzustände und Substanzbildungen führt.

Und gerade im Hinblick auf diese „Lebendigkeit" ist man — wiederum in der Physik und nicht in der Biologie — zu solch bedeutsamen Erwägungen gelangt wie die, ob nicht gerade eben das innerste Wesen aller Substanz „Leben" sei. Denn wenn der Weltprozeß nur mechanisch abliefe, müßte schließlich alle Bewegung sich zur Totenstarre umgewandelt haben. Alle vorhandene aktive Energie trachtet, sich in latente umzuwandeln: es ist das Gesetz der Entropie. Ihr steht gegenüber die Ektropie, jene Naturkraft, welche dem entropischen Abfall entgegenwirkt und ihn in sein Gegenteil kehrt, d. i. die latente Energie in aktive umsetzt. Diese Naturkraft ist das Leben. Bei ihm allein liegt die Fähigkeit, den Erstarrungstod der Welt zu überwinden. Darum konnte die Physik auch erwägen, ob nicht fortwährend Materie im Weltall neu entstehen und vergehen könne, und das wäre möglicherweise ein kosmischer Lebensprozeß.

Dies wirft nun ein gewisses Licht auf die vielerörterte Frage nach der irdischen Entstehung des Lebens, d. h. organismischer primitivster Formen (Abschnitt II,1.)

Man spricht davon, daß die ursprünglichste Form der Lebewesen Bakterien gewesen sein könnten und das pflanzliche Chlorophyll die früheste Eiweißsynthese. Das ist gewiß unrichtig, denn die Bakterien sind, wie die schleimigen tierischen Amöben, Organismen mit einer längeren Entwicklungsgeschichte und schon von beträchtlicher Spezialisation. Pflanzliches Leben mußte jeglichem tierischen vorausgehen, denn eiweißaufbauend sind wesentlich die Pflanzen unter dem Lichteinfluß, die Tiere dagegen sind geochemische Lebewesen, die ihren Körper erst durch Einverleibung schon gebildeter reduzierter organischer Verbindungen aufbauen. Nun gibt es aber auch eine anorganische Synthese unter der Einwirkung des Lichtes, wobei die Möglichkeit einer autonomen Eiweißentstehung von besonderer Bedeutung für unsere Frage ist: auch ohne Vermittlung von Organismen gibt es eine Reduktion von Kohlensäure in Zucker. Bei der ungeheuren Größe und Kompliziertheit der Eiweißmoleküle besteht eine scharfe Grenze zwischen Molekül, Kristallkern und Kolloidteilchen kaum mehr, außerdem reihen sich die Eiweißmoleküle gern zu Gruppen mit gesetzmäßiger Struktur zusammen, wobei die regelmäßige Wiederholung als Kristallkeim erscheint. Bei der Zusammenrottung zu kolloidalen Teilchen kommen dann sogenannte „flüssige Kristalle" zustande als scheinbar organismische Bildungen. Es gibt Samen von Tintenkraken, die geradezu wie solche anorganischen Kolloide oder Kristallkeime erscheinen, und das Eigentümlichste ist das tausendfach kleinere Virus, das nur mit dem Ultramikroskop sichtbar gemacht werden konnte, das gewisse Blattkrankheiten hervorruft und sowohl als organische Zelle wie als Kristallpulver auftreten kann. Wir befinden uns nach dem derzeitigen Stand der Kenntnisse irgendwie in der Nähe der Grenze von Anorganisch und Organisch. Jedenfalls sind es „Pflanzen" gewesen, d. h. niederste Organismen, in deren Körper die Lichtsynthese der Kohlehydrate, wie Zucker und Stärke einerseits, der Eiweißaufbau andererseits noch getrennte Vorgänge waren.

Doch es sind das alles noch sehr verwickelte und undurchsichtige Dinge, und der wesentliche Unterschied zwischen Organischem und Anorganischem kann nicht überbrückt werden durch allerhand Analogien, die sich auf den Feinbau beider Substanzen beziehen und die einerseits Organisches gelegentlich wie Anorganisches und umgekehrt erscheinen lassen. Auch das Kristallpulver des sonst organischen Virus wird, wenn das Virus selbst gewiß ein Lebewesen ist, eben nur scheinbar anorganischer Kristall sein, höchstens wenn jenes ein endgültiges Zerfallsprodukt des Virus wäre, das sich nicht mehr in Leben zurückverwandeln kann.

Die mechanistische Entwicklungslehre dachte, daß zu irgendeiner frühen erdgeschichtlichen Zeit in einem geeigneten Augenblick unter geeigneten stofflichen Mischverhältnissen und bei bestimmten Wärmegraden aus anorganisch-chemischen Wandlungen, wie den oben angedeuteten, organische Substanzen sich gebildet hätten, deren molekulare Strukturen gerade so waren, daß sie primitivstes Organismisches darstellten. Es war damals die Berufung auf die künstliche Herstellung von Harnstoff und andere Synthesen „organischer" Substanzen, womit man jene Urzeugungstheorie zu stützen suchte. So könnte die Natur zu frühurweltlicher Zeit bei den damals großen Hitzegraden und den raschen Stoffumsetzungen im geeigneten Augenblick der Abkühlung der ersten festen Kruste (S. 64) ein natürliches Laboratorium gewesen sein, worin die Herstellung des „Organischen" aus Anorganischem gelang.

Man braucht sich bloß einmal zu vergegenwärtigen, was im denkbar minimalsten Grad zu einem organismischen Wesen gehört. damit es eben ein solches und nicht bloß eine „organische" Substanz sei. Es könnte in seiner Körperlichkeit noch so formlos sein wie eine hypothetische Uramöbe und noch so labil in der Gestalt, es müßte aber dennoch Eigenschaften haben, die es gestatten, in ihm organisches Leben zu sehen. Zunächst müßte ein innerer individueller Zusammenhang bestehen, eine innere Ganzheit herrschen, die einem Kristall und Kolloidklümpchen nicht zukommt; es müßte ein einheitliches physiologisches Subjektsgefühl, wenn auch unbewußter Art herrschen. Selbst wenn ein solches primitivstes Lebewesen etwa aus koloniehaft auseinander hervorgewucherten, also undeutlich individualisierten Anlagen bestünde, müßte jenes Zusammenhangsgefühl herrschen. Es müßte eine wenn auch unbewußte Empfindung für Nahrungsaufnahme, ja auch Nahrungsunterscheidung vorhanden sein, selbst wenn diese Ernährung nur in einer Assimilation durch die Außenseite, osmotisch durch die Körperoberfläche, durch Oxydation bzw. Reduktion auf der Körperoberfläche, endlich auch durch schleimige Umfließung der Nahrungsmaterie zustande käme. Das Lebewesen müßte eine dumpfe Empfindung für den Zustand der Sättigung haben und dies als physiologische Reaktion zur Geltung bringen; es müßte entsprechenden Stoffwechsel haben, durch wahre Assimilation der Nahrung, nicht nur durch quantitative Aufnahme körperlich wachsen oder sich ergänzen; es müßte sich, wenn auch nur durch einfache Teilung, vermehren, die Teilstücke müßten durch Regeneration wieder zu je einem Ganzen auswachsen. Und endlich müßte jenes Urwesen ein dem individuell-organischen Zustand entsprechendes Verhalten zu seiner Umwelt haben.

Schon dieses Wenige zeigt die völlige Unvereinbarkeit und wesensmäßige Andersartigkeit des Organismischen gegenüber dem Anorganischen, denn schon beim denkbar primitivsten Organismus herrscht das Principium individuationis — ein mit keinen mechanistischen Denk- und Vorstellungsmitteln auflösbares Geschehen, das zum Anorganischen in einem wurzelhaften Gegensatz steht. Wir haben mit jeder noch so primitiv gedachten Lebensbildung sofort das ganze Problem, die ganze Fülle des Organisch-Lebendigen uns gegenüber und sind dem Verständnis, wie es wurde, um nichts nähergerückt, selbst wenn wir auch scheinbar „Übergangsformen" gelegentlich finden und wenn das früheste Lebewesen auch nur wie ein gallertiger Schleim oder ein kristallisch aussehendes Kolloid sich dargestellt haben würde. Es kommt auf das Innere, Wesenhafte an.

Aber noch mehr ergibt sich, um sofort die erkenntnismäßigen Schwierigkeiten ins Grenzenlose wachsen zu lassen. Legen wir einer solchen hypothetischen Urgestalt nichts bei als jene aufgezählten primitivsten Lebensäußerungen und betrachten wir sie im Besitz derselben immerhin als Vollorganismus, so erhebt sich sofort nun die Frage: Wie konnte sich so etwas in rascher oder endlos langsamer Umbildung weiterentwickeln, um vielleicht nach Jahrmillionen ein primitives Leibeshöhlentier, später ein primitiver Wurm usw. zu werden? Entweder lag die Fähigkeit dazu als Potenz schon von Anfang an in der Konstitution seiner organischen Substanz und diese Fähigkeit entwickelte sich dann in äußeren Formenbildungen; oder es hat sich das ebenso unausdenkliche Wunder vollzogen, daß eine solche Urform durch Zufallsvarianten bzw. Mutationen und deren natürliche Auslese (Abschnitt II,5) im Lauf der Zeiten zu alledem wurde, was die spätere Natur an niederen und höheren Typen bietet. Kurz, wir sehen, wie heillos man sich mit diesen äußerlichen, mechanistisch gedachten Anschauungen und Versuchen in das unbegründete — nicht etwa in das begründete — Wunder verrennt. Das Erscheinen des organischen Zustandes ist ein Urphänomen im Goethe-Schopenhauerschen Sinn, verstandlich auf dem unmittelbaren Weg unauflösbar, ist Gegebenheit schlechthin, ist Qualitas occulta, die zusammentrifft mit dem unergründlichen Wesen des Lebens selbst.

Es gibt keine unmittelbare Brücke vom Anorganischen zum Organismischen. Bei der mechanistischen Urzeugungstheorie kommt noch ein sprachlicher Fehler hinzu: die Verwendung des Wortes „organisch". Wenn von organischen Stoffen im Sinne der Chemie gesprochen wird, so darf man dies nicht gleichsetzen mit „organismisch". Denn auch chemisch-organische Substanzen sind durchaus anorganische und nicht selbst biologische Zentren. Eine chemisch-organische Substanz ist kein Organismus, auch wenn die Organismen spezifisch solche hervorbringen. Zu glauben, weil man synthetisch Harnsäure oder Chlorophyll oder am Ende sogar Eiweiß im Laboratorium herstellen könne, sei man auch der Herstellung des Lebens auf der Spur, ist absurd. Und selbst wenn chemisch-organische Substanzen auf der vermuteten frühesten heißen Erdrinde sich einmal bildeten, so war auch dies kein primitivstes Leben. Hier also liegen zwei nicht unmittelbar auseinander ableitbare physische Naturzustände vor, die nur durch metaphysische Betrachtung erkenntnismäßig geklärt werden können. Die äußerlich unvereinbaren Gegensätze müssen in einer höheren Einheit ihre Verbindung finden. Und worin liegt diese?

Wir müssen auf einen Innenzustand, einen „Urzustand" der Substanz schließen — dieses Wort keineswegs nur im Vergangenheitssinn, sondern zugleich durchaus gegenwärtig genommen —. auf einen Urzustand, der sich aufspaltet und damit aus seiner Latenz in die gewöhnliche sinnenfällige Wirklichkeit, also in physische Stoff- und Formzustände übertritt und einerseits als anorganische Materie (das Wort nun im weitesten Sinn gebraucht), andererseits als Organismisches, und sei es noch so primitiv, erscheint. Es ist das, was beiden zum Ursprung dient, worin sie gemeinsam wurzeln, ohne darin noch getrennt zu sein, in dem sie als in ihrer höheren Einheit beschlossen liegen. Wir wollen dieses Ursprunghafte das „Urlebendige" nennen und darin jenes unseren Sinnen verhüllte innere Leben sehen, das wir im vorigen Abschnitt dem Gesamtkosmischen zugeschrieben haben. Es ist grundsätzlich ein den ganzen Kosmos Umfassendes, das aller konkret physischen Erscheinung und Vielgestaltigkeit, sowohl anorganischer wie organismischer, zugrunde liegt. Es ist ein anderer Stoffzustand. Indem dieser aus seiner Latenz heraustritt, aus seiner unseren Sinnen unzugänglichen Potentialität zur Aktivität hervorbricht, spaltet sich seine innere Einheitlichkeit und Einheit auf und erscheint so als eine Natur im äußeren Betracht.

Die Biologie gibt den Grundsatz der strengsten inneren Einheitlichkeit der Gesamtnatur preis, wenn sie zwei Zustände, die sich nun einmal mit keiner Denkkraft unmittelbar in der Außenwelt wesensmäßig ineinander überführen lassen, trotzdem unmittelbar hypothetisch miteinander verknüpft und dabei doch nur formale, nicht wesensmäßige Verbindungen herstellt. Das aber macht sie, wenn sie unbedingt auf der Außenlinie das Organismische aus dem Anorganischen historisch und gegenwärtig abzuleiten sucht. Auch die vitalistische Lehre kommt über diesen mechanistischen Irrtum nicht hinaus, denn sie setzt über das Anorganische einen neuen unbekannten Faktor, und läßt ebenso aus dem unorganischen Stoff durch Dominanz dieser Lebenskraft organismische Gebilde erstehen. Eine andere, ältere Theorie war da tiefsinniger: sie dachte sich alle Substanz ursprünglich als organismisch und leitete daraus das Anorganische ab. Tatsächlich sehen wir ja auch immerzu aus dem Zerfall oder durch die aktive Lebenstätigkeit der Organismen unorganische Substanz entstehen; wir brauchen, um ein ganz großes Beispiel zu haben, nur an die felsenbildende Wirkung von Korallen oder Kalkalgen zu denken. Doch mit jener Theorie war wieder nur eine Umkehrung der mechanistischen Urzeugungslehre gegeben, denn nun nahm man das wirklich Anorganische gewaltsam als Organismisches, der gleiche Denkfehler, nur mit umgekehrtem Vorzeichen.

Es ist für alle folgerichtige Forschung unerläßlich, ein unbedingt festzuhaltendes Forschungsprinzip anzuerkennen und danach unbeirrt zu verfahren. Ein anderes Prinzip — darin sind wohl alle einig — gibt es heute nicht als dieses eine: unter allen Umständen die Idee der inneren Einheit bei all der äußeren Mannigfaltigkeit des Naturgeschehens und der Naturzustände zu wahren. Wahrt man sie aber, so ist es undenkbar, daß man erfahrungsgemäß Unvereinbares auf unmittelbarem Weg gewaltsam verbindet; sondern da eben muß man nach einem Dritten suchen, das beides in sich schließt oder — entwicklungsgeschichtlich ausgedrückt — zu beidem werden kann, sich in beidem gleichzeitig zum Ausdruck bringt.

Man kann daher bei solcher erkenntnistheoretischen Strenge nicht Hypothesen beitreten, welche das Organismische aus dem Anorganischen historisch entstehen lassen; auch nicht Hypothesen, welche das Organismische nur durch Hinzukommen irgendeiner anderen dominanten Naturkraft erklären. Beides ist, biologisch gesehen, Materialismus. Denn es ist um nichts besser, zu sagen, es kam irgendwann einmal etwas hinzu, was den anorganischen Stoff zum Organismus gestaltete; oder zu sagen, dieser Stoff gestaltete sich von selbst einmal zum Organismischen. Im ersteren Fall ruft man nur einen Deus ex machina herbei, wo Menschenhilfe nicht weiterreicht, weil unser Verstand da ein unüberwindliches Hindernis findet; im letzteren Fall legt man in den anorganischen Stoff etwas hinein, was ihm nach aller naturgeschichtlichen Erfahrung an sich wesensfremd ist.

Der Weg zur Lösung unseres Problems und das einzig brauchbare naturphilosophische Denkprinzip liegt heute darin, sowohl das Anorganische im weiteren Sinn wie auch das Organismische als zwei gleich notwendige, sich in ihrem Sein unentwegt gegenseitig bedingende polare Darstellungen eines übergeordneten anderen zu begreifen. Wie weder ein Subjekt ohne Objekt, noch das Umgekehrte denkbar ist, oder wie der lebendige Leib und das Seelenhafte in ihm nur in und miteinander bestehen und kein Seelenhaftes ohne gleichzeitige Körperlichkeit, noch das Umgekehrte denkbar ist — so auch Anorganisches nicht ohne Organismisches und dieses nicht ohne jenes.

Betrachten wir es nun zeitlich-naturgeschichtlich. Denken wir uns, es sei irgendwann einmal der Augenblick eingetreten, wo aus dem Urzustand der Materie auf irgendeinem Weltkörper oder gleichzeitig auf vielen, die wir nicht kennen, Organismen auftraten, so muß notwendig zuvor ein ganz andersartiger Substanzzustand dagewesen sein. Es muß notwendig ein nach heutigen Begriffen vorstofflicher Zustand geherrscht haben, der sich wesenmäßig von allem Stoff unterschied, worin wir jetzt die Natur wahrnehmen und verstehen können. Denn unsere Sinnenhaftigkeit, womit allein wir die Welt, allen Stoff — organismischen wie anorganischen — wahrnehmen, ist ja selbst das Ergebnis einer schon vollzogenen Abspaltung des Anorganischen wie des Organismischen aus dem Urzustand. Wenn das Anorganische und das Organismische nicht von innen her lebendig verbunden, also eine beständig polare wechselwirkende Einheit in der äußeren unvereinbaren Zweiheit wären, so würde kein Organismus je imstande gewesen sein, eine vermeintlich nur anorganische, lebenslose Umwelt physiologisch und mit Sinnen aufzunehmen; es gäbe kein Mittel, zu sehen, zu hören, zu riechen usw.

So stehen wir vor der Alternative: Entweder sind Organismisches und Anorganisches, also mineralische Sphäre, auseinandergefallen in zwei getrennte Naturqualitäten, deren Grenze, wie wir sahen, unübersteigbar wäre; oder sie sind immerfort noch lebendige Einheit. Sind sie überhaupt Einheit — einen anderen Forschungsgrundsatz gibt es nicht —, so müssen sie innere Einheit, d. h. lebendige Einheit sein. Jedes muß das notwendige Korrelat des anderen sein, weil sie in einem polaren Verhältnis stehen, eines kann ohne das andere weder gedacht werden noch wirklich bestehen, sie müssen zwei gleichzeitige und gleichwertige Ausdrucksseiten ein und desselben Innen- und Urzustandes, eben des Urlebendigen sein.

Was aber kann, naturwissenschaftlich zu Ende gedacht, dieses seinem Wesen nach sein? Es kann, soweit unsere Erfahrung reicht, nur das sein, was wir als eine andere Natursphäre kennen, wenn auch selten anschaulich erleben und nur mit einer anderen Art Sinnenhaftigkeit gelegentlich aufnehmen. Es sind Zustände und Gestaltungsbilder, die weder mit der alltäglich uns zum Bewußtsein kommenden Zeit und Räumlichkeit noch mit den gewohnten Vorstellungen von Stofflichkeit eins sind. Aber wir kennen sie und wissen, daß sie existieren als Substrat alles physischen Geschehens. Sie sind unserem Menschentum, so wie es jetzt ist, wenig zugänglich. Wir haben die Sinnenhaftigkeit dafür entweder fast verloren, oder sie ist vom gewöhnlichen Wachbewußtsein stets überdeckt. Wenn sie im Traum uns zugänglich wird, bringen wir sie selten anschaulich mit herüber; oder wenn wir sie mit herüberbringen, kleidet sie sich im Bewußtsein und der wachen Vorstellung sofort eben in die solchem Bewußtsein allein gemäßen Formen von Zeit und Raum, Materie und Leben. Alle Erscheinungen des Hellsehens, des Vorausschauens, des Materialisierens, der Umgestaltung des Körperlichen im Zusammenhang mit Visionen, der Levitation und was es sonst noch geben mag — das alles sind die äußersten Spitzen des Schleiers, der für uns um jene andersartige, wenn auch durchaus naturhafte Zuständlichkeit gebreitet ist.

Hier haben wir also den „Urzustand" der physischen Körperlichkeit vor uns, den „Urstoff", woraus Anorganisches und Organismisches als zwei Seiten desselben Wesens quellen. Immer ist dieser Urstoff und Urzustand da; er ist nicht nur dagewesen. Niemals kann er etwa nur in grauer Vergangenheit dagewesen und dann verschwunden sein. Immer ist Natur die gleiche, in ihrem Wesen und in ihren Kräften. So ruht auch heute alles Organismische und Unorganische immer auf diesem Untergrund, dem im Seelischen das ebenfalls dem gewöhnlichen Wachbewußtsein Entzogene entspricht. Jeden Augenblick stellt sich Anorganisches und Organismisches neu daraus dar; jeden Augenblick sind diese beiden Stoff- und Weltzustände dessen Ausdruck und Manifestation, und sind bedingt von innen her gleichzeitig und aus derselben Quelle.

Das nun gibt uns einen Erkenntnisgrund für die eingangs erwähnte Möglichkeit einer gegenwärtig sich noch vollziehenden Neuentstehung von Materie im Weltall. Es gibt uns einen Erkenntnisgrund für die Denkmöglichkeit eines lebendigen Wesenskernes der Stoffatome, die ohnehin keine sichtbaren Realitäten, sondern Wirkungszustände und Wirkungssymbole sind. Es gibt uns auch Klarheit über einige andere Fragen der Naturgeschichte.

Vor allem darüber, wie es geschehen konnte, daß in der erdgeschichtlichen Entwicklung des organischen Reiches immerfort zugleich mit neuen Umweltzuständen auch neue Organismentypen kamen und als solche mit einemmal da waren; weshalb die anorganische Umwelt stets auch den neukommenden Organismentypen, den wechselnden Tier- und Pflanzengesellschaften entsprach, die sich doch selbst wieder aus zahllosen Typen zusammensetzten. Es ist ja eigentlich ein Wunder ohnegleichen, wieso etwa Jahrmillionen hindurch die klimatischen und sonstigen Zustände an der Erdoberfläche sich immer gerade in den dem Leben zuträglichen und sogar, physikalisch betrachtet, äußerst engen Grenzen hielten, innerhalb deren überhaupt Organismen existieren konnten. Nie ist die Lebenskette, der Lebensstrom trotz all den gewaltigen Umsetzungen von Land und Meer, Hochgebirgen und Tiefländern, Wärmezeiten und Eiszeiten jemals abgerissen. Warum ist, wenn wirklich die anorganische Umwelt innerlich unabhängig vom Organismenwerden wäre, denn nie der Wärmegrad von etwa 50 Grad dauernd erreicht oder überschritten worden; warum ist das Klima nie dauernd unter den Gefrierpunkt abgesunken, jenseits dessen ein solches Leben überhaupt nicht mehr hätte existieren können? Wohl deshalb, weil sich auch die anorganische Natur nie anders gestaltete als nur in steter, von innen her bedingter Beziehung zum Organismischen, ebenso wie umgekehrt. Nicht etwa die anorganische Umwelt war da und änderte sich allein für sich, dann

184

mußte sich erst das Leben wandeln, sich „anpassen", wie der entwicklungsgeschichtliche Ausdruck lautet, sondern beides wurde und wird in engster Korrelation miteinander und zueinander, aus dem ursprünglichen Zustand heraus als dessen zweiseitig sich darbietende Spiegelung, aber von innen her durchaus als Eines sich gestaltend. Es mag sein, daß diese Harmonie des inneren Geschehens wieder und wieder gestört werden konnte — die Erdgeschichte legt auch davon reichlich Zeugnis ab. Aus dieser Unterbrechung der polaren Gegenseitigkeit gingen dann eben auch im äußersten Fall die Katastrophen hervor (Abschnitt II,2); aber als Ganzes ist eine volle Gegenseitigkeit da.

Es soll nun gewiß nicht geleugnet werden, daß es Anpassungsvorgänge äußerer Art gibt, also über Generationen sich erstreckende Umwandlungen von Organismen infolge äußerlich rasch oder allmählich sich ändernder Lebensbedingungen; wir können es sowohl an vorweltlichen Artenreihen wie an lebenden Formen sehen (Abschnitt II,5), es besteht einfach die Tatsache, daß alle noch lebensfähigen Organismen bzw. Arten an ihre Umwelt und ihre Lebensnotwendigkeiten angepaßt sind. Aber das grundsätzliche Angepaßtsein der organismischen Grundformen ist von sich aus ein urtümlich gegebener Zustand, der bedeutet, daß die neu erschienenen Gestalten eben wegen der mitgebrachten Formung und Organbildung so oder so in der Umwelt leben, nicht sekundär von der zuerst existierenden Umwelt geformt oder zur Umformung gezwungen worden sind. Diese in der organismischen Gestalt liegende immanente Zweckmäßigkeit ist ein Urphänomen, es ist die nicht äußerlich durch Anpassungsvorgänge und spezialisierende Reihenbildung sich manifestierende „Urform" — auch dieses Wort nicht nur im Zeitlichen, sondern im wesenmäßig gegenwärtigen Sinn verstanden. Denn die „Urform" lebt dauernd in jeder noch so späten Art. Es ist das, was wir ausführlich als Unterschied zwischen Spezialisationsreihen und Grundorganisationen herausgearbeitet haben.

Jener von grundaus gegebenen immanenten Zweckmäßigkeit der organismischen Gestalt steht gegenüber die äußere akzidentelle Zweckmäßigkeit, die sich in physiologisch-morphologischen Anpassungsvorgängen durch engere oder weitere Zeitstufen hindurch kundgibt und dies wiederum auch in einem äußeren Zusammenhang mit der Umwelt. Da passen sich vorhandene Arten an, wenn die Umwelt sich ändert oder man sie künstlich in eine neue Umwelt versetzt, sie zeigen ihren speziellen engsten Gestaltungswechsel, vermöge dessen sie ihren Lebensraum erweitern oder sich für einen engsten Kreis spezialisieren. Solche von außen her geschehende Anpassung ist aber niemals geeignet, eine neue Grundform zu prägen, sie führt nicht zu einer neuen „Urform", die stets autonom von innen her aufbricht und von sich aus ihre Umwelt mitbringt.

Man beobachtet in der Erdgeschichte ganz deutlich, daß nicht etwa die großen Umsetzungen von Land und Meer oder die großen Gebirgsbildungen und Vulkanepochen das Leben besonders umgestalteten, sondern daß die grundlegenden Erneuerungen und Höherführungen des Baumes sich ebenso in ruhigen Zeiten vollzogen. In Wirklichkeit verstehen wir es jetzt anders: Es sind nicht dem Leben aufgezwungene Anpassungen, durch die der gesamte Baum heranwuchs, sondern durch den inneren Zusammenhang von anorganischer und Organismenwelt haben sich Erd- und Lebensgeschichte ineinander abgespielt. Die innere Natursphäre manifestiert sich in neuen Gestaltungen und Umgestaltungen beider Sphären gleichsinnig, gleichzeitig. Vorhandenes aber, schon Daseiendes trat in neue Gestaltung ein, erschien in neuem Zeitgewand, und so wechselten und gestalteten sich die Formen und Zustände der Erdoberfläche und des Lebens.

Wenn wir also jetzt mit dieser neuen Erkenntnis von einer Gleichzeitigkeit des Werdens im Organismischen wie im Anorganischen reden, so ist es nicht mehr jene innerlich unhaltbare Vorstellung, daß etwa Organismen aus anorganischem Stoff hervorgingen, sondern es ist eine notwendige Zweiseitigkeit alles physischen Werdens und Seins aus urlebendigem Untergrund heraus. Wie ein Organismus als solcher niemals existiert ohne die gesamten psychischen Felder, die ihm vermöge seiner Organisation und als Ausdruck dafür, daß er eben Lebewesen ist, zukommen, ebensowenig kann und konnte jemals im Weltall etwa aus uratomhaften Zuständen anorganischer Stoff von der Art unserer chemischen Elemente oder Verbindungen werden, ohne daß zugleich sein Korrelat, das Organismische, mit entstand, mit gesetzt war. Es gibt da keine Bezugslosigkeit des einen zum anderen. Das eine ist ohne das andere nicht nur nicht denkbar, sondern auch nicht existent. Auch in der grauesten Urzeit muß im physischen Kosmos immer notwendig und von innen her Organismisches hervorgetreten sein, sobald Anorganisches je hervortrat. Es muß stets ein schwesterlichbrüderliches Entstehen gewesen sein. Mithin kann auch das stoff-liche Weltall, wie es unseren wachen Sinnen zugänglich ist, nie von anorganischer Materie als solcher allein erfüllt gewesen sein. Ehe anorganische Materie ward, war nur vorphysischer Weltzustand. Und als anorganische Materie ward, war auch Organismisches da. Dies allein heißt, mit dem Begriff „Einheit des Weltalls, Einheit der Natur" wissenschaftlich, erkenntnistheoretisch Ernst machen.

Man spricht wohl zuweilen von „kosmisch", wenn man seine Verlegenheit verbergen muß darüber, daß man zwar etwas um jenen inneren Zusammenhang im Weltall weiß, aber doch nicht recht weiß, was man weiß. Mit der gleichen Verlegenheit hat man in der materialistischen Naturphilosophie von „monistisch" gesprochen. Nun, wahrer Monismus ist immer kosmischer Monismus. „Kosmisch" aber heißt: innere, lebendige Einheit der sichtbaren, der sinnenhaft wahrnehmbaren Natur, der anorganischen wie der organischen. Diese nur im Sinne aufeinanderstoßender Atome zu denken, ist hohl und leer; es sagt nichts, was uns einem Verstehen der Natur näherbrächte. Wir aber gebrauchen das Wort „kosmisch" und das Wort „monistisch" nun in voller Erkenntnis dessen, daß eine innere, eine lebendige Einheit besteht zwischen organismischer und anorganischer Welt in ihrem Sein und ihrem Werden. Auch „lebendig" wäre nur ein hohles Wort, wenn es nicht bedeuten würde, daß ein ursprünglicher, ein urlebendiger Wirkungszustand da ist, woraus dauernd notwendig und dauernd gleichzeitig beides quillt, und vermöge dessen allein es zutrifft, daß etwa der Sternhimmel auch die organismische und menschliche Natur spiegelt: der Makrokosmos den Mikrokosmos, und umgekehrt.

3. Metaphysik des Stammbaumes

Was ist eine Urform? Das Wort ist mehrdeutig. Zum ersten versteht man darunter die realistischen Anfangsgestaltungen des frühesten Lebens der Erdzeitalter, aus deren Fortentwicklung der ganze Stammbaum hervorsproßte; sodann im speziellen die geschichtlichen Anfangsformen einzelner Hauptäste und Gruppen des Tier- und Pflanzenreiches. Solche Urformen wären somit Primitivbildungen, deren Eigenschaften derart waren, daß aus ihnen alle spätere Mannigfaltigkeit einer solchen Gruppe „abgeleitet" werden könnte. Diese Ableitung kann formal-morphologisch, sie kann auch genetisch-evolutionär gemeint sein. Im letzteren Fall deckt sich das Wort Urform mit dem entwicklungsgeschichtlichen Begriff Stammvater. Die Urformen wären danach greifbare Wesen, die gegebenenfalls auch fossil überliefert sein könnten.

Das Wort Urform hat aber nicht nur diese doppelte realistisch-physische Bedeutung, sondern auch eine metaphysische. Eine metaphysische Urform ist ein naturgeschichtlich nicht unmittelbar greifbares Wesen, sondern in diesem nur als ihrem Symbol zu erschließen. Ist sie deshalb nur gedankliche Idealität? Nimmt man sie nur als das, so würde auch die natürliche Entwicklungslehre nur ein ideelles Bild der Lebensentfaltung bieten, nicht ein realistisches. Das Suchen nach Urformen oder nach der Urform wäre somit entweder reiner Begriffsidealismus oder es ist lebendige, nicht nur ideelle Metaphysik. Als Ausdruck von etwas Lebendig-Metaphysischem ist sie eine Lebensentelechie, eine Urpotenz, eine Ur-Sache, die in allen äußerlich wirklich erscheinenden Wesen da ist, in den ersten primitiven Formen des Gesamtlebensbaumes nicht weniger wie in den letzten, höchsten, also auch dem Menschen bzw. in den einzelnen enger gefaßten Gruppen als Spezialurform.

Nimmt man mit der gewöhnlichen Entwicklungslehre an, es habe einmal naturgeschichtlich sichtbare Urformen gegeben, so müßten es nach allgemein stammesgeschichtlichen Vorstellungen neutrale Arten gewesen sein, die in ihrem primitiven Formzustand nur unausgesprochene Körpereigenschaften besessen hätten. Solche gab es freilich nie; denn, wie wir schon einmal sagten, konnte kein sichtbares Wesen auch nur einen Tag lang existieren, wenn es nicht schon bei seinem ersten Erscheinen von sich aus auf die Erfordernisse der Umwelt eingestellt gewesen wäre. Diese Einstellung aber bestimmte sich aus der „Urform", und damit kommen wir an ihre innere Wirklichkeit heran. Die „Urform" ist eine innere formbestimmende Potenz in äußeren sinnfälligen Arten und Gattungen. Die Grund- oder Urform hat von sich aus und in sich den Sinn und die Möglichkeit, die Arten vom ersten Augenblick ihres äußeren Werdens an so zu gestalten, daß sie dauernd in der für Alle gemeinsamen Umwelt lebensfähig sind. Die Umwelt aber existiert nicht nur an sich, sondern wird auch dadurch mitbestimmt, daß jede lebensfähige organische Form von sich aus eine Struktur und Organbildung hat, gemäß deren ihr in der allgemeinen Umwelt eine besondere Lebensweise zukommt. Das vierfüßige Wirbeltier etwa ist von seiner „Urform" her als Vierfüßler bestimmt, aber es ist nicht aus irgendwelchen neutralen Fischen oder dgl. zu einem zunächst ebenso neutralen Ur-Vierfüßler geworden, indem ihm von außen her etwas zugetan oder es umgeprägt wurde. Wenn es von Fischen wirklich abstammen sollte (S. 124), so waren sowohl diese Fische wie jene Gestalten, die daraus als erste Vierfüßler entsprangen, nach außen hin doch wieder in besonderer Weise spezialisierte Wesen, nicht selbst neutrale „Urformen".

Jeder Organismus kann als reine Gestalt an sich gesehen werden, er kann zugleich auch als Anpassung an die Umwelt verstanden werden. Die reine Gestalt ist eine idealistische Form, ein Bauplan; die Anpassung bedeutet ihr Eingestelltsein auf die natürliche Umwelt. Der waagerechtachsige Vierfüßler ist ein bestimmter Bauplan (S. 106), aber so, wie er in wirklichen Arten lebt, ist die gesamte Körperform wie deren einzelne Teile und Organe zugleich eine Anpassung an die Umwelt. Die „Urform" aber ist nicht eine ideelle Abstraktion aus so und so vielen verschiedenen Vierfüßlern, sondern ist die Grundpotenz, aus der die Gesamtgestaltungen des Vierfüßlers lebendig hervorgehen. Diese Urpotenz oder Urform ist eine nicht äußerlich sinnenfällige, sondern innere höhere Wirklichkeit im wörtlichsten Sinn, sie ist metaphysische Realität in allen Arten und Gattungen etwa einer Stammreihe oder des Gesamtlebensbaumes, die alle als ihr Symbol bestehen, und ist in den ersten frühesten wie in den letzten spätesten in mannigfaltiger Weise manifestiert.

Was ist nun die metaphysische „Urform", die grundlegend metaphysische Urpotenz des Gesamtlebensbaumes? Der Mensch. Wie ist das zu verstehen? Wir wollen es genauer darlegen.

Um Metaphysisches zu begreifen in seiner Realität, muß man gewissermaßen es in paradoxe Sätze fassen, weil wir alle inneren Beziehungen nur mit Hilfe äußerer Bilder aussprechen können; wir müssen der äußeren Natur Bezeichnungen entnehmen und müssen sie in übertragenem Sinn verstehen. Und dadurch erscheinen sie, wörtlich genommen, paradox. Es ist weiter zu beachten, daß im Metaphysischen das in der Zeit sinnenfällig Spätere dem Wesen nach das Zuvorbestehende, Ursprunghafte sein kann. Es ist also ein in sich zurückkehrendes Denken. Nur dadurch läßt sich das Nachfolgende verständlich machen.

Alle einst oder heute lebenden, also äußerlich wirklichen, nicht konstruktiv erdachten Lebewesen müssen am Gesamtlebensbaum als Äste und Zweige gesehen werden, während der durchgehende Stamm selbst unsichtbar bleibt, als Keimbahn (S. 131) vielleicht bezeichnet werden kann oder höchstens, wie das die frühere Entwicklungslehre vielfach tat, hypothetische formale Namen bekommt. Der lebensvolle Zusammenhang der wirklichen Arten, nämlich der gesuchte Stamm des Baumes, bleibt so durchweg eine nirgends mit physischen Gestalten belegte Idealität. Der Stammbaum repräsentiert also lediglich eine ideale Systematik und gibt diese bildlich wieder, aber er zeigt nicht den naturhistorisch gegenständlichen Zusammenhang der Gruppen oder der Grundorganisationen engerer oder weiterer Art. (Abb. 44.) Wenn wir der Systemanordnung eine geschichtliche Realität als genetisches Werden zuschreiben, so tragen wir etwas hinein, was naturhistorisch sichtbar nicht gegeben ist. Es ist aber metaphysisch gegeben.

Wir dürfen den Menschenast im Bild nicht so zeichnen, als ob er aus dem Tier hervorginge, sondern müssen, umgekehrt, seine Anfangsform als den Grundstamm angeben, aus dem Seitenzweige hervortrieben, die allesamt tierische oder auch mehr menschenartige, aber durchweg tieferstehende Gestalten sind und nun demgemäß als seitlich aus der Menschenbahn Abirrende erscheinen, und zwar mit Einschluß des Jetztweltmenschen selbst.

Eben aber dieses Stammbaumbild kann man ganz folgerichtig und sogar mit eingehender anatomischer Begründung auf alle Gattungen des Tierreiches, die je lebten, also auf den gesamten Großstammbaum ausdehnen, weil jedes wirkliche heutige oder urweltliche Tier dem höchstorganisierten Geschöpf, dem Menschen, gegenüber notwendig als einseitig spezialisiert erscheint. Das Ziel und der letzte Ast des Gesamtlebensbaumes, entwicklungsgeschichtlich gesprochen, ist der Mensch. Also sind sämtliche wirklichen Tiere, von denen keines in seinen unmittelbaren Stammbaum gehört, auf dem Weg zum Menschen schon zu früh seitwärts abgelenkte Zweige. Je früher also in der Erdgeschichte organische Formen auftraten, um so niederer, d. h. um so einseitiger tierhaft, um so menschenfremder müssen sie gegenüber dem Endzweig gewesen sein. Und das zeigt jedes Blatt der Erdgeschichte ganz eindeutig: je früher in der Zeit desto weniger menschenhaft.

Insbesondere auch die geologisch verschiedenalterigen Menschenaffen sind um so weniger menschenähnlich, je früher sie in der

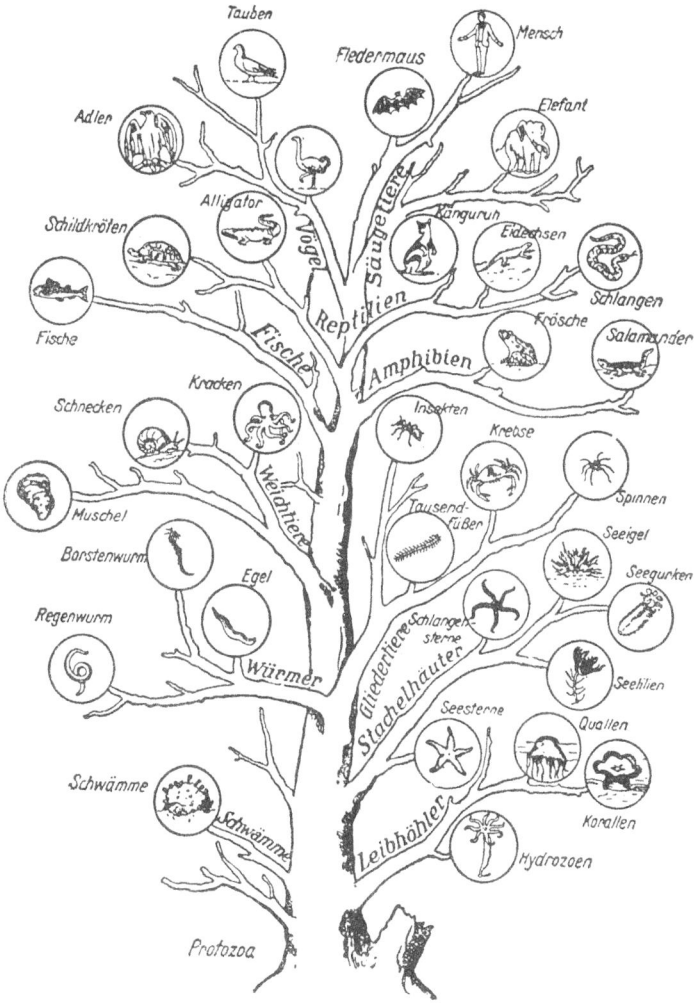

Abb. 44. Baumförmige Darstellung des Tierreiches, angeordnet nach der Organisationshöhe der Grundbaupläne; in den Ästen und Zweigen belegt mit wirklichen Lebewesen, während die Stammwurzeln der Hauptgruppen sowie der zentrale innere Stamm keine sinnenfällige, sondern nur metaphysische Realität hat

191

Zeit erschienen. Weiter der frühe Steinzeitmensch und die heute noch ihm nächst ähnlichen niederen Rassen (Australier, Neukaledonier) sind schon wesentlich vollmenschenhafter als jene Affen; und der alte ausgewachsene Mensch unserer Rasse ist auch schon wieder etwas affenhafter in bezug auf den idealen Volltypus. Vom Standpunkt des Naturforschers ist nun gar nichts dagegen zu sagen, daß sich genetisch-wirklich einmal oder mehrmals Tier aus dem spezifischen Menschenstamm abspaltete. Es kann sehr wohl sein, daß die Menschenaffen einseitig in ihrer Bahn abgewandelte Spezialzweige des Urmenschenstammes sind; wir sprechen auch den fossilen „primitiven" Steinzeitmenschen unbedingt als zum echten Menschenstamm gehörig an; aber er ist, wie wir im Abschnitt II,6 ausführten, eine Überspezialisation über den Vollmenschen hinaus seitwärts. Entwerfen wir daher wieder einen dies darstellenden Stammbaum, der Wirklichkeitswert, nicht bloß formalen Sinn hat, so sind alle höheren Säugetierwesen mitsamt den Menschenaffen, den Eiszeitmenschen und, wie bemerkt, auch dem Jetztmenschen, aus einer höheren, nicht niedrigeren Grund- und Urform abzuleiten. Es ist also eine wahre Deszendenz.

Jetzt sehen wir sozusagen ein doppelsinniges, ein geradezu paradoxes Abstammungsverhältnis vor uns. Denn einerseits erkannten wir, daß sowohl der „primitivere" Steinzeitmensch wie die jetzigen „primitiven" Rassen, aber auch die ausgewachsenen Individuen unserer höheren Rasse immer noch nicht völlig an jenes ideale Formenstadium herangekommen sind, das wir als höchsten Formzustand der wahren Urform „Mensch" ansehen dürfen; andererseits erkannten wir, daß der Mensch mit der gesamten organischen Natur offenbar ausging von einer höchsten Urform, zu deren Verwirklichung er seiner ganzen Uranlage nach bestimmt und berufen ist. Diese Urform ist also sowohl Ursprung wie Ziel! Die naturhistorische Menschenentwicklung stellt sich somit dar als ein ursprünglicher Ausgang und Abstieg aus höherer metaphysischer Gestalt, wie sie auch dorthin zurückführt. Die Entwicklung ist ein geschlossener Zyklus. Die tierische Entwicklung um den Menschen herum und die ihm zeitlich erdgeschichtlich vorausgegangene ist zugleich die naturhistorisch vollzogene Abstoßung der tierischen Potenzen jener metaphysischen Urform und dient der allmählichen Wiedergewinnung seiner urgründigen, ursprünglichen höheren und höchsten Urgestalt.

Je weiter also in der Zeit die Entwicklung des organischen Reiches fortschritt, um so idealmenschenähnlicher ward das Tierische, das entstand. So kommt es, daß die erdgeschichtlich ältesten frühesten Wesen, wie wir sagten, am wenigsten menschenartig waren, daß später mehr und mehr die höheren Organisationsstufen sich auftaten, daß wiederum unter diesen die menschenähnlichsten zuletzt erschienen, und daß die physische Menschengestalt unserer Art erst ganz zuletzt sichtbar wird. Alles aber ist Auseinanderlegung, Abspaltung aus der Urpotenz, der „Urform Mensch".

Will man nun an der Grundidee der natürlichen Entwicklung festhalten — und man wird es als Naturforscher doch wohl müssen — so kommt man notwendig dazu, den Menschen als „Urform" überhaupt allem Lebendigen zugrunde zu legen. Und zwar, um es noch einmal zu wiederholen, in folgendem Sinn: Keine irgend uns bekannte jetztweltliche oder urweltliche Gattung und Form ist so gestaltet, daß man sie in den Stammbaum des Menschen als des höchsten Geschöpfes hereinnehmen könnte. Alles ist seitab entwickelt von der Bahn zu dieser Höhe. Ist aber alles seitab entwickelt und besteht dennoch, wie wir glauben, ein entwicklungsmäßiger, naturgeschichtlicher Zusammenhang zwischen allen Lebewesen und dem Menschen, dann ist eben der Mensch als das zuletzt höchste eben zugleich auch die durchgehende „Urform" des organischen Reiches.

Da wir gesehen haben, daß etwa die Menschenaffen, also Tier vom Menschen herkommt, nicht er von ihm, so haben wir das Recht, an einer natürlichen Entwicklungslehre festzuhalten, wenn es auch nicht die alte Stammbaumtheorie sein kann. Es ist also anzunehmen, daß sich Tierisches immer menschenähnlicher gezeigt hat, je später am idealen Stammbaum es seitwärts entsproßt ist. Darum erscheinen im Lauf der erdgeschichtlichen Epochen ganz folgerecht immer menschenähnlichere Tiere; zuletzt die Menschenaffen, dann ganz vor kurzem der noch etwas pithekoidere Eiszeitmensch, die Australier usw. Wenn man also überhaupt an dem naturhistorischen Prinzip der Entwicklung festhält — und man muß dies meines Erachtens —, so ist die Lehre, daß das Tierreich der auseinandergelegte „Mensch" ist, ein den wissenschaftlich gegebenen Tatsachen besser angepaßter Ausdruck als die bisherige Stammbaumlehre, wonach der Mensch ein spätes Ergebnis, womöglich noch eine Art Zufallsprodukt sei.

Nur indem man die tiefere erkenntnistheoretische Erfassung der Abstammungslehre völlig vernachlässigte, konnte man übersehen, daß mit der seinerzeitigen Einführung des Begriffes Entwicklung, insbesondere einer Entwicklung des Höheren aus dem Niederen, auch die uralte Idee vom Menschenwesen als dem inneren Sinn, der innersten Potenz der Entwicklung notwendig als Bild in den Gang naturwissenschaftlicher Betrachtung mit übernommen war. Konnte man doch nicht sinnvoll behaupten, das Höhere stamme real vom Niederen ab, ohne zugleich klar zu sehen, daß das Höhere seiner vollen Potenz nach schon in dem Niederen lebendig bestehen, wenn auch noch nicht sofort offenbart sein müßte. Gibt es überhaupt eine naturgeschichtliche organische Lebensentwicklung durch die Zeiten der Urwelt bis hierher, so muß notwendig die höchste und vollendetste Form zugleich Sinn und Inhalt der „Urform" dieser ganzen Lebensentwicklung sein. Damit aber mündet die naturgeschichtliche Entwicklungslehre erkenntnismäßig klar wieder mit reicheren Kenntnissen in die Metaphysik ein, aus der sie mit allen ihren Begriffen von „höher und niederer", „primitiv und vollkommen", „Entwicklung und Fortschritt", „Art, Gattung und Urform" überhaupt kam.

Es ist eigentümlich und verrät unbewußt etwas Richtiges, wenn man die realistische Abstammungslehre alsbald „Deszendenztheorie" nannte, als sie aufkam. Dieses Wort bedeutet, daß die Entwicklung des Lebens wesensmäßig nicht von unten nach oben, sondern von oben nach unten, also von einem höheren Gesamtzustand aus geschah. Äußerlich gewiß geht es in der sinnenfälligen Erscheinung von unten nach oben, wesenhaft aber von oben nach unten. Wäre man innerlich ganz überzeugt, daß zuerst primitivste Wesen lebten, die nichts in sich hatten als nur diese Primitivität, dann aber durch „Hinzukommen" neuer Eigenschaften immer „mehr" wurden, Höheres wurden, in immer höhere Organisationen eintraten, so hätte man doch eigentlich von „Aszendenztheorie" sprechen müssen. Es ist aber erkenntnistheoretisch eine unmögliche Vorstellung, daß sich aus etwas wirklich „Niederem" je ein wirklich „Höheres" entfalten konnte. Das wesenhaft Niedere kann nicht das wesenhaft Höhere hervorbringen; nur das Umgekehrte ist möglich.· Was sollte denn in dem wirklich Niederen entfaltet werden? Das wird nur dann möglich, wenn das Höhere seiner ganzen Potenz nach in dem Niederen mitenthalten ist. Hier darf nicht die formal niedere, äußere sinnenfällige Form mit dem entwicklungsfähigen Wesenskern in ihr verwechselt werden.

Die Frage spitzt sich also dahin zu: Waren in den ersten Lebewesen der Erde, sofern alles eines Stammes ist, schon die Potenzen zu den höheren und zum höchsten der Wesen, dem Menschen, enthalten?

Hier stehen wir vor dem letzten großen Problem der Abstammungslehre, das man immer beiseitesetzte. Und doch kann die Tiefgründigkeit der natürlichen Entwicklungsfrage gar nicht erfaßt werden, wenn man auf dieses Problem mit seinen letzten Folgerungen nicht eingeht. Denn das naiv realistische Hantieren mit äußeren Formen und dem vermeintlichen „Hinzukommen" stofflich gebundener Eigenschaften, wie die Aneinanderreihung von Arten zu „Stammbäumen", dringt gar nicht bis zu dem letzten Kern der ganzen Frage vor. Waren schon in den ersten Lebewesen die Potenzen der späteren mitenthalten, so muß der gesamte Lebensbaum die Entelechie der Gattung „Mensch" in sich dauernd mitgeführt haben. Dann aber ist, wie wir mehrfach wiederholten, alles, was an Tierformen im Lauf der Zeiten auf Erden erschien, Ableger aus dem metaphysischen Grundstamm, der Urform „Mensch". Der Wesenskern des Menschseins ist die längst gesuchte Wurzel des Lebensbaumes und ist sein mit äußeren sinnfälligen Arten nicht belegbarer Stamm.

So muß man sich weiter vor Augen halten, daß vielleicht gerade Einfachheit der Gestaltung zugleich auch die größere und immer größere Vervollkommnung in sich birgt und selbst so im Wesen schon die Vollkommenheit und Vollendung einschließt; daß die volle Offenbarung der „Urform" auch am Ende steht und vielleicht gerade erst dort am klarsten sich manifestiert; daß der Mensch um so vollendeter, um so reiner menschlich und zugleich um so ursprünglicher erscheint, je später er aus diesem natürlichen Entfaltungsprozeß hervortritt; endlich daß es kein innerer Widerspruch ist, von einer Gestalt höchster Organisationshöhe und eben doch zugleich größter Einfachheit zu sprechen.

Doch darf kein Mißverständnis aufkommen, wenn man sagt, die organische Welt habe sich aus dem Stamm des Menschen abgespalten und in ihrer jeweils eingeengten Weise einseitig abgezweigt. Man darf es sich nicht so vorstellen, als ob die physische Menschengestalt immer in der Außenwelt dagewesen sei und nun zeugungsmäßig, genetisch Tier hervorgebracht hätte; es mag so sein, insbesondere im Fall der Menschenaffen, die mindestens aus einer schon sehr menschenhaften Wurzel sich abspalteten; doch ist das noch unbestimmt. Weiter ist der Irrtum fernzuhalten, daß die aus der Erdgeschichte bekannten Gattungen und Arten der Organismen unmittelbar die ehemalige Form des Menschen als solche darstellten; oder daß der Mensch durch diesen Auseinanderlegungs- und Abspaltungsvorgang selbst schließlich übriggeblieben wäre wie eine Art Verdünnung der Erbmasse. Das wäre äußerlich und höchst oberflächlich. Denn das Werden der Natur ist kein quantitativer Prozeß und das Werden des Menschen keine Subtraktion — so wenig wie eine Addition, obwohl man dies gemeint hat, als man darwinisch dachte. Wohl aber ist alle Natur Auswirkung metaphysischer Potenzen, und so gesehen ist auch der organische Entwicklungsvorgang Auswirkung der im Menschen beschlossenen Kräfte. Hatte also der Mensch zu irgendeiner erdgeschichtlichen Zeit etwas Amphibienhaftes oder etwas Krebshaftes oder sonst dergleichen körperhaft an sich, so war dies nicht die Amphibiengestalt, die Krebsgestalt, wie wir sie fossil in der Erdgeschichte so oder so kennen; sondern diese selbst sind die aus dem Metaphysischen hervorgetretenen Manifestationen seiner metaphysischen Urform, sind lebendige Symbole für sein aus dem Urgrund der Natur hervortretendes Wesen, das sich nun in der physischen Welt ebenso körperhaft entwickelt und teilweise auch einseitig auf eigener Bahn ausbildet wie die übrigen Tierwesen.

Entwicklungsgeschichtlich ausgedrückt also heißt dies: Es mußte sich aus dem schon in den physischen Anfangszuständen des Lebensreiches grundsätzlich bestimmten Urstamm genetisch Tierisches immer deutlicher, immer menschenähnlicher abtrennen, abspalten, damit immer reiner und reiner, immer unbelasteter vom Tierischen, immer urbildmäßiger die physische Menschengestalt, wie wir sie am Ende der Zeiten kennen, erscheine. Deshalb kommt der Vollmensch erst am Ende, obwohl die Entelechie Mensch die organische Urform selber ist. Man muß somit, wie schon angedeutet, durchaus in diesem paradox erscheinenden Doppelsinn zu denken wissen, um dem Entwicklungsproblem in seiner ganzen Tiefe gerecht zu werden; mit dem äußerlichen Realismus und Empirismus ist es nicht getan.

Das sieht nun alles so aus, als ob damit der stärkste Widerspruch gegen die realistische Abstammungslehre angemeldet sei und wir diese in eine idealistische Formenlehre oder eben nur in

Metaphysik überführen wollten. Aber wie eingangs schon erwähnt, handelt es sich hier nicht um ein Entweder-Oder, sondern um ein Sowohl-Alsauch. Denn Physik und Metaphysik als Erfahrungswissenschaften sind zwei notwendig zusammengehörige Pole der Erkenntnis; keiner kann ohne den anderen existieren. Wir wollen also nicht die natürliche Entwicklungslehre beseitigen, sondern sie zum Bewußtsein ihres eigenen und wesentlichen Inhaltes führen. Hat sie doch selbst, wenn auch ohne es deutlich zu bemerken und es erkenntnistheoretisch ganz durchschaut zu haben, im Grunde stets dasselbe gemeint, was wir hier darlegten. Sie sagt: Der Mensch hat sowohl in seiner Keimesgeschichte wie auch als erdgeschichtliche Artenreihe viele Stadien, und zwar vom ursprünglich einzelligen Tier ab durchlaufen. Es geht also der Stammbaum und damit der Menschenstamm bis auf das „Urtier" zurück. Aber — so sagte sie weiter — nicht ein heutiges Säugetier, nicht ein heutiger Fisch, nicht ein heutiger Wurm, nicht ein heutiger Einzeller sind Ahne des Menschen, sondern irgendwelche, noch unbekannte vorweltliche Stadien oder Gattungen. Nun kennen wir aber, wie schon gesagt, gar keine vorweltlichen Gattungen und keinen Typ, den man für den Menschenahnen ansprechen könnte; alle sind sie aus der idealen Stammbahn herausgetreten, alle sind sie einseitig spezialisierte „Sackgassen", die nicht weiter hinaufführten. Sie sind, projiziert auf die hypothetische Gesamtstammbahn, die ja die des Menschen ist, alle einseitig abgeirrt. Wo sind also in der Erdgeschichte und unter den realen, nicht hypothetisch konstruierten Formen die Ahnen des Menschen? Nun, sie existieren und existierten gar nicht in Form wirklicher Tiere. Mit anderen Worten: Der „Mensch", d. h. die Entelechie Mensch, ist der umfassende Grundstamm, die „Urform", die durch alles fortbesteht und die gegen das Ende der Zeit mehr und mehr sich manifestiert. Die ganze Tierwelt zeigt auseinandergelegt alles, was der Menschenstamm, von seiner Urform her potentiell, entelechisch enthält.

Es ist also — und die alte Stammbaumlehre enthielt unbewußt denselben Sinn — der Mensch die grundsätzliche Urform deshalb, weil er das Höchste ist. Die Tierwelt, wie sie wirklich ist und war, ist aus der Menschenbahn oder der Bahn zum Jetztmenschen einseitig herausgetreten, abspezialisiert, überspezialisiert. In aller naturhistorischen organischen Entwicklung liegt der Mensch; aber nicht zuletzt und zufällig, sondern grundsätzlich und von Anfang an. Wenn es jemals eine physisch-physiologische „Urform" in ältester, erdgeschichtlicher Zeit gab, war es die Urform des Menschen und deshalb die der Tiere und zuletzt auch der Pflanzen. Die Entwicklung des Lebensreiches ist, metaphysisch und physisch gesehen, die Offenbarung der Entelechie des Menschen.

Das ist die lebensvolle Metaphysik der natürlichen Entwicklungsfrage. Der Mensch ist die potentielle wirkliche innere Grundform des Lebensreiches und doch als äußere sinnfällige Gattung, soweit wir es bisher durch die Fossilfunde beurteilen können, die zeitlich späteste Gattung des gesamten Lebensbaumes. Aber wir müssen uns wiederum in einem Paradoxon bewegen: jene innere höchste Grundform, jene „Urform" hat niemals als solche in der äußeren Natur als physische Art gelebt und lebt auch nicht als heutiger Mensch physisch. So wenig wie je in irgendwelchen erdgeschichtlichen Zeitepochen und Lebensräumen irgendeine heutige oder fossile Grund- oder Urform in der Natur sichtbar wurde, sondern wie alle wirklichen Lebewesen stets mehr oder weniger einseitig spezialisiert war, ebensowenig hat in der äußeren Natur jemals die Menschenurform als solche existiert, sie ist durchaus metaphysisch, aber in allen Menschenarten anwesend. Und so war sie eben doch in einem höheren Betracht stets wirklich und ist es bis zur Stunde. Vielleicht ist aber der Vorgang der Entwicklung auch heute noch nicht abgeschlossen. Es könnte sein, daß die noch mögliche höhere physische Menschenform uns, wie wir sind, ebenso einmal als Seitenzweig hinterläßt, wie es schon mit den Menschenaffen und den neandertaloiden Frühmenschen geschah, und sich dann vielleicht als Vollendung des Gesamtstammbaumes schließlich enthüllt.

Durch solche Betrachtungen erscheint die natürliche Entwicklungslehre mit dem mythischen Untergrund verbunden, von dem nicht nur alle religiösen, sondern alle urwissenschaftlichen Überzeugungen von jeher ausgegangen und im weiteren Verlauf immer wieder befruchtet worden sind. Wir haben durch diese Darlegung die äußerlich kausale mit der innerlich finalen Betrachtung nun in Einem beisammen, wo sie sich nicht mehr widersprechen, sondern sinnvoll stützen und zusammenschließen. Wir können alle Geschichte des Lebens auf der Erde durchaus realistisch nehmen und dennoch sehen, wie die ganze Entfaltung ein lebendiges, nicht nur ein formell ideelles Symbol des Menschenwerdens ist.

Wir unterscheiden zwischen der sinnenhaften äußeren Gegenständlichkeit und dem, was sie lebendig darstellt, wovon sie Ausdruck, Manifestation, wofür sie lebenswirkliches Symbol ist. Wir müssen, philosophisch ausgedrückt, aus dem plumpen Realismus einer äußerlich mechanischen Entwicklungs- und Abstammungslehre zum Sinn, zur Bedeutung der Art hinsichtlich der Menschenurform kommen. Das Äußere, die Individuen, die Arten, die Reihen, welche über die Bühne der Erdgeschichte dahingingen, sind dafür Symbol. Damit drängt alle Beschreibung und Erklärung organischer Formen, wie zuletzt überhaupt alle Erforschung der Natur, zu einer Symbolik. Die ganze neuzeitliche Abstammungslehre ist, ohne es zu wissen, eine besondere Art metaphysischer Symbolik von der Entstehung und Entfaltung des Lebens auf der Erde. Und da nach dieser Lehre in ihren verschiedenen Abarten der Mensch, sei es als letzte Spitze, sei es als alter Stamm, sei es, wie wir meinen, als innerlich zentraler Stamm dieses Lebensganges erscheint, so ist jene Lehre — in modernem Zeitgewand — zugleich eine neue Form, eine neue Umschreibung und Wahrnehmung des uralten Mythus vom Werden des Menschen. Ein neuerer Schriftsteller hat wohl recht, wenn er sagt: „Jede spätzeitliche Wissenschaft am Ende einer Kultur gibt die erneute Wiederholung und Bestätigung uralter naturphilosophisch-religiöser Überzeugungen in neuem, intellektualistischem Gewand."

Wir erkennen, daß auch die moderne Abstammungslehre, zu Ende gedacht, den Menschen wieder in die zentrale Stellung hineinrückt, aus der man ihn — gerade durch die Abstammungslehre — verstoßen glaubte.

4. Magische Verwandtschaft von Mensch und Tier

Schon ein uraltes Fabelbild, ein Tierkörper mit Menschenangesicht, stellt uns vor die ewige Frage: „Was ist der Mensch?" Wir wissen ja, daß wir von Natur aus einen tierverwandten Körper haben, daß aber der Geist, der uns urbildhaft innewohnt, darüber hinaus zu streben trachtet in ein Reich der Befreiung aus allen Gebundenheiten des sterblichen Daseins. Und doch sehen wir uns immer und immer wieder, seit die Welt steht, an das Tierhafte gebunden.

Schon in ältesten Mythen und Sagen, später in den mythenhaften Märchen treten uns tierhafte Gestalten entgegen, mit denen

der Mensch spricht, die er scheut und die ihn verfolgen oder die
er bändigt: am Himmel der große Drache, der riesige Stier, auf
Erden die drohende eherne Kuh, die böse Schlange, unter der
Erde der Lindwurm und die tragende Schildkröte. Aber auch
phantastische Gestalten, etwa die beflügelten Greife, die ehernen
Vögel, die krallenbewehrten schönen Sirenen, die fischleibtragenden
Nixen: überall wimmelt es in der Vorstellung früher Menschen
von solchen teils wie wirklich anmutenden, teils phantastischen
Tierbildern.

Doch wollte man meinen, dies seien nur Frühphantasien eines un-
reifen Menschentums, so wird man bald eines anderen belehrt,
wenn man auf hoher Kulturstufe stehende Völker des Altertums
gewahrt und sie ausgesprochene Tierkulte als höchst ernsthafte
Daseinsangelegenheit pflegen sieht, die sie geradezu als Mittelpunkt ihres religiösen und staatlichen Lebens betrieben. Blicken
wir nur einmal zurück zu den herrlichen Städten und Tempelan-
lagen der Babylonier, Assyrer, Ägypter, Chinesen und Inder, wo
die Lebenskräfte der kosmischen und irdischen Götter geradezu
als Tiergestalten oder Menschengestalten mit Tiergesichtern dargestellt und kultisch verehrt werden. Oder gehen wir hinüber nach
Mittel- und Südamerika, wo bis zur Entdeckung und Eroberung
durch die Spanier vom 15. zum 16. Jahrhundert noch die gewaltige Maya- und Toltekenkultur bestand mit ihren großartig auf-
gebauten Bergstädten und den mit unvorstellbarem Goldreichtum
ausgestatteten Tempeln — hochkultivierte Völker, so wie hier in
der Alten Welt einst die Babylonier und Ägypter, in noch unauf-
gehelltem Zusammenhang mit ihnen stehend: auch bei jenen West-
völkern ist die Sonnenreligion unterbaut und durchzogen von
fabelhaften Tiergestalten und tierhaften Dämonen, die teils als
Abscheu erweckende Wesen dargestellt sind, teils aber auch Köni-
gen gleichen, denen man opferte, denen ihr religiöses Brauchtum
galt. Oder erinnern wir uns, wie das Volk Israel in seiner frühge-
schichtlichen Verfassung hin- und hergerissen ist zwischen seinem
Eingott Jehova und den heidnischen Tiergöttern; wie sie am
Sinai in der Wüste sich ein Götterbild, das goldene Kalb machen,
es umtanzen, es kultisch verehren und Hilfe von ihm in der Not
der Wüste heischen; wie sie so mit der Tiergestalt Zauber treiben,
nicht anders wie alle die genannten Völker des Altertums; oder
wie sie dem Moloch huldigen, wo diesem Stiergott sogar Menschen-

opfer dargebracht werden. In was für Abgründe menschlichen Denkens und Leidens blicken wir da!

Aber nicht nur das Tier selbst und die untermenschliche Naturwirkung wird unter dem Bild solcher Wesenheiten verehrt und als Tiergottheit erfaßt, sondern auch das Weltall, der Kosmos, die Sternenwelt und ihre geheimnisvollen Zeichen werden teilweise als Tiere erkannt. Das ist eine der Grundlagen uralter Astronomie und Astrologie gewesen. Der Sternenkreis, den die Sonne während des Jahres durchläuft und in dem der stetig sich verlegende Schnittpunkt ihrer Bahn mit jenem der Erdbahn in 21 000 bis 26 000 Jahren umläuft — auch diese Sternenbilder erscheinen als Tierwesenheiten, haben Tiernamen bekommen. Ihre Beziehungen zum irdischen und menschlichen Dasein wurden den Damaligen irgendwie nur erkennbar und bewußt als tierhafte Wesen.

Was bedeutet das alles? Worauf beruht es? Von allen Wesen der Natur steht dem Menschen entwicklungsgeschichtlich das höhere Tier am nächsten, seelisch und körperlich, und so ist auch die Naturseele des Menschen eine mit der Tierseele verbundene Wesenheit. So mag es geschehen, daß dem naturnahen Frühmenschen die Wallungen und Wirkungen der Natur vor allem als Tiergestaltungen in seiner eigenen Seele erschienen, die vielfach menschliche Eigenschaften hatten, denn eben dies ist zugleich die Grundform seines unbewußten Empfindens und Erlebens der Natur, eine Grundform, in die er seine Eindrücke unbewußt kleidet.

Wenn uns Spätmenschen, die in einem anderen Licht der Erkenntnis wandeln, solche uralten Beziehungen unerklärlich sind, so dürfen wir diese nicht nach unserer Art zu denken und zu forschen beurteilen wollen. Die Frühmenschen standen ersichtlich der Natur noch näher als wir, was nur besagen soll, daß sie seelenhaft noch unmittelbarer mit dem Weben und Wirken des Alls verknüpft waren und deshalb unmittelbarer erlebten als wir. Schopenhauer hat dafür den Begriff des Natürlich-Somnambulen geprägt. Der Mensch war mehr traumhaft unbewußt mit dem ebenfalls unbewußten Schaffenswesen der Naturseele verbunden. Dieses aber vermittelte seinen nur langsam zum Hellbewußtsein erwachenden Sinnen so gewaltige Eindrücke, daß er nur in übermächtigen Bildern fassen konnte, was ihm so aus dem Innern der Natur an Unaussprechlichem und verstandlich Unfaßbarem zukam. Er schaute gewissermaßen wie in einen wasserdurchzogenen Urwald, sah darin Unendliches, Unzähliges an Gestaltung und Auswirkung, an Wer den und Vergehen — so wie wir jetzt in unseren Träumen, über die wir nicht Herr sind, endlos wechselnde Bilder und unverständliche Zustände vor uns sehen, denen wir mit dem Verstand nicht beikommen und die wir auf uns wirken lassen müssen, ob wir es wollen oder nicht. Erwachen wir dann, so stehen wir nachhaltig unter der Wirkung solcher Träume, obwohl sie weder von uns geschaffen noch denkerisch verarbeitet sind, die daher in unserer äußeren Verstandeswelt ganz unwirklich erscheinen und von denen wir trotzdem beeindruckt, ja gefesselt sind. Auch da ist oft Unaussprechliches und Unverstandenes in eindrucksvolle Bilder gegossen. So, aber in noch viel tiefgründigerem Maß, konnte auch der mythenschaffende Frühmensch nur in Bildern seine traumhaft geschauten Eindrücke aus dem Weben der Natur in sein Wachbewußtsein herüberbringen.

Die Frühmenschen waren natursichtig. Sie erkannten, unmittelbar seelisch erlebend, gewisse Grundzustände und Grundkräfte im Walten der Natur und sahen, wie die verschiedenen Gestaltungen auf gemeinsamen inneren Beziehungen und Entsprechungen zueinander beruhten und wie man daher aus dem Zustand und der Veränderung des einen die des anderen ablesen kann. Darauf beruht alle Naturmagie. Unter diesem stetigen Einfluß ihrer Erkenntnis standen sie eben in magischer, nicht mechanischer Beziehung zu diesen Naturkräften, die sie sich zunutze machten, denen sie aber auch nachgehen und in mancher Hinsicht zu Willen sein mußten. Darauf beruhte ihre ganze Lebenshaltung, der Kult von Göttern und Dämonen, die Behandlung der Naturgeister. Diese magische Welt- und Seelenverfassung endet bei den vorchristlichen Religionen in hohen Götterkulten; in primitiver Gestalt zeigt sie sich aufs innigste in den echten Märchen; in dämonisch bedrängter Form bei den niederen Naturvölkern. Dies alles brachten sie, da die Natur von ungeheurer unberechenbarer Gewalt und in ihrem Wirken von überwältigender Mannigfaltigkeit ist, in bestimmte „religiöse" Regeln und Formulierungen, Verhaltungsvorschriften. Sie erkannten in den Naturerscheinungen ringsum, wie weiterhin auch in den einzelnen Sternen und Sterngruppen, den Ausdruck lebendiger kosmischer Kräfte, die sich als Orte und Festpunkte für ein seelisch-lebendiges „Koordinatennetz" erwiesen und von denen aus sich nun alle Geschehnisse fassen und eingliedern lassen.

Für das Wesen des Tierkultes nun ist es bezeichnend. daß in

den Mythen und mythenhaften Sagen aller Urvölker immer wieder
bestimmte Grundtypen des Tierischen auftreten, gewisse „Archetypen" der Tiergestalten, wie Schlange, Drache, Vogel u. dgl. Aber
indem der Frühmensch natursichtig die inneren Bewegungen und
Wallungen der Natur in solchen ungewollt sich einstellenden
Traumsymbolen erblickte, erkannte er zugleich auch das wirkende
Kräftewesen der Natur und nannte diese Wirkungen mit ihren
„Namen", was nichts anderes heißt, als daß er mit dem Erkennen
dieser ihrer Wesenheit und Wirkungsweise sie irgendwie fassen, sie
an sich ziehen konnte. Dies ist die noch unergründete Wirklichkeit
magisch-religiöser Tierkulte und ist, vergleichsweise gesprochen,
nichts anderes, als wenn wir mit unserem Intellekt Naturkräfte erkennen und technisch „bannen", um sie uns dienstbar zu machen
oder ihre Gewalt abzuwehren, uns dagegen zu schützen. Das tat der
naturnahe Frühmensch mit einem seelenhaften Einfühlen, also
auf natursichtigem Weg. Waren die Kräfte, die er vornehmlich
in Form von Tiergestalten sah, übermenschlich und elementar, so
faßte er sie mit Kultpraktiken und sprach von ihnen in mythenhaften Erzählungen. Und so sehen wir hier gewiß keine unver-
nünftigen und bloß schreckhaft gepeitschten Wilden und Primitiv-
menschen, die solches erkannten, aber sie standen dennoch dauernd unter der Bedrohung durch die Götter.
Die magische Erkenntnis tierhafter Gestalten und Kräfte in der
Natur, wovon wir oben ausgingen, bedeutet nun für die heidnischen Völker eine auf den verschiedensten Kulturstufen wiederkehrende spezielle Art von „Religiosität": den Totemismus. Totem
bedeutet Tierahne, was besagen will, daß sich der heidnisch-
magische Mensch abhängig weiß oder sich mit Absicht abhängig
macht von bestimmten Tierwesenheiten, deren Kräfte er an sich
zu ziehen bemüht ist. Die Totemvölker nennen bestimmte reale
Tiere ihre „Ahnen". Zum Verständnis dieses Ahnenverhältnisses
ist etwas Grundsätzliches zu beachten, das unserem gewöhnlichen
Denken fremd ist. Wenn Totemvölker ihre „Abstammung" auf
Tiere, seltener auf Pflanzen, insbesondere Bäume zurückführen,
so ist das mit einem nicht ganz treffenden modernen Wort genannt: Wahlverwandtschaft. Wo wir von Verwandtschaft und Abstammung sprechen, sei es im allgemeinen naturgeschichtlichen
Sinn, sei es im engen Kreis der Familie oder des Einzelmenschen,
nehmen wir dies als einen durch körperlichen Zusammenhang in
der Keimbahn gegebenen Zustand. Das Körperliche setzt sich da

zwangshaft gebärend fort, es gibt keine freie Wahl. Es erfolgt auch kein willkürlicher Abbruch von der Ahnengestalt bis zum letzten Nachkommen; wird unterbrochen, so ist alles unwiederbringlich dahin.

Doch es gibt auch eine andere Art Verwandtschaft und Abstammung, und das ist die seelische. Diese kann auch ein Sichfinden und Zusammenwachsen des nicht unmittelbar körperlich Zusammengehörigen sein, es muß nur eine irgendwie naturhafte Wesensverwandtschaft und eine Gleichheit in irgendeiner lebendigen und ausschlaggebenden Wirklichkeit vorhanden sein. Da treffen sich zwei körperlich grundverschiedene Wesen von grundverschiedener Blutsherkunft, sie haben aber naturseelenhaft eine irgendwie sie aneinander bindende Gemeinschaft und empfinden oder erleben diese so stark, daß sie mit Naturgewalt zueinander getrieben werden, sich als unbedingt zusammengehörig vorkommen und dies auch von innen her wirklich sind. Das sind aber nicht ästhetische oder sentimentale Gefühle, sondern es ist völliger Realismus, nur auf einem anderen Lebensgebiet, als es unsere stets nur auf die bloße Körperform absehende naturgeschichtliche Auffassung von natürlicher Verwandtschaft versteht.

Diese naturseelenhaften Gleichheitsmomente sind nun in bestimmten Fällen beim magisch veranlagten Menschen so entscheidend, daß über alle sonstigen körperlich-natürlichen Bindungen oder Trennungen hinweg, oder zugleich mit ihnen, die natursichtig erkannten oder erfühlten seelischen Gleichheitswesen zueinander stehen, sich vereinigen, aus einem höheren Bezirk für einander bestimmt, ja vielleicht lebensnotwendig aufeinander angewiesen, und so eine innere Vermählung und Gemeinschaft suchen und auch wirkungsmäßig zustande bringen. Aus solcher Vereinigung entsteht nun aber keineswegs nach außen ein grobsinnlicher Körper, es entsteht vielmehr eine gleichartige innere seelenhafte Gestalt. Aus solcher Sicht und Sphäre kommt daher auf magischnatursichtigem Weg auch eine Bindung von Mensch und Tier zustande, die sich alsbald in der Übertragung der naturhaften Kräfte etwa des Tieres auf den Einzelnen, auf die Sippe oder den Klan im äußeren Leben kundgibt.

Gewiß haben sich Naturvölker niemals darüber getäuscht, daß das Kommen eines Kindes auch auf den natürlichen Vater physiologisch zurückgeht. Dennoch sagen sie von einem Mann, er stamme von dem oder jenem Tierwesen ab. Wenn es lächerlich klingt, daß ein Häuptling vom Blauen Nil einem Forscher versicherte, seine Schwiegermutter sei ein Reptil gewesen; oder wenn vor einem Dorf im Fluß ein Krokodil geschossen wurde und alsbald im Dorf sich Lärm erhob, weil ein Mann im gleichen Augenblick tot umgefallen war, der mit jener Tierart in einem totemistischen Zusammenhang stand, so ist dies alles für unsere gewöhnliche Denkweise nichts als törichter Aberglaube — und doch ist es naturseelenhafte Wirklichkeit. Diese sehr lebendige Wirklichkeit ist nun bei magisch gerichteten Naturvölkern für die Beurteilung der Eigenschaften ihrer Sippe, ihres Volkstums oftmals entscheidender als die selbstverständlich ablaufenden sonstigen biologischen Gegebenheiten und selbst auch die körperliche Abstammung.

Wir überzeugten uns im vorausgehenden Abschnitt, daß das Menschenwesen die innere Vollpotenz des gesamten organischen Reiches, insbesondere des Tierreiches ist; daß somit die organische Natur die spezielle Entfaltung der allgemeinen Urpotenz Mensch bedeuten will. Das darf, wie wir sagten, nicht dahin mißverstanden werden, daß der physische Mensch paläontologisch als erstes Lebewesen in der äußeren Natur aufgetreten wäre und danach Ast um Ast des Lebensbaumes aus sich entlassen hätte. Vielmehr ist hier das Symbolhafte als innerste Wirklichkeit in seiner vollen Wucht zu erfassen. Denn, wie wir sagten: um Metaphysisches anschaulich zu machen, muß man übertragen reden, so daß es dem äußeren Dasein gegenüber geradezu widersinnig erscheinen kann, denn das Metaphysische läßt sich nur wie ein Als-Ob darbieten.

So steht der Mensch unmittelbar von innen her in naturträchtigmetaphysischer Verbindung mit dem Tier, mit der gesamten organischen Welt. Alles, was die Tiergattung zeigt, liegt im Grund zusammengefaßt im Wesen des Menschen. Die Tierseelen, die Gattungsseelen der organischen Gestalten sind also einseitig ausgeprägte und entfaltete Menschenpotenzen. Und eben darum erkennt der naturverankerte, natursichtige Mensch in ihnen alles das in spezialisierten Zügen, was er selbst nur mehr allgemein, daher nicht ins einzelne so wirksam in seiner eigenen Brust, in seinem naturseelenhaft durchpulsten Körper trägt.

Wenn nun im einzelnen Menschen oder in der Sippe und im Volk gewisse Lebenspotenzen vordringlich auszubilden sind, sei es aus biologischen, sei es aus kulturellen Gründen, und nun bei bestimmten Tieren in vorzüglicher Weise entwickelt erscheinen, so ruft er diese Tierart sich zu Hilfe, er tritt in das totemistische Verhältnis zu ihr ein, er kultiviert auf magische Weise deren Seelen- und Körperkräfte für sich. Wir stehen vor dieser Tatsache nicht nur bei Naturvölkern, sondern auch bei Hochkultivierten früherer Zeit. Dies alles aber beruht auf dem alles magische Wirken beherrschenden Gesetz von Gleich und Gleich. Will der magische Mensch also gewisse Fähigkeiten und Eigenschaften bei sich fördern, steigern oder gesund bewahren, so trachtet er, die Naturseele einer bestimmten Tierart sich geneigt zu machen, er behandelt sie mit kultischen Praktiken, um sie an sich zu ziehen und sie für die Übertragung jener Kräfte auf sich wirksam zu machen. Nicht anders macht es auch der vergeistigtere Heide mit seinen hohen und niederen Göttern — heidnische Religiosität ist immer Zweckkult, und wo dieser innerhalb der „christlichen" Sphäre auftaucht, ist es immer entarteter „Gottesdienst".

Der natursichtige Mensch hält sich beim Totem an das einzelne Tier, aber er sieht in ihm nicht dessen äußere greifbare Gestalt allein, sondern indem er die übergeordnete Gattungsseele darin hegt, verhält er sich naturfromm zu ihm und verhält sich kultisch zu ihm wie zu seinem eigenen körperlichen Ahnen. So tritt er in ein lebendiges „Verwandtschaftsverhältnis" zu ihm, erfährt von ihm eine Stärkung und Steigerung ganz bestimmter, ihm lebenswichtiger Beziehungen und Betätigungen, er verflicht seine Existenz mit ihm auf Leben und Tod, verdankt ihm deren Fortdauer oder Bewährung, und damit ist das Tier bzw. der betreffende Tiergott wirklich sein „Erzeuger".

Verbindet sich in dieser Weise ein bestimmter Mensch oder eine Menschengruppe mit einer bestimmten Tierart und impft sich der Mensch das Tierblut unter bestimmten kultischen Handlungen ein, so wird dem Menschen ein Machtzuwachs zuteil an bestimmten Eigenschaften, die jenes Tier vorzugsweise kennzeichnen. So verbrüdert sich der Totemdiener einem Tiger, einem Krokodil. Es hat sich aus dem Menschen ein gewisses Seelenteil abgespalten und dieses Seelenteil ist dem betreffenden Tier nun verbunden. Das Tier führt nun dauernd für das Leben dem Menschen eine seiner artlichen Eigenschaften zu, er stammt nun allein oder mit seiner Sippe von dieser Tiergattung — nicht von dem äußeren Einzeltier — ab. Vielleicht ist es ein Rest totemistischer Bezeichnung, wenn wir für unser Pech im Leben einen „Sündenbock" suchen oder einen Mitbruder Kamel oder Schwein nennen. Wir projizieren unsere Vorstellung von einem gewissen Seelenbezirk des anderen in ein Tier hinein, und umgekehrt. Wir haben uns aber eingangs klargemacht, daß die naturhafte Körperlichkeit des Menschen und damit seine Naturseele unmittelbar an das Tierreich anknüpft, ihm also von innen her verbunden ist. Es ist daher begreiflich, daß ihn auch innere Bahnen zu ihm weisen. Der magische Mensch aber ersah und erlebte diese Bahnen und damit die Verwandtschaft unmittelbar und kommt so zu seinen Tiergötterpotenzen und ihrer kultischen Behandlung. Die Ägypter unterschieden ihre Götter geradezu durch Tierköpfe und Tiergesichter.

So werden den Tieren selbst und den von ihnen repräsentierten übergeordneten Götterpotenzen Tempel gebaut, Opfer gebracht, je nachdem, was man von ihnen erreichen will und kann. Opfer aber bedeutet für den natursichtigen Menschen nicht nur äußeres Dreingeben von Geld und Gut, sondern ganze Hingabe des Seelischen selbst; die äußeren Hingaben allein sind magisch wirkungslos. Das äußere Eigentum aber ist beim Frühmenschen innig verbunden mit dem kultisch-religiösen Gut, wie überhaupt jede Handlung und jedes Ding im götterhaften Zusammenhang steht. Endlich kommt es ja auch zu Menschenopfern, die man insbesondere den untermenschlichen zerstörerischen Naturgewalten darbringt. Und eben diese werden hinwiederum als verzerrte Tiergestalten erschaut, und ihnen muß der Heide gar oft verzweifelt dienen, damit die Sippe, der Klan, das Volk nicht an ihnen verderbe. Das sind tiefe, noch sehr verdeckte Dinge, die hier nur angedeutet werden können.

Aus dem Heidentum hat sich in unsere Jahrhunderte noch mancherlei an magischen Volksbräuchen herübergerettet und lebt hier noch weiter in Form von Volksfesten und Spielen, wenn es auch längst nicht mehr die magische Wirkung zeitigt, die es bei den ehemals natursichtigen Menschen hatte. Wenn wir Tiermaskeraden mit ekstatischen Tänzen und dämonisch tierischer Verkleidung, das Perchtenlaufen um die Dreikönigszeit erleben, so sind es alte kultische Reste, die wir auch in der Südsee und bei afrikanischen Volksstämmen noch vorfinden. Und wenn wir uns in unserer religiösen Vorstellungswelt der vergangenen Jahrhunderte umsehen, so müssen wir uns bald verwundert fragen, ob auch da der tierisch-magische Zauber wohl noch lebendig war. In romanischen wie gotischen Domen starren uns allerhand Gestalten an, Teufelsmasken, Höllenkinder, Tierleiber, tierisch-menschliche Gestalten. Das war gewiß keine neckische Zier, auch nicht Spott.

sondern ein Ausdruck für den geheimnisvollen Zusammenhang der Menschenseele mit infernalischen Naturgewalten, die eben als tierische Wesenheiten erscheinen. Es sind Archetypen in der menschlichen Seele, die da noch geistern in einer Zeit, wo man es nicht mehr erwarten sollte. Und noch legt uns der Osterhase die Eier und bringt uns Storch Adebar die Kinder. Wenn wir aber in der modernen Wissenschaft seit einem Jahrhundert eine natürliche Abstammungslehre haben, die sich in weltanschaulich entscheidender denkerischer Arbeit mit dem wurzelhaften Zusammenhang von Tier und Mensch befaßt, so geht es ja im Grunde auch hier, bewußt und unbewußt, um die uralte erschütternde Frage der Sphinx mit ihrem Tierleib und ihrem Menschenangesicht, die uns heute noch wie vor Jahrtausenden anstarrt und Antwort auf die Frage heischt: „Was für ein Wesen bist du, o Mensch?"

So werden uns Dinge klar und wirklich, die wir längst schon glaubten verlachen zu müssen, als abstruses, kindlich törichtes Zeug. Es klingt für einen neuzeitlichen Menschen fast wie Aberwitz, wenn man durch solches Eingehen in den Geist früherer Zeiten gewahr wird, daß solche für unseren Verstand unauflöslich und unvollziehbar erscheinenden Dinge und Wesenheiten zu einer echten Wirklichkeit erstehen. Es ist die magische Welt, die magische Weltseite, die sich da erschließt, eine andere Weltschau mit anderem Wirklichkeitsgefühl als unsere mechanistische Denkweise sie uns eröffnet. Was wir bei Naturvölkern, die jetzt allerdings ausgerottet oder durch Zivilisation ihrer alten Fähigkeiten entkleidet, verdorben und entseelt worden sind, gerade noch an Magie und Naturreligion zu entdecken vermochten, sind letzte verschwimmende Reste einer ehemals auch in Hochkulturen ausgebreiteten lebenskräftigen Wirklichkeitswelt, die mit der Natur in einem lebendig-seelischen Zusammenhang stand und ihre wahrhaftigen Götter hatte.

5. Sagenhafte Erd- und Menschenzustände

Daß die Menschheit eine lange Geschichte hinter sich hat, gehört zu den allgemeinen Vorstellungen auch derer, welche diese Geschichte nicht studiert haben; aber wie lange, in Jahrhunderten und Jahrtausenden ausgedrückt, dieses Menschendasein schon währt, darüber herrschen auch in der Wissenschaft verschiedene

Meinungen. Da spricht man zunächst von vielen Jahrtausenden, aber man ist doch erstaunt, daß schon sechstausend Jahre vor unserer Zeitrechnung im Zweiströmeland des Euphrat und Tigris Volkskulturen bestanden, die so entwickelt waren, daß sie noch eine weit frühere Entstehungszeit voraussetzen, und daß wir so alles in allem bald von acht- bis zehntausend Jahren sichergestellter menschlicher Vollkulturentfaltung werden sprechen dürfen.

Wir sind damit an einen Zeitpunkt herangerückt, vor dem kulturell ein völliges Dunkel liegt. Denn wir können unmöglich die Wurzeln jener genannten Vollkulturen unmittelbar an primitive Nacheiszeit- oder Späteiszeitmenschen anschließen. Wohl aber liegen uns sagenhaft anmutende Überlieferungen aus dem klassischen Altertum über jene gesuchte Frühzeit vor. Da sollen schon vor zehntausend Jahren Kulturvölker existiert haben, die bereits verschwunden waren, ehe im Zweiströmeland die genannten geschichtlichen Verhältnisse herrschten. Als die Ägypter die ersten Pyramiden bauten, war dies schon ein jungzeitliches Ereignis gegenüber jenen sagenhaften älteren Kulturleistungen. Diese entwickelten sich angeblich auf einem zuerst ausgedehnten, später durch Katastrophen enger gewordenen Inselkontinent zwischen der Alten und Neuen Welt, mitten im Atlantischen Ozean gelegen, Atlantis genannt. Platon und Herodot u. a. berichten, daß die Atlantier mit hoher Kultur einst das Mittelmeerbecken kolonisierten und die Gründer jener mediterranen Kulturen waren, die sich später als ägyptische und pelasgische entfalteten. Allmählich zerfiel durch Erdbeben der Inselkontinent, und sein immer noch beträchtlicher Rest soll innerhalb einer stürmischen Nacht und eines Tages infolge vulkanischer Ereignisse in den Fluten versunken sein.

Man hat viel um die Atlantis herumgerätselt, hat versucht, die klassischen Berichte umzudeuten, aber es ist doch nicht von der Hand zu weisen, daß uns da Geschichte überliefert ist, zumal für den katastrophalen Untergang der Atlantis sehr bestimmte Jahreszahlen, nämlich neuntausend Jahre v. Chr. angegeben werden. Wir haben nicht das Recht, solche Überlieferungen kurzweg für Fabeln zu erklären und sie mit allen Mitteln umzudeuten, nur vielleicht deshalb, weil ein Platon jene sagenhafte Kultur- und Staatsverfassung nebenher zu einem Symbol seiner eigenen Staatenlehre mitverwendete. Auch die in ihrer Herkunft noch so rätselhaften mittel- und südamerikanischen Maya-, Azteken- und Toltekenkulturen lassen auffallend viel Anklänge an die ägyptischen Künste erkennen, die ja auch in sehr frühe Anfänge zurückreichen müssen. So fällt es auf, daß jenseits des Atlantik Kultbauten, Treppentürme und Pyramiden wie in Ägypten und im Zweistromland, vorhanden sind, ohne daß je die Babylonier und Ägypter unmittelbar mit jenen Uramerikanern in Verbindung waren. Es ist weiter auffallend, daß das Wort „Atl" als Land- und Königsbezeichnung sowohl im mexikanischen Gebiet wie im Mittelmeer vorhanden ist und hier sowohl als Benennung des Ozeans selbst wie auch des nordafrikanischen Atlasgebirges und der Göttergestalt des Atlas wiederkehrt.

Der Geologe kennt wohl einen nordatlantischen Kontinent, dessen letzte Reste vor noch nicht langer Zeit erst versunken sein müssen. Es bricht sich mehr und mehr die Überzeugung Bahn, daß unsere germanischen und keltischen Vorfahren ganz oder teilweise aus nordischen Gebieten nach Europa bis in das Mittelmeer hereingedrungen sind. Nun ist es aber ganz unwahrscheinlich, daß diese nordische und nordwestliche Urheimat lediglich die Felsrippen und sterilen Böden Skandinaviens und das kleine vulkanische Island und die Faröer-Inseln gewesen sind, zumal Grönland allergrößtenteils wegen seines Klimas und seiner Eisbedeckung weiter nicht in Betracht kommt. So bleibt hier eine gewisse Wahrscheinlichkeit, daß einst die Landflächen im Nordwesten und Westen, also im Atlantischen Ozean ausgedehnter waren als später und heute, so daß auch von dieser Betrachtungsseite her die sagenhafte Kunde uralter atlantischer Volksgeschichte einen Schimmer von Wahrheit bekommt.

Solche alten Überlieferungen sind also nicht deshalb töricht oder gegenstandslos, weil sie unserem gewohnten Geschichtsschema widersprechen oder zu widersprechen scheinen, zumal sie uns, wie schon angedeutet, in der würdigsten und ernstesten Form von bedeutenden Altertumsschriftstellern vermittelt werden. Wissen wir doch, daß in den Tempeln und Palästen Babyloniens, Assyriens und Ägyptens zuverlässige Aufzeichnungen sehr früher Geschichte aufbewahrt und z. T. auch entdeckt und entziffert worden sind. Aber gerade von solchen Aufzeichnungen berichtete im 6. Jahrhundert v. Chr. der griechische Staatsmann und Gesetzgeber Solon. Dieser war bei einem Besuch in Ägypten von den dortigen Tempelpriestern und Gelehrten mit großen Ehren aufgenommen worden und erhielt von ihnen eben die Kenntnis jenes einstigen atlantischen

Landes und seiner verschollenen Kulturen. Auf diese Weise kam die Kunde davon zuerst nach Griechenland. Etwas anderes freilich mag es sein, wenn in der japanischen Überlieferung von vielen Jahrzehntausenden menschlicher Kulturgeschichte die Rede ist und sich insbesondere in jener der Babylonier noch endlosere Zeiträume mit Aufzählung wirklicher Herrschergeschlechter auftun.

Es ist auch gar nicht ausgeschlossen, daß der Stille Ozean, wie es schon im Abschnitt I,2 kurz berührt wurde, früher ausgedehnte Festlandsmassen enthielt, die teilweise spät erst versunken sein dürften und möglicherweise größere Kulturen trugen, die nach unserer Auffassung vielleicht längst blühten, als sonstwo noch der „primitive" Steinzeitmensch sein karges Leben führte. Wir können daher auch nicht in dessen uns überliefertem Wirktum eine zureichende Grundlage für die Darstellung einer allgemein gültigen frühzeitlichen menschlichen Kulturgeschichte sehen, so wenig wie wir die Kulturgeschichte der Menschheit schreiben können nach jenen Völkern, die uns in der Jetztzeit als „Primitive" lebend oder in ihren Gräbern begegnen. Doch das ist alles noch in Dunkel gehüllt, wenn auch gewisse sonstige Hinweise auf pazifische Kulturgebiete vorliegen.

Mehr als jede andere Sage hat sodann die von der Sintflut die Gelehrten beschäftigt, als man seit dem 18. Jahrhundert die ersten Einblicke in die Geschichte der Erde tat. Aber gerade die Schulwissenschaft hat wenig mit jener Sage anzufangen gewußt. Einige Zeit hindurch im 18. Jahrhundert gab es eine Schule, die in allen Schichtungen der Erdrinde und den darin eingeschlossenen Tier- und Pflanzenresten kurzweg das Ergebnis jener biblischen Katastrophe sah, worin Mensch und Tier untergegangen sein sollten. Auch die Theologie hat von jeher den alten biblischen Bericht als einfache Wahrheit hingenommen, bis die aufklärerischen Strömungen auch hier zu zweifeln begannen und glaubten, eine billige Erklärung gefunden zu haben, als sich nachweisen ließ, daß der babylonische Sintflutbericht älter als der biblische und dieser aus jenem abzuleiten sei. Da dachte man, ein verhältnismäßig eng begrenztes örtliches Ereignis habe in den Niederungen des Euphrat und Tigris vor Jahrtausenden einen Meereseinbruch und Flußüberschwemmungen mit sich gebracht und darauf sei die ganze Sage zurückzuführen. Dieser recht oberflächlichen, den eigentlichen Wesensinhalt der Sage ganz verkennenden Erklärung kam dann auch die geologische Fachwissenschaft zu Hilfe, die längst von der oben erwähnten universalen Sintfluttheorie abgerückt war, weil man erkannt hatte, daß die geologischen Schichtungen und organischen Restüberlieferungen viele Jahrmillionen umfaßten und keineswegs einem einzigen erdgeschichtlichen Ereignis zu danken waren. So schmolz die Sintflutsage zu einem belanglosen Vorgang irgendwo im Orient zusammen, und damit war, wie so vieles andere, auch der Wert dieses uralten Gutes sozusagen in nichts zusammengesunken, wie es mit vielem anderen ging, dessen sich Wissenschaft und Aufklärung bemächtigt hatten.

Auffallend war nur, daß sich die Überlieferung allmählich auch bei weitgetrennten Völkern fand, die nie miteinander zu tun gehabt hatten. Überall auf dem Erdenrund, nur von wenigen Ländern abgesehen, tauchte nach und nach das Andenken an jenes urgeschichtliche Ereignis auf. Man war wieder rasch bei der Hand mit einer oberflächlichen Erklärung: Missionare sollten die fremden Völker mit der Sintfluterzählung beeinflußt haben, oder vielleicht auch Händler, die einmal zu ihnen gelangt waren; und so seien auch manche alte Märchen aus Europa oder dem Nahen Orient in die Welt verstreut worden, um dann wieder als Eigengut bei Fremdvölkern uns entgegenzutreten. Heute weiß man, daß die Sintflutsage so gut in Nord- wie in Südamerika einheimisch gewesen ist, auch in anderen Weltteilen, wie einst bei den biblischen Völkern. Angesichts dessen läßt sich die alte, örtlich beschränkte Erklärung nicht mehr aufrechterhalten.

Was diese Sage von der Atlantis-Sage, mit der man sie auch identifizieren wollte, unterscheidet, ist ganz wesentlich die Art der Katastrophe, die beschrieben wird. Während Atlantis unverkennbar durch Erdbeben, Vulkanparoxysmen und Meereseinbrüche zugrunde ging, wie solche auch in geschichtlicher Zeit den Malaiischen Archipel noch betroffen haben und auf die dort angrenzenden Küsten z. T. gewaltige Verheerungen trugen, haben bei der Sintflut ganz übereinstimmend die Wasser „aus den Schleusen des Himmels", also Regenmassen aus dem Himmelsraum in ungewöhnlichem Ausmaß und Stärke, die entscheidende Rolle gespielt; von Meerwirkungen ist nur gelegentlich bei örtlicher Einpassung der Sage in spätzeitliche Erlebnisse die Rede. Auch die erdgeschichtlichen Umstände aus den Zeiten der Sintflut, die Darstellungen über das Aussehen der Tierwelt weisen auf einen anderen geologischen Zeitpunkt und Umweltzustand hin als der Atlantisbericht. Da ist beispielsweise von Übertreibungen nicht nur im Leben der

Menschheit selbst, sondern auch der Tierwelt die Rede, von einem Übersteigern ins Große, Maßlose, wie wir es in einem bestimmten erdgeschichtlichen Zeitpunkt, nämlich in der Kreidezeit tatsächlich sehen. Auch wird dem Überlebenden der Sintflut der Weinstock zum Geschenk gemacht — es kamen damals die bedecktsamigen Laubpflanzen auf, als die Riesenechsen auf dem extremsten Punkt ihrer Entfaltung angelangt waren. Es ist also verfehlt, Sagen wie die der Atlantis und die der Sintflut in einen Topf zu werfen, und es ist irrig, wenn von einer bestimmten Forschungsrichtung der Sinn der Sintflutsage dadurch verzerrt wird, daß man von Meereseinbrüchen, statt von meteorologischen Wassermassen spricht, wo doch die Sage so klar nur das letztere als Wesensbild der Katastrophe angibt.

Auch zahlreiche, ganz andersartige kosmische Bilder entwerfen uns Mythen und Sagen. Sie erzählen von Sternbewegungen und Verschiebungen, von Bedrohungen der Sonne durch einen dunkeln Körper, von katastrophalen Umkreisungen der Erde durch den „laufenden Hasen", von Götterkämpfen im Zusammenhang mit Himmelserscheinungen, von einer Bedrohung des Irdischen durch plötzlich gesteigerte Sonnenhitze und vielem mehr. Wir verweisen auf Erwägungen, die wir im Abschnitt I,5 schon anstellen konnten. Wir werden damit rechnen müssen, daß die Erde zeitweise, vielleicht nur vorübergehend, von anderen Trabanten begleitet war; daß Fremdlinge in den Planetenraum eindrangen und den Erdbewohnern die Sonne verdunkelten. Solche Körper können aus Gestein oder Metall, aber auch aus Eis bestanden haben. Wenn es sich auch für die dem Geologen zugänglichen erdgeschichtlichen Zeiten nicht bestätigt, daß etwa, wie es die Welteislehre darstellt, größere Monde sich mit der Erde vereinigten und dadurch in regelmäßigen Kataklysmen bestimmte katastrophale und weltweite Ereignisse herbeiführten, die danach wieder von · Zeiten ruhiger Entwicklung gefolgt waren, so wird man doch nicht gut zweifeln können, daß die Erde aus dem Weltraum, wie angedeutet, zeitweise stärker beeinflußt worden ist, weil ohne dies viele geologische Probleme ungelöste Rätsel bleiben. (Abschnitt I,3.) So gewinnt auch die alte Sintflutsage mit ihrem Bericht über katastrophal einströmende Wasser aus dem Himmelsraum ein neues Gesicht, das sie bisher nicht zeigte. Aber es zeigt sich auch, daß die Menschheit in irgendeiner Form uralt sein muß und Überlieferungen hegt, die uns auf eine bisher ungeahnte Weise Erdgeschichte erzählen, wenn wir nur richtig hinhorchen wollen.

Es ist ein besonderes Problem lebens- und menschheitsgeschichtlicher Forschung, wie der Mensch dazukommt, in seinen uralten Sagen von Dingen zu berichten, die er doch unmöglich als der Mensch in seiner bisher nur bekannten Gestalt und Verfassung, sei es als Eiszeitmensch, sei es als neuzeitlicher Vollmensch, miterlebt haben kann und die von Eigengestaltungen oder Umweltzuständen berichten, die gewiß nicht denen der Quartärzeit allein entsprechen, wenn wir etwa von Sagen wie dem Fimbulwinter absehen, soweit man ihn auf eiszeitliche Verhältnisse wird ausdeuten dürfen. Wir haben in den Sagen vielfach entstellte und umgeschmolzene Kündungen einer ganz anderen Zeitfolge und Umwelt, einer anderen Gestaltung der Meere und Länder, der Tiere und Pflanzen, des Klimas und des Menschen selbst, die nicht recht in die Quartärzeit passen wollen.

Vergleicht man also das, was sie uns geben, ganz einfach mit erd- und lebensgeschichtlichen Tatsachen, die unsere nüchterne Forschung festgestellt hat, so ist man erstaunt über die Ähnlichkeit, um nicht zu sagen Übereinstimmung wesentlicher Züge und Angaben mit vorweltlichen Zuständen. Es kann ja kein Mensch sagen, wann und wo die Ursachen und Urmythen entstanden; es ist merkwürdig, daß alle Völker sie haben und hatten, auch die scheinbar unkultiviertesten. Es liegt ihnen also ein uraltes Wissen der Gesamtmenschheit zugrunde. Daneben haben bestimmte Urvölker und Rassen ihre eigenen Mythen und Sagen, aber es macht den Eindruck, als ob diese nur in ganz spätzeitlichem Gewand uns überliefert seien. Beispielsweise die alten nordischen Entdeckerfahrten in den Polargebieten, wo sie immergrüne Wälder, Weinlaub, Buche und Ahorn fanden, sind eine Sage, die unendlich viel älter sein muß als ihre spätzeitliche Überlieferung in den Wikingerfahrten; viel eher sind abenteuerliche Seefahrten zu allen Zeiten auf Grund uralter Kunde unternommen worden.

Denn im Polargebiet gibt es seit der Eiszeit, also seit etwa 600 000 Jahren, gewiß nichts derartiges; und nach der Eiszeit, in den letzten 50 000 Jahren, auch nicht, das sehen wir unmittelbar. Wenn uns aber der Erdgeschichtsforscher nach den Polarländern führt und uns dort unter Ablagerungen und Schliffen der Eiszeit tatsächlich in fossilem Zustand jene Pflanzen herausholt, von denen die Sage erzählt; und wenn wir durch das Vorkommen dieser

214

Pflanzen und anderer Lebewesen in versteinertem Zustand unmittelbar erkennen, daß es vor der Eiszeit, in der Tertiärzeit, dort
oben warm und mild gewesen sein muß, damit diese üppigen
Floren gedeihen konnten — was sagt uns dann die uralte Überlieferung anderes, als was die nüchterne Wissenschaft ihrerseits
festgestellt hat? Und man sieht, wie ururalt solche Berichte der
Menschheit sein müssen.

Am überraschendsten sind wohl die Sagen von den Lindwürmern
und Drachen, eindeutig reptilhaften großen Geschöpfen, die uns
in einer Form geschildert und von jeher dargestellt wurden, die
durchaus den Gestalten der erdmittelalterlichen Schrecksaurierwelt
gleichen. (Abb. 15.) Gewiß hat man auch schon lange, ehe es eine
Paläontologie gab, Skelette und Knochen von urweltlichen großen
Tieren ausgegraben; aber daraus sind nicht die Sagen entstanden,
sondern längst vorhandene überkommene Sagen und Sagenbilder
wurden darauf bezogen. Als man im 17. Jahrhundert in Süd-
frankreich die Knochen eines Riesenmammut der Eiszeit ent-
deckte, wurden sie für die Gebeine des sagenhaften Urkönigs
Teutobochus ausgegeben, der einst in Gallien von Norden her mit
seinen Heereshaufen eingebrochen sein soll — man beachte: Teuto
und Boche! Die Sage ist also nicht durch die Knochen entstanden,
sondern sie wurde auf die Knochen angewendet. Nicht anders
ist es mit den riesenhaften Schrecksauriern, die einst echt und
wirklich waren und nun von der Sage überliefert sind. Dies ist
um so merkwürdiger, als sie uns nicht als phantastische Gestalten
schlechthin, sondern so geschildert werden, wie sie einst mit
Haut und Horn aussahen. Es enthalten die uralten Überlieferungen
also nicht eitel Phantasterei, sondern das Bild einstiger naturgeschichtlicher Wirklichkeit; und es ist billig, dem Problem einfach
auszuweichen mit der Behauptung, die Knochenfunde hätten die
Sage geschaffen. Es gilt, hier sich eine begründetere Ansicht zu
bilden, zumal es auch noch anderes derartiges gibt.

Da ist in den Sagen beispielsweise die Rede von einstigen, neben
anderen Menschenarten bestehenden Fischmenschen, die unter
entsprechenden Körperbildungen der Fähigkeit des Schwimmens
teilhaftig waren. Es sind aber nicht die Märchengestalten der
Fischmenschen, sondern es sind realistische Wesen von Menschen-
art. So wird in der babylonischen Überlieferung von einem solchen
Wesen berichtet, das zu den anders gearteten landbewohnenden
Menschen kam und sie allerhand lehrte. Oder es wird im selben

Sagengebiet berichtet von Menschen „vor Noah", die andersartige Hände hatten, bei denen die Finger wohl durch äußere Haut verbunden waren. Auch Hornhautmenschen kennt die Sage, nicht nur im Siegfried nordischer Prägung, sondern auch in arabischer Überlieferung; unsere Fingernägel sollen noch die letzten Reste dieser gesamten Körperhornhaut sein.

Ganz auffallend aber sind die über die ganze Welt verbreiteten Berichte und Darstellungen von Menschengestalten früherer Zeit, die außer den beiden Normalaugen noch ein drittes Auge auf Stirn oder Scheitel trugen. Da heißt es in einem keltischen Märchen von einer Mutter „aus uraltem menschlichem Geschlecht", die dieses Organes im Gegensatz zu ihren jüngeren Kindern noch teilhaftig war. Auf Masken von Südseevölkern, auf chinesischen Bildern, in der ägyptischen Legende, in den Märchen aus Tausendundeine Nacht kehrt diese Eigentümlichkeit wieder, und nicht zum wenigsten ist sie uns als Polyphem in der Odyssee bekannnt. Wenn je der Mensch in früheren Abarten seines Stammes ein derartiges Organ ausgebildet trug, was zur Voraussetzung eine noch geringere Entfaltung des Großhirns hatte, so könnte das nur in der unteren Triaszeit und im späteren Erdaltertum gewesen sein. Trug er es später, etwa im Erdmittelalter oder in der Tertiärzeit, so würde das nur sagen, daß sein eigentlicher Stamm bis in jene Frühzeiten hinaufreicht. Da es sich bei ihm, genau gesagt, um ein Stirn-, nicht ein Scheitelauge handelt, so schließt er sich darin ältesten Fischzuständen, nicht späteren amphibischen oder reptilhaften Formbildungen an, welch letztere ein ausgesprochenes Scheitelauge, nicht wie jene ältesten Fische ein wirkliches Stirnauge, hatten. Dieses Sagenmotiv spräche also für ein sehr hohes erdgeschichtliches Alter des Menschenstammes als solchen.

Ein weiteres, große Altertümlichkeit repräsentierendes Organ beim Menschen ist die voll fünfzählige Hand mit opponierbarem Daumen. (S. 151.) Kein Säugetier hatte dies. Der unserem Fuß ähnlichste, der Bärenfuß, ist voll fünfzehig, aber keine Hand dem Wesen nach, der Daumen ist nicht menschenmäßig gelagert. Die Menschenaffen aber sind, wie in Abschnitt II,6 gezeigt, hierin übertrieben abspezialisiert. Es gab jedoch im Erdaltertum ganz ursprüngliche amphibische Extremitätenformen, die noch am ehesten den heutigen Zustand der Menschenhand spiegeln, und so wäre auch in diesem Betracht die Menschengestalt sehr altertümlich. Ohnehin setzt auch nach sonstigen Merkmalen ein neuerer Forscher

216

dieselbe an den Anfang jeglicher Säugetierentwicklung, und das
würde, zeitlich genommen, heißen: in die Zeit Perm-Trias. Hat
der Mensch jene Zeiten in irgendeiner Gestalt miterlebt?
Der Menschenstamm als solcher, d. h. die naturgeschichtliche
Formenfolge oder phyletische Urgestalt (S. 148), aus der sich vermutlich unter mannigfacher Artenbildung schon in früherer geologischer Zeit, spätestens aber im Tertiär die eigentliche Menschenform hervorbildete, die wir als Ausgangspunkt oder Wurzel für
die Menschenaffen, sodann den Eiszeit- und Vollmenschen ansprechen dürfen, muß ein sehr hohes Alter haben und sich noch im
Erdmittelalter, spätestens während der Oberkreidezeit entwickelt
haben; denn dort schon traten die ersten volldifferenzierten plazen-
talen Säugetiere auf. Damals also hatten sich schon die Haupt-
säugetierstämme, vor allem auch die zu den Affen führenden
Gestaltungen voneinander abgehoben, also bereits ihre eigene
engere Stammbahn eingeschlagen. Zu einer solch eigenen Bahn
gehört vor allem auch der Mensch mitsamt den Menschenaffen,
ebenso auch die niederen Affen. Wenn nun der eigentliche Stamm
des Menschen schon im Erdmittelalter vorhanden war, so muß
er sich auch damals schon gegenüber allen Säugetieren durch gewisse menschenmäßige Grundmerkmale, nicht nur physischer,
sondern auch seelisch-geistiger Art ausgezeichnet haben. Er muß
also auch gedächtnishafte Überlieferungen weitergegeben haben,
und diese werden vermutlich in den Grundsagen und -mythen
der ganzen Menschheit nachklingen. So könnten auch unbewußte,
im Gattungsgedächtnis verankerte Erinnerungen an eigene frühere
Zustände, wie an eine entsprechende Umwelt in ihm aufge-
speichert sein.
Nun dürfen wir aber annehmen, daß der Mensch, wenn er aus
der Tierwelt entwicklungsmäßig hervorging, auch in sich immer
noch gewisse grundlegende Tierpotenzen trägt; er ist ja, wie wir
sehen, auch säugetiermäßig in physiologischer Hinsicht geartet.
Aber dasselbe gilt erst recht, wenn die organische Welt, wie wir
im vorigen Abschnitt zeigten, der auseinandergefaltete Mensch in
seiner Urpotenz ist, dieser also in sich latent die Eigenschaften
der Tierformen trägt. Es besteht also auch ein lebendiger innerer
Zusammenhang mit urältesten Zuständen seiner eigenen Formenbildung in der äußeren Natur. Diese liegen in ihm nicht nur als
körperliche Erbmasse, wenn auch latent, sondern auch als seelische.
Daher mag es geschehen, daß aus seinem überpersönlichen Inneren,

aus dem Unbewußten Bilder auftauchen können von eigenen
Frühzuständen, also etwa auch jenes, daß es einmal den Zustand
des Stirnauges oder der Fischeigenschaft beim Menschen gegeben
habe, ohne daß dies nun als Erinnerung in der äußeren Zeit aufzufassen wäre. Die mythen- und sagenhaften Zustände einer nicht
geschichtlich erkennbaren Menschheit müssen nicht unbedingt nur
in erdgeschichtlichen Epochen draußen in der Natur gesucht werden, es können ganz oder teilweise auch Kennzeichnungen innerer,
naturseelenhafter Kräfte und Gewalten in der Natur wie im
Frühmenschen sein.

Es wäre also ein tiefes, gewöhnlich unbewußt bleibendes Gattungsgedächtnis vorhanden, aus dem vielleicht zeitweise oder zu sehr
früher Zeit, als der Mensch noch naturnahe und natursichtig war,
seherhaft jene uralten Lebens- und Umweltzustände auftauchten
und sich dann in Sagen „verdichteten" — das Wort in seinem
Doppelsinn genommen. So würden die frühen Sagen von anderen
Zuständen der Erde und des Himmels, der Länder und Meere, der
Tier- und Pflanzenwelten ein wirkliches Wissen besitzen, ohne daß
es in Wort und Schrift seit jenen urfernen Zeiten unmittelbar
weitergegeben worden wäre. Hat doch die neuzeitliche Tiefen-
psychologie erkannt, daß im Menschen gewisse grundlegende arche-
typische Bilder ruhen, die unter besonderen Umständen an die
Oberfläche in das Tagesbewußtsein heraufsteigen und gerade mit
Gestalten wie Schlangen und Drachen urweltlicher Art identisch
sind. Aus dieser Schatzkammer eines von Urzeiten her gefüllten
Gattungsgedächtnisses wurden vermutlich die so naturwahren Ur-
sagen hervorgebracht.

Die Geschichte der Erde und des Lebens ist in den Schichtungen
der Erdrinde — eben als wahre „Geschichte" — aufgezeichnet. Die
Schichtungen sind vielfach gestört, durcheinandergeworfen, ver-
fallen und zerbrochen, viele Blätter sind nur noch in Teilstücken
vorhanden; aber das Ganze ist lesbar genug, um daraus die Vergangenheit der Oberfläche unseres Planeten anschaulich wieder
erstehen zu lassen. Nun, ebenso mag auch im Menscheninnern ein
Geschichtsbuch liegen, auch mit vielfach gestörten und in Unordnung geratenen oder verwischten Blättern. Es gibt ja nicht nur
eine äußere Urgeschichte, es gibt auch eine innere; es gibt nicht
nur eine physische, sondern auch eine metaphysische Paläontologie,
eine wahre „Seelenpaläontologie", wie sie einmal ein geistreicher
Mann nannte. Aus dieser als einer ebenso wahren Geschichtsquelle,

wie es die Gesteinslagen der Erdrinde sind, mag das Wissen um uralteste Erd- und Menschenzustände geflossen sein, das uns in den Sagenkernen noch vorliegt.

Weltzeitalter im Mythus

Nach uralter mythischer Lehre ist die Weltschöpfung nicht ewig, sondern hat nur die Dauer eines ablaufenden Äons; sie hat ihren Auslauf und ihre Entfaltung, aber auch ihren Abstieg und Untergang. Sie ist wie das Aus- und Einatmen des großen Geistes, des Weltschöpfers, und alles, was in diesem Äon geschieht, ist Offenbarung und Werk der von ihm ausgehenden Hierarchien. Doch dieser große Weltenlauf ist nicht ein einfacher Prozeß, sondern ist in sich wieder untergeteilt in große und kleine Zyklen, die sich als Weltzeitalter darstellen. Das Universum selbst — das Wort bedeutet das Nachaußenkehren des Einen — ist weder räumlich noch qualitätsmäßig überall gleichartig und nach allen Seiten linear unbegrenzt, sondern hat seine polaren Gegensätze, sein Oben und Unten, sein Licht und Dunkel, sein Gut und Böse. Das All ist ein Lebendiges, durchwirkt von schöpferischen Kräften, seelischen Gewalten, dienenden und widerstrebenden Geistern, lichten und finsteren Dämonen, von Göttern. Diese Gewalten leben und ringen ebenso in des Menschen Innerem, auch er hat in sich dieselben Gegensätze, sein Licht und sein Dunkel, sein Gut und Böse; er spiegelt und trägt in sich die lebendigen Kräfte des Kosmos, er ist als der Mikrokosmos selbst der polare Gegenpart, die Entsprechung zum Makrokosmos. Im Uranfang trennte sich im ewigen Schöpfertum der dunkle mütterliche Urgrund in der Tiefe vom lichten Vatergott droben. Der steht als unbewegter Gott der Mitte da, der dunkle Muttergrund treibt und entfaltet sich um ihn, gebiert und schlingt ein. Aber alles Entstehen und Werden und Sterben ist ein Kreislauf des Lebens, das selbst vom Vatergott ausgeht und sich aus seiner Kraft nur halten und bestehen kann. Gott und Natur — wörtlich die Gebärerin — polar zueinander ausgerichtet. Gott die Mitte, die Natur der immer mehr und mehr wachsende, sich ausdehnende Umkreis aus den Strahlungen des Schöpfers. Doch der Gott der Mitte ist nicht wesensgleich der sich entfaltenden Schöpfung. Ihn, den Überräumlichen, selbst Ausdehnungslosen, wird man nur als den Jenseitigen finden.

er ist nicht selbst „von dieser Welt", sie ist sein Schleier, sein Gewand, ist Umkreis und Umlauf, nicht Wesensmitte. Unerbittlich muß der Mensch seinen Platz einnehmen, gemäß dem vorrückenden Zeiger der Weltenuhr, von wo aus er immer mehr des Guten und Bösen ansichtig wird, es aber nicht beherrschen und von sich aus nicht zum Gott der Mitte vordringen kann. Weil aber so die Schöpfung und in ihr alles Menschentum seit Anfang der Welt auf das Rad des Kreislaufes gebunden ist, darum erwacht, je weiter sich alles auslebt, die große Sehnsucht nach der unbewegten Mitte. Indessen wird sich der Weltengang erfüllen, der Äon neigt sich zu seinem Ende, indem er in seine äußerste Gottferne ausläuft. Von sich aus kann der Umkreis nicht mehr den Weg zurück zum Gott der Mitte finden; es muß der Starke kommen, der dem Weltenrad Halt gebietet und es zurückwendet zum ewigen Vater.

Dieser große Weltenäon nun ist rhythmisch geteilt in Zeitläufte, die, obwohl zusammenhängend, doch in sich wieder geschlossene Kreise sind, wie eine Spiralbahn. Ein solcher Kreis ist ein Weltenjahr, dieses aber wieder unterteilt in Weltenmonate. Nur diese können wir geschichtlich einstweilen überblicken. Sie beruhen in ihrem Wechsel auf der periodisch, in Zeiträumen von 21 000 bis 26 000 Jahren sich verlagernden Erdachsenstellung beim Umlauf der Erde um die Sonne. In einer solchen astronomischen Periode durchläuft der Frühlingspunkt einmal vollständig das Band des Tierkreises. Nun ist nach mythischer Lehre der Tierkreis ein reales Feld kosmischer Kräfte und von ihm ausgehender Wesenheiten. Deren Wirkung und Ausgestaltung wird aber durch die Planeten, den Mond und die Sonne für die im Mittelpunkt ruhende Erde abgewandelt. Es ist dabei gleichgültig, ob wir ein ptolemäisches oder kopernikanisches oder sonst ein zukünftiges Weltbild polarer Art haben. Durch den Umlauf des Frühlingspunktes kommen innerhalb jener rund 25 000 Jahre immer wieder andere Sternbilder des äquatorialen Tierkreises zur Dominanz, die Erde gelangt nach und nach etwa aus dem Zeitalter des Krebses in das der Fische, in das des Wassermanns usw. Das sind die zwölf Weltenmonate; der ganze Umlauf aber ist ein Weltenjahr. Und solche Weltenmonate und Weltenjahre, vielleicht Weltenjahrtausende, füllen den Schöpfungsäon. So wie dieser, hat auch jedes Weltenjahr und jeder Weltenmonat sein Auf und Nieder, seine seelisch-geistige Struktur, erlebt die Auswirkung seiner polaren Gegensätze im Guten wie im Bösen. Solche Zeiten des Auf und Nieder schildern die Mythen vieler Völker, auch die germanische Mythologie kennt sie in ihren kräftigen Bildern von sonnigen lichten Götter- und Menschenzeiten und den düsteren Abstiegszeiten mit den die Welt bedrängenden Wasserfluten und Feuerbränden. Und so läuft schließlich das All zu seiner eschatologischen Lage aus, wo die „Tiere des Himmels" ausbrechen und die Welt überfluten oder verbrennen werden. Der Kreislauf des Äons selbst ist die sinnfällige Außenseite zu dem großen seelisch-geistigen Prozeß, der sich in ihm vollzieht und aus dem geheimen Leben des Schöpfers stammt. Und so gibt es auch für den engeren Zyklus eines Weltenjahres eine mythische Darstellung seelisch-geistiger Epochen der Menschheit selbst, sozusagen eine Seelen-Geistesgeschichte der Menschheit als die Innenseite zu dem äußeren geschichtlichen Geschehensablauf.

Einst seien die Menschen selig und friedsam gewesen, sie lebten in einer glücklicheren Natur, die ihnen spendete, wessen sie bedurften, da ihre Körper nicht Not noch Krankheit kannten. Aber an ihrem Herzen nagte der Wurm, wie an der Wurzel der Weltesche Yggdrasil. Sie begannen zu mißbrauchen, was ihnen gütige Götterwesen schenkten, sie wollten selbst nach ihrem Sinn die Naturkräfte lenken und fanden den Weg, sie in die Hand zu bekommen. Es war der Beginn kultischer Magie. Da zog sich die Seele der Natur vor ihnen zurück und ward karg gegen des Menschen Bedürfen. Er aber empfand um sich die Enge des Lebensraumes und kam in Bedrängnis.

So verblaßte allmählich das goldene Naturbild, die Freiheit des Lebens begann zu weichen, das goldene Zeitalter war vorüber. Ein anderer Naturzustand tat sich auf, es kam das silberne Zeitalter. Doch auch im silbernen Zeitalter waren Mensch und Natur noch nicht so beschwert von Sorge und Not und Tod wie heute, aber die Eigensucht wuchs, und die Natur war feindselig gegen den Menschen. Mehr und mehr brach das Eigenbewußtsein hervor, die frühere Lebensgemeinschaft des goldenen Zeitalters war dahin, und aus der Abgrenzung der Menschen gegeneinander und gegen die Natur entsprang notgedrungen der Beginn eines Kampfes, einer Selbstsuchung, einer Selbstsucht, die nun zu Auseinandersetzungen führte, wie die zwischen Kain und Abel. Noch einfach waren die Waffen in diesen Kämpfen, meist unmittelbar der Natur selbst entnommen, es war noch kein ausgedachtes

Können mit im Spiel; wie sie sich trafen, wie die Gegner auf-
einanderstießen, so wurde auch der Streit ohne Umschweife aus-
getragen.

Der Mythos berichtet weiter von der darauffolgenden ehernen
Zeit. Alles, was das silberne vom goldenen Weltalter unterschied,
steigerte sich nun zusehends ins Schlimme. Nun kam das Zeitalter
der geschichtlichen Kriege. Waffen wurden geschmiedet zuerst
aus Stein, dann aus Erz. Völker bildeten sich, die sich planmäßig
gegeneinander stellten und den Raum und die Schätze des Bodens
sich streitig machten. Noch hatten sie Waffen nur in der Hand
des Mannes, noch nicht die Maschinen der Zerstörung. Die Götter,
einst im goldenen Zeitalter den Menschen gewogen und für alle
die gleiche Gunst hegend, sonderten sich nun gleichfalls gegeneinander ab, schufen sich in den Volkskörpern ihre leiblichen
Darstellungen und trieben die Völker in den Kampf. Es nahm
zu der rechnende Verstand, die Unmittelbarkeit des Blicks in
die lebendigen Naturzusammenhänge begann zu schwinden, das
magische Vermögen steigerte sich, aber begann auch zu entarten,
auch die Göttergewalten wurden mehr und mehr feindselig gegen
den Menschen.

Nun suchte der Mensch mit zunehmendem Verstand sich ein
größeres Wohlergehen zu schaffen, das ihm die Naturseelen-
gewalten nicht mehr freiwillig gewährten. Nicht mehr wie im
goldenen und silbernen Zeitalter konnte der Mensch nun sich er-
nähren und Behausung finden. Mit Mühe und Schweiß mußte er
dem Boden die Frucht abringen, er mußte der Kälte und den
Unbilden der Witterung begegnen. Krankheit und Schmerzen
mehrten sich, und die Menschen unter sich bereiteten sich Hungers-
und Feuersnot.

Noch aber war die Menschheit in einer großen Gemeinsamkeit
eingestellt auf die Scheu vor den Göttern; noch ehrten sie dieselben Grundgesetze des Daseins, noch war es nicht der von der
Naturseele losgelöste Intellekt, der sie beherrschte. Ungeschrie-
benen, aber dem Leben unmittelbar entströmenden Grundgesetzen
beugten sie sich alle, und der reine Nützlichkeitsverstand durfte
noch nicht in alle Bezirke des Lebens bedingungslos einbrechen,
es gab im Leben noch heilige Bezirke. Sie bauten Tempel und
wußten um die heilige Hand des großen Schicksals. Es war die
Zeit heroischen Daseins im Angesicht der Götter und Toten.

Dann bauten sie den Turm von Babel, es kam die Sprachenscheidung und die Sprachenverwirrung, dann kam das eiserne Zeitalter. Es bringt die lieblose Sonderung der Wesen gegeneinander in immer ausgeprägterer Form. Nun gibt es Kämpfe, seelische und physische, um die nackten materiellen Interessen, die ein seelenlos gewordener Intellekt bestimmt. Es gibt eine sich immer mehr steigernde Technik, die nur möglich ist, wenn die Göttergewalten aus der Natur vertrieben sind.

Was ist es nun mit diesen Zeitaltern und Epochen? Wie sollen wir sie verstehen? Verlief so das urgeschichtliche und geschichtliche Leben der Menschheit? Oder sind es nur Fabeln und Phantasien? Sind es, indem man vom goldenen und silbernen Zeitalter spricht, vielleicht nur bildreiche Darstellungen unserer eigensten Sehnsucht nach glücklicher goldener Zeit, mitten in den Nöten der Jahrhunderte und Jahrtausende? Nun, diese „Zeitalter", einerlei, wie und ob sie sich urgeschichtlich in dieser Reihenfolge darstellten, sind ja auch immerfort da, mitten unter uns, zu allen Zeiten; denn es sind Seelenbezirke des Menschen, wie er zu allen Zeiten leibt und lebt, die er als einzelner, wie als Volk, wie als Menschheit in sich trägt, sein Gut und Böse, sein Lieben und Hassen, seine reine und seine verderbte Natur, sein erkennender und sein selbstsüchtiger Geist.

Uralte Mythen erzählen uns vom einstigen Paradies, worin die Schöpfung ganz im Willen Gottes stand, und mitten in ihr als die Vollendung der Mensch. Durch das unheilige Sichabwenden von Gottes Lebensgebot aber sei diese ursprüngliche Paradiesschöpfung verkehrt und gebrochen worden; seitdem herrsche in der Welt der Geist des Verneiners und wirke sich aus bis ans Ende der Tage, dem Weltuntergang. Dann aber werde durch das Kommen des Starken, des Gottessohnes, alles zum Vater eingehen und es werde eine neue, verklärte, geheiligte Schöpfung erstehen. Ist es uraltes Wissensgut um den Menschengeist, das uns da vermittelt ist? Auch der Mythos unserer eigenen Vorfahren erzählt eben dies in anderen Bildern. Auch da wird der Mensch verführt, die Schuld wird gehäuft, an der Wurzel der Weltesche nagt der Giftzahn, und einst wird das Weltall in Brand geraten, bis neue, stärkere Götter am Himmel aufziehen und eine neue Natur werde.

Diese Lehren nun sind in ihrem uralten Wahrheitsgehalt nur zu verstehen aus jener anderen mythischen Grundüberzeugung der Menschheit: daß der Mensch in sich die Qualität und Potenzen der Naturkräfte trägt und daß er so in einem inneren lebendigen Zusammenhang mit dem Kosmos steht. Alles, was im Menschen lebt und west und vor sich geht, bewußt und noch mehr unbewußt, hat im Kosmos seine Entsprechungen und umgekehrt. Es sind aber die Seelenkräfte des Menschen Kern und Gestalter der „Weltgeschichte" und der Natur. Die Natur verhält sich gegen den Menschen, wie der Mensch sich seelisch zu ihr verhält, bewußt und unbewußt. Der Mensch aber, indem er sein innerstes Wesen erkennt, erkennt darin zugleich auch das Wesen und Werden des Kosmos, des Schöpfungsablaufs, der „Geschichte".

Mit der Lehre von den aufeinanderfolgenden Zeitaltern werden uns daher nicht schlechthin äußere Geschichtsabläufe, als vielmehr „Schichtungen der Seele", innere Vorgänge und Zuständlichkeiten des Menschenwesens als solche nahegebracht und bildlich verdichtet. Denn alles das, was die einzelnen Weltzeitalter in ihrem Wesen kenntlich macht, sind ja eben seelisch-geistige Kräfte und Willensregungen der Menschenbrust durch alle Epochen ihres Daseins. Wo wir hinblicken in der Geschichte und Urgeschichte — überall finden wir diese Eigenschaften und Zustände lebendig wirksam, oder wir sehen sie in jedem Volk nacheinander auftreten. Es gab, soweit wir zurückzuschauen vermögen, stets alte und junge Völker, alte und junge Kulturen; es gab Aufstieg und Niedergang, Leben und Sterben. Und eben diese Epochen ihres Lebensganges durch die Jahrhunderte und Jahrtausende stellen sich teils nacheinander, teils miteinander verwoben, als Seelen- und Geisteszustände dar, die der Mythos „Zeitalter" nennt, und die es in einem umfassenderen metaphysischen Sinn auch waren.

Es sind immer dieselben Dinge, die uns in den Urmythen der Menschheit begegnen; es sind dieselben Dinge, die in bilderreicher und teilweise so anmutiger Form aus den Märchen hervorleuchten: immer sind es die Kräfte im Menschenwesen selbst, die nun aber ihm ebenso in der Schöpfung draußen begegnen, mit denen er es zu tun hat. Es ist Urwissen der Menschheit um sich selbst und die Natur. Was die Altvorderen Götter nannten, ist diese vielfach abgestufte Gewalt seelisch-geistiger Kräfte in der gesamten Schöpfung, im Kosmos wie im Menschen. Wir blicken also mit jener Zeitalterlehre durch uns selbst in den Sinn der Geschichte. Das ist es auch, was trotz der scheinbaren äußeren Unwirklichkeit dennoch die echten Mythen und Märchen so anziehend macht, daß wir immer wieder, trotz unseres so nüchtern gewordenen Denkens, hinlauschen als auf eine über uns stehende Wahrheit. Denn der Sinn der Geschichte, der Natur- wie der Menschengeschichte, ist ja nicht das, was äußerlich schlechthin sich zuträgt und aneinanderreiht, sondern ist das darin verhüllte, aber auch darin sich offenbarende Wesen. Und wollen wir diese Wesenswirklichkeit aussprechen, so kann es nur geschehen in Bildern und Gleichnissen.

In unserer geschichtlichen Zeit sind wir wieder mit einem Weltenmonat zu Ende: dem Fischezeitalter, das um die Mitte des 2. Jahrhunderts vor unserer Zeitrechnung begann und um die Mitte unseres Jahrhunderts sein Ende findet, wo der Frühlingspunkt in das Sternbild des Wassermanns eingetreten sein wird. Man könnte versucht sein, auf die Mentalität des kommenden Weltenmonats einen Blick zu werfen und Betrachtungen anzustellen, die sich aus der schon jetzt in der Übergangsperiode sich ankündigenden Geistesstruktur der Geschichte ergeben. Von welchen Seelen- und Geisteszuständen mag das neue Zeitalter ein Ausdruck werden? Welche Metaphysik wird seiner Physik entsprechen? Doch wir sind hier nicht zum Propheten berufen und wollen es auf sich beruhen lassen und dem Mythus bis ans Ende weiterfolgen.

Der unbewegliche Gott der Mitte wird, wenn die Zeit erfüllt ist und sich der ganze Sinn des Weltenlaufs offenbart hat, wieder einziehen, was ausgesandt ward. Die Welt strebte in immer größerem Umlauf zur Gottesferne; doch eben dieses Streben wird zugleich der Weg sein, auf dem der Gott aus sich selbst zur Eigenerkenntnis kommt und seine Erfahrungen aus der Schöpfung sammelt. Er selbst erlebt darin die Fülle seines Wesens, aber auch die große Liebe. Denn er nimmt die in die Gottferne ausgelaufene Welt, der er ihre Freiheit gab, wieder in sich auf, wo sie verklärt wird. Jeder solcher Erfahrungsäon aber bildet die Grundlage für den nächsten, der hervorkommen wird, wenn die Erfahrungen des vergangenen in Gott, dem Schöpfer, ausgereift. verarbeitet sein werden. Es ist also im Kleinen wie im Umfassend-Großen nicht nur ein einfacher, in sich zurücklaufender Zyklus, sondern zugleich ein Höhergehen des Umlaufes, wie wir sagten: eine Spirale. So bleibt keines der großen Weltenjahre und auch keiner der Äonen dasselbe, es ist nie begrenzte, immer neue, immer schöpferisch wachsende und füllende göttliche Kraft, die zur Auswirkung und Selbstgestaltung gelangt, sich offenbart und aus sich selber wird. Zeit in ihrem Ablauf, Weltendasein, so sagten wir zuvor schon einmal, ist nirgends mechanischer Ablauf, sondern ist lebendige Erfüllung, und jede Sekunde hat zugleich auch künftige neuschaffende Bedeutung. Nichts geht verloren, nichts ist Glied eines sich wiederholenden Leerlaufes. Das ist der Sinn der Weltzeitalter mit ihrem Auf und Nieder, mit ihrem Licht und Dunkel, ihrem Gut und Böse: daß Erfüllung sei und so in Gott zurückkehrende und wieder ausstrahlende Schöpfung fort und fort.

Indem die Gottheit dereinst zum Schöpfer ward, mußte sie aus ihrer Eigenseligkeit, ihrer Eigenbeschauung heraustreten und sich begrenzen. Dieses Sicheingrenzen war das Erleben des großen Nein als Gegenspiel zum großen Ja der eigenen in sich ruhenden Existenz. Es wurde sich die zum Schöpfer werdende Gottheit des Gegenpols zum schaffenden Ja bewußt. Die Schöpfung wurde möglich, indem das endlos strömende Ja selbst sich eingrenzte und eben durch diese Grenzung Form gab den Dingen und Kreaturen. Das ist der ursprünglich heilige Sinn des Nein in Gott, das erst zum Bösen wurde, indem es sich, wie der Mythus lehrt, verselbständigte als leerer kalter Geist und ausbrach in den eigenen Verneinungswillen. Aber eben die Auswirkung dieses Gegensatzes von Gut und Böse, von Ja um des Ja willen und von Nein um des Nein willen: das ist der Leidensgang der Schöpfung und des Menschen und ist zugleich der Weg zur Läuterung und Erlösung in volle geistige Freiheit.

DIE BÜCHER UND AUFSÄTZE

VON EDGAR DACQUÉ

Eine bibliographische Übersicht, bearbeitet

von Horst Kliemann

1. BÜCHER UND BEITRÄGE ZU BÜCHERN
UND SAMMELWERKEN

1. Der Deszendenzgedanke und seine Geschichte vom Altertum bis zur Neuzeit. — *München: Reinhardt 1903. 119 S. 8⁰*

2. Mitteilungen über den Kreidecomplex von Abu Roash bei Cairo. *Mit Fig. u. 3 Taf. — Stuttgart: Schweizerbart 1903. S. 335—397. 4⁰ = Paläontographica. Beitr. z. Naturgesch. d. Vorzeit. Hrsg. v. K. A. v. Zittel. Bd. 30, Abt. II, Lief. 5*

3. Wie man in Jena naturwissenschaftlich beweist. — *Stuttgart: Kielmann 1904. 28 S. 8⁰*

4. Erdkräfte und Erdgeschichte. *Mit 32 Abb. — Oldenburg: Stalling (1910). 156 S. Kl.-8⁰ = Unteroffizier-Bibliothek Bd. 26/27*

5. Paläontologie, Systematik und Deszendenzlehre. *Mit 17 Abb. In: Die Abstammungslehre. Jena: Fischer 1911. S. 169—197*

6. Aufnahme des Gebietes um den Schliersee und Spitzingsee in den oberbayer. Alpen. *Mit e. Beitrag v. H. Imkeller. Mit 1 farb. Taf. u. 1 farb. Karte — München: Riedel 1912. 69 S. Gr.-8⁰ = Landeskundl. Forschungen, hrsg. v. d. geograph. Gesellsch. i. München (Aus: Mitt. d. geogr. Ges. i. München). Heft 15*

7. Die fossilen Schildkröten Ägyptens. *Mit Abb., 2 Taf., 2 Bl. Erklärungen und 4 Kartenskizzen — Jena: Fischer 1912. S. 275—337. 4⁰ = Geolog. u. paläontolog. Abhandlungen. Hrsg. v. E. Koken. N. F. Bd. 10, Heft 4*

8. Juraformation. *In: Handwörterbuch d. Naturwissenschaften. Jena: Fischer 1913. Bd. 5, S. 607—622*

9. Erdkräfte und Erdgeschichte. *Mit 32 Abb. — Oldenburg: Stalling 1914. 156 S. 16⁰ = Jung-Deutschland-Bücher Bd. 10*

10. Grundlagen und Methoden der Paläogeographie. *Mit 79 Abb. u 1 Karte — Jena: Fischer 1915. VII, 499 S. Gr.-8⁰*

11. Geographie der Vorwelt (Paläogeographie). *Mit 18 Abb. — Leipzig: Teubner 1919. 104 S. Kl.-8⁰ = Aus Natur und Geisteswelt. Bd. 619.*

12. Geologie. *2 Teile. Berlin: Vereinigg. wissensch. Verleger 1920. Kl.-8⁰ = Sammlung Göschen Nr. 13, 846*
    I. Teil. Allgemeine Geologie. Mit 75 Abb. 128 S.
    II. Teil. Stratigraphie. Mit 56 Abb. a. 7 Taf. 135 S.
    Teil I: 2. Aufl. 1922; 3. verb. Aufl. mit 73 Abb. 124 S. 1927.
    Teil II: Neudruck 1924

13. Vergleichende biologische Formenkunde der fossilen niederen Tiere. *Mit 345 Abb. — Berlin: Borntraeger 1921. VIII, 777 S. Gr.-8⁰*

14. Biologie der fossilen Tiere. *Mit 25 Abb. — Berlin: de Gruyter & Co. 1923. 92 S. Kl.-8⁰ = Sammlung Göschen Nr. 861*

15. Geologija. *Avtor. perevod s posl. něm. izd. s dopolu. otnositelno Rossii A: Ia. Brusova. Pod. red. Prof. Dimitrija N. Aretemeva. — Berlin: Nauka i Shisn 1923. Kl.-8⁰ = Russkoe izdnie Biblioteki Gešen Bd. 104, 105*
    I. 130 S., II. 53 Abb., 7 Taf., 142 S.

16. Urwelt, Sage und Menschheit. *Eine naturhistor.-metaphys. Studie. Mit Abb.* — *München: Oldenbourg 1924. XII, 359 S. 8⁰* 2. Aufl. 1924 (XI, 360 S.); 3. erg. Aufl. 1925 (XI, 366 S.); 4 Aufl. 1927; 5. Aufl. 1928; 6. Aufl. 1931; 8. Aufl. 1938

17. Juraformation. *Mit 23 Abb.* — *In: Grundzüge der Geologie Bd. II. Stuttgart: Schweizerbart 1926. S. 341—384*

18. Natur und Seele. *Ein Beitrag zur mag. Weltlehre* — *München: Oldenbourg 1926. 201 S. 8⁰* 2. Aufl. 1927; 3. Aufl. 1928

19. Paläogeographie. *Mit 21 Abb.* — *Wien: Deuticke 1926. VIII, 196 S. 4⁰ = Enzyklopädie d. Erdkunde. Tl. 4*

20. Relief, Bau und Entstehung der Alpen. *Mit 10 Abb. In: Die Alpen. Berlin: Grieben-Verlag 1926. S 7*

21. Leben als Symbol. *Metaphysik e. Entwicklunglehre.* — *München: Oldenbourg 1928. V, 254 S. 8⁰* 2. Aufl. 1929

22. Das fossile Lebewesen. *Eine Einführung in d. Versteinerungskunde. Mit 93 Abb.* — *Berlin: Springer 1928. VII, 184 S. Kl.-8⁰ = Verständl. Wissenschaft Bd. 4*

23. Die Erdzeitalter. *Mit 396 Abb. u. 1 farb. Tafel* — *München: Oldenbourg 1930. XI, 565 S. 4⁰* 2. Aufl. 1935

24. Spuren der Vorwelt. *Gesammelte Aufsätze* — *(München: Beck 1930). 139 S. Lex.-8⁰ = 49. Buch der Rupprecht-Presse zu München*

25. Vom Sinn der Erkenntnis. *Eine Bergwanderung* — *München: Oldenbourg 1931. 196 S. 8⁰*

26. Paläogeographie und Paläoklimatologie. *In: Handwörterbuch der Naturwissenschaften. 2. Aufl. Jena: Fischer 1932. Bd. 7 S. 609—628*

27. Natur und Erlösung. — *München: Oldenbourg (1933) 145 S. 8⁰ = Schriften der Corona Bd. 4*

28. Wirbellose des Jura. *Mit 48 Taf.* — *Berlin: Borntraeger 1933/34. 502 S. Gr.-8⁰ = Leitfossilien. Hrsg. v. Georg Gürich. Lief. 7*

29. Urweltkunde Süddeutschlands. *Mit einer allgemeinen geologischen Einführung. Mit 52 Abb.* — *München: Beck (1934). VII, 174 S. 8⁰ = Deutsche Landschaftskunde in Einzeldarstellungen. Hrsg. v. Edgar Dacqué und E. Ebers. Bd. 1*

30. Vom Werden des Erdballs. *Mit 6 Abb.* — *Leipzig: Reclam (1934). 78 S. Kl.-8⁰ = Reclams Univers.bibliothek Nr. 7270* 2. Aufl. 1940

31. Organische Morphologie und Paläontologie. *Mit 27 Abb.* — *Berlin: Borntraeger 1935. VIII, 476 S. 4⁰*

32. Deutsche Naturanschauung. *(Aufsätze) von Hans André, Arm. Müller, Edgar Dacqué. Mit 33 Abb.* — *München: Oldenbourg 1935. 192 S. 8⁰* *Enthält von Dacqué: Völkergeist, Zeitgeist und Wissenschaft.*

33. Versteinertes Leben. *Fossilien in 116 Orig. Aufn. u̯. m. 16 Zeichn.* — *Berlin: Atlantis-Verlag (1936) 131 S. 4⁰*

34. Aus der Urgeschichte der Erde und des Lebens. *Tatsachen und Gedanken. Mit 46 Abb. u. 1 Titelbild. — München: Oldenbourg 1936. 230 S. 8⁰*

35. Das verlorene Paradies. *Zur Seelengeschichte des Menschen. — München: Oldenbourg 1938. 451 S. 8⁰*
2. Aufl. 1940

36. Das Bildnis Gottes. *(Ein Spruch-Brevier.) — Leipzig: Insel-Verlag 1939. 180 S. 8⁰*

37. Die Fauna der Regensburg-Kelheimer Oberkreide *(mit Ausschluß der Spongien und Bryozoen). Mit 17 Tafeln — München: Beck 1939. 218 S. 4⁰ = Abh. d. Bayer. Akad. d. Wissensch. Mathem.-naturwiss. Abt. N. F. Heft 45*

38. Der Mensch im unendlichen All. *— München: Gerber 1940. 15 S. Kl.-8⁰ = Münchener Lesebogen Nr. 17*
Aus einer Sendereihe des Münchener Rundfunks: „Von deutscher Frömmigkeit."

39. Die Urgestalt. *Der Schöpfungsmythus neu erzählt. — Leipzig: Insel-Verlag 1940. 189 S. 8⁰.*
3. u. 4. Taus. 1940. Erweiterte Ausgabe 1943. 229 Seiten.

40. Die Geologie der Murnauer Gegend. *In: Max Dingler, Das Murnauer Moos. — München: Gerber 1941. S. 21—26*

41. Wirbellose der Kreide. *Mit 52 Taf., 5 Abb. — Berlin: Borntraeger 1942. 102 S. 4⁰ = Leitfossilien. Begr. v. Gg. Gürich, hrsg. von E. Dacqué. Lfg. 8*

42. Aus den Tiefen der Natur. *— Büdingen: Pfister & Schwab. (Im Druck.)*

43. Weltzeitalter im Mythus. *—München: Leibniz Verlag 1947. 8 S. 4⁰ Vorabdruck aus „Vermächtnis der Urzeit".*

44. Vermächtnis der Urzeit. *— München: Leibniz Verlag 1948. 236 S. 8⁰*

2. AUFSÄTZE IN ZEITSCHRIFTEN UND JAHRBÜCHERN

45. Einiges über den Gattungs- und Artbegriff. *Mit 2 Taf. In: Mitteilungen der Pollichia, naturwissensch. Vereins der Rheinpfalz 60 (1903) Nr. 18. S. 1—36*

46. Sittlichkeit und Entwicklungslehre. *In: Freistatt 5 (1903) Nr. 25*

47. Zur Geschichte des Abstammungsgedankens. *In: Wartburgstimmen 2 (1904) S. 398—403*

48. Paläontologie und Stammesgeschichte. *In: Wartburgstimmen 2 (1904) H. 11. S. 237—240*

49. Beiträge zur Geologie des Somalilandes. *In: Beitr. z. Geol. u. Paläont. Österreich-Ungarns u. d. Orients 17 (1905)*
I. Untere Kreide. Mit 2 Taf. S. 7—20
II. Oberer Jura. Mit 5 Taf. S. 119—159

50. Zur systematischen Speziesbestimmung. *Mit 2 Tafeln. In: Neues Jahrbuch f. Mineralogie, Geol. u. Paläont. Beil. Band 22 (1906) S. 639—685*

51. Jura und Kreide in Ostafrika. *Von Edgar Dacqué und E. Krenkel. Mit 4 Abb. In: Neues Jahrbuch f. Mineralogie, Geol. u. Paläont. Beil. Band 28 (1909). H. 1. S. 150—232*

52. Dogger und Malm aus Ostafrika. *Mit 6 Taf. u. 18 Abb. In: Beitr. z. Geol. u. Paläont. Österreich-Ungarns u. d. Orients 23 (1910) S. 1—62*

53. Der Jura in der Umgebung des lemurischen Kontinents. *Mit 1 Kartenskizze. In: Geolog. Rundschau 1 (1910) H. 3 S. 148—168*

54. Die Stratigraphie des marinen Jura an den Rändern des Pazif. Ozeans. *Mit 3 Abb. In: Geolog. Rundschau 2 (1911) H. 8. S. 464—98*

55. Das Ammonshorn und seine Verwandten. *In: Kosmos 10 (1913) S. 332—37*

56. Paläogeographische Karten und die gegen sie zu erhebenden Einwände. *Mit 1 Abb. In: Geolog. Rundschau 4 (1913) H. 3. S. 186—206*

57. Paläogeographie als Gegenstand der Forschung und Lehre. *In: Aus der Natur 9 (1912/13). S. 749—753 Vortr. geh. a. d. 22. Hauptvers. d. Ver. z Förderung d. math. u. naturwiss. Unterrichts*

58. Neue Beiträge zur Kenntnis des Jura in Abessynien. *Mit 3 Taf. In: Beitr. z. Paläont. u. Geologie Österreich-Ungarns u. d. Orients. Bd. 27 (1915). S. 1—17*

59. Über die Entstehung eigentümlicher Löcher im Eocänkalk des Fajûm, Ägypten. *Mit 6 Abb. u. 1 Taf. In: Geolog. Rundschau 6 (1915) Heft 4/6. S. 193—201*

60. Kontinente und Meere in der Urgeschichte der Erde. *In: Ber. d. Senckenberg. naturforsch. Ges. 50 (1920) S. 162*

61. Land und Meer in der Vorzeit. *In: Umschau 24 (1920). S. 553—539*

62. Land- und Meereswechsel in der Erdgeschichte. *In: Natur 14 (1922) S. 161—168*

63. Geheimnisse der Vorzeit. *In: Psychische Studien 51 (1924). S. 528—532*

64. Urwelt, Sage und Menschheit. *In: Umschau 28 (1924) H. 45. S. 865—70*

65. Fossile Riffbildungen. *In: Natur 17 (1925). S. 49—58*

66. Sammelreferat über die Frage nach d. vorweltlichen Land- und Meereswechsel und den Polverschiebungen. *In: Ztschr. f. induktive Abstammungs- und Vererbungslehre 37 (1925). S. 271—285*

67. Märchen, Sagen und Mythen. *In: Rig 1 (1925/26) H. 1. S. 3—8*

68. Tiefsee und Faltengebirge. *In: Aus Natur und Museum 55 (1925). S. 339—351, 377—384*

69. Die Metaphysik der Abstammungslehre. *In: Natur und Kultur 23 (1926). S. 2*

70. Astrologie. *In: Die Astrologie 9 (1927) S. 137—142*

71. Klimagestaltung, Kosmos und Lebensentwicklung. *In: Südd. Monatshefte 24 (1927) Heft 9 (Sonderheft „Astrologie"). S. 182—187*

72. Mensch als Maß. *In: Natur und Kultur. 24 (1927). S. 105—109*

73. Natur und Seele. *In: Seelenprobleme 1 (1927). S. 45*

74. Natursichtigkeit. *In: Zeitschrift f. Parapsychologie 2 (1927). S. 93—99*

75. Erdgeschichte und rhythmisches Geschehen. *In: Jahrb. f. kosmobiolog. Forschung I (1928). S. 29—34*

76. Leben als Symbol. *In: Annalen, Zürich 2 (1928). S. 81—94*

77. Der Mensch als Urform. *In: Die Kreatur 3 (1929/30). S. 223—235*

78. Die ältesten fossilen Organismen. *In: Natur und Kultur 25 (1928). Nr. 1 u. 2. S. 3—8, 41—47*

79. Umstrittene Probleme der Geologie. *In: Schlüssel zum Weltgeschehen 4 (1928). S. 52—58*

80. Die Ursinnessphäre. *In: Die Kreatur 2 (1928). Heft 3*

81. Wesen der Erkenntnis. *In: Schlüssel zum Weltgeschehen 4 (1928). S. 159*

82. Urgeschichtliche Zusammenhänge zwischen Mensch und Tier. *In. Südd. Monatshefte 25 (1927/28). Heft 12. S. 911—13*

83. Zur Einheit von Anorganisch und Organisch. *In: Jahrb. f. kosmobiolog. Forschg. II (1929). S. 71—81*

84. Erdgeschichte in kosmischer Verbundenheit. *In: Schlüssel zum Weltgeschehen 5 (1929). S. 20*

85. Das Gesetz der biologischen Baustile. *In: Der Bücherwurm 15 (1930). S. 159. Auch in „Natur und Kultur" 27 (1930). S. 424*

86. Korallen. *Hochtouristik auf ehemaligem Meeresboden (Mit 10 Abb.). In: Koralle 5 (1929/30). S. 390—94*

86a. Riesen der Vorwelt. *Mit 7 Abb. nach Gemälden von Charles R. Knight in der R. Graham Hall des Field Museum of Natural History. Chicago. In: Die Koralle 5 (1929/30). H. 11. S. 505—10*

87. Dämonie der Menschennatur. *In: Hain der Isis 1 (1930). S. 196—201*

88. Entwicklung und Fortschritt in der Natur. *In: Deutsche Rundschau 57 (1930/31). Heft 10. S. 30—37*

89. Erdgeschichtliches Geschehen. *In: Die Woche 32 (1930). Nr. 36. S. 1057—58*

90. Wo sind die ersten Lebewesen entstanden? *In: Das deutsche Buch 10 (1930). S. 199*
    Auch in „Natur und Kultur" 28 (1931). S. 339

91. Evolucion y progreso en la naturaleza. *In: Revista de occidente, Madrid 31 (1931). S. 1—20*

92. Grundsätzliches zur menschlichen Stammesgeschichte. *In: Die literarische Welt 7 (1931). Nr. 20*

93. Das Innere der Erde. *In: Reclams Universum 48 (1931). S. 505*

94. Mensch und Tier. *In: Deutscher Almanach für das Jahr 1931. Leipzig: Reclam. S. 94—109*

95. Natur und Paradies. *In: Christentum und Wirklichkeit 22 (1931). S. 236—240*

96. Von der Sintflut. *In: Die Woche 33 (1931). Nr. 35. S. 1152—53*

97. Prof. Dr. Gustav Steinmann. *In: Deutsches biograph. Jahrbuch 11 für das Jahr 1929 (1932). S. 292—295*

98. Entwicklungslehre als anthropologisch-metaphysisches Problem. *In. Blätter für deutsche Philosophie 6 (1932). S. 75—93*

99 Lebensform und Todesform der Hochschulwissenschaft. *In. Deutsche Rundschau 58 (1931/32). H. 2. S. 88—95*

100. Vom Sinn des Naturerkennens. *In: Corona 3 (1932/33). Heft 2 und 3. S. 173—191, 326—358*

101. Die Tiere erobern die Luft *(Flugtiere der Vorwelt). In: Reclams Universum 49 (1932/33). H. 2. S. 59—62*

102. Die Urform des Lebens. *In: Leipziger Illustrirte Zeitung 178 (1932). Nr. 4550. S. 600 u. 624*

103. Was sagt die Tierwelt über die frühere Gestalt der Kontinente. *In: Natur und Kultur 29 (1932). S. 419*

104. Die Einheit von Erde und Weltall. *Rhythmus und Katastrophen im Weltgeschehen (Mit 2 Abb.). In: Reclams Universum 50 (1933/34). H. 19. S. 701—03*

105. Der Geist im Gericht. *In: Corona 4 (1933/34). Heft 1 und 2. S. 51 bis 71, 167—195*

106. Ist unser Weltbild richtig? *Kosmos und Erdrelief. In Reclams Universum 50 (1933). S. 170*
Auch in „Die Propyläen" (Beil. d. Münchener Ztg.) 31 (1934). S. 209/11

107. Völkergeist und Wissenschaft. *In: Deutsche Zeitschrift (Der Kunstwart) 47 (1933). H. 1. S. 24—32*

108. Wärmezeit und Eiszeit des Kosmos. *In: Reclams Universum 50 (1933). S. 593*
Auch in „Die Propyläen" (Beil. d. Münchener Ztg.) 31 (1934). S. 297—299

109. Wie denken wir uns die Entstehung des Planetensystems? *In: Reclams Universum 50 (1933). S. 132*
Auch in „Die Propyläen" (Beil. d. Münchener Zeitung) 31 (1934). S. 169/70

110. Esencia y evolucion de la vida. *In: Revista de occidente, Madrid 34 (1934). S. 30—61*

111. Mechanismus und inneres Wesen. *In: Idealismus, Jahrbuch, Zürich 1 (1934). S. 102—115*

112. Urgeschichte der Westmark. *In: Die Westmark*
1. Geburt der Kohle. Die Steinkohlenzeit im Pfalz·Saargebiet. 1 (1933/34). H. 4. S. 187—89
2. Die Wüstenzeit am Ende des Erdaltertums. 1 (1933/34). H. 10/11. S. 571/73
3. Triaszeit in der Westmark. 2 (1934/35). H. 11. S. 611—13
4. Die Tertiär- und Diluvialzeit 3 (1935/36). H. 4. S. 202—04

113. Urgestaltung. *In: Deutsches Bildungswesen 2 (1934). S. 333—345*

114. Völkergeist, Zeitgeist und Wissenschaft. *In: Ständisches Leben 4 (1934). S. 493—506*

115. Wesen und Entwicklung des Lebens. *In Europäische Revue 10 (1934). H. 5. S. 286—297*

116. *s. Nr. 112, 4*

117. Was die Schiefertafel erzählt. *Mit 9 Abb. In: Bibliothek d. Unterh. u. d. Wissens 59 (1935). Bd. 7 S. 133—147*

118. Vom Wesen des Vogels. *Mit 9 Abb. In: Bibliothek d. Unterh. u. d. Wissens 59 (1935). Bd. 4. S. 131—142*

119. Außen und Innen der organischen Entwicklung. *In: Corona 6 (1936). Heft 2 und 3. S. 129—162, 331—336*

120. Über homöogenetische Gastropodenformen. *In: Centralblatt für Mineralogie, Geologie und Paläontologie Abt. B. 1936. Nr. 12. S. 533—46*

121. Dem Genius Schopenhauers. *In: Die Säule 17 (1936). Heft 4. S. 101—106*

122. Kann sich das Klima der Erde noch entscheidend ändern? *In Koralle. N. F. 4 (1936) Nr. 48. S. 1652—53*

123. Naturentwicklung und Menschentum. *In: Die Säule 17 (1936). Heft 1. S. 8—13*

124. Sinn und Wesen. *In: Corona 7 (1937). Heft 1. S. 30—35*

125. Seele vor Gott. *In: Corona 7 (1937). Heft 5. S. 564—567*

126. Die innere Begegnung. *In: Corona 8 (1938). Heft 6. S. 569—582*

127. Epochen der Geschichte. *In: Corona 8 (1938). Heft 2. S. 129—150*

128. Die astrologische Symbolwelt. In: Neues Deutschland 10 (1940). Nr. 14

129. Zum 75. Todestage Albert Oppels. *Mit Bildnis. In: Zeitschr. d. dtsch. geolog. Gesellsch. 92 (1940). Heft 10. S. 600—602*

130. Das große Traumgesicht. *In: Corona 9 (1940). Heft 5 und 6. S. 481 bis 493, 603—622*

131. Physik und Metaphysik in der Entwicklungslehre. *In: Europäische Revue 17 (1941). S. 557—565*

132. Entwicklungsgesetze des Lebens. *In: Telos, der Volkswart, Prag 18 (1942). S. 155*

133 Probleme der Paläontologie. *In: Hippokrates 13 (1942). S. 543*

134. Sagenhafte Weltzeitalter. *In: Volk und Welt 23 (1942). Heft 6. S. 13*

135. Pulsschlag der Erde. *In: Volk und Welt 24 (1943). Heft 5. S. 15—20 Auch in Frankfurter Zeitung vom 1. 1. 1943*

3. AUFSÄTZE IN ZEITUNGEN

136. Darwinismus und Lamarckismus. *In: Die Propyläen (Beil. d. Münchener Ztg.) 3 (1906)*

137. Bau der Alpenkörper. *In: Münchner N. Nachrichten v. 22. 2. 1921*

138. Natursichtigkeit als ältester Seelenzustand. *In: Münchner N. Nachrichten v. 4. 7. 1924*

139. Um Darwinismus. *Zur Frage der Abstammungslehre. In: Münchner N. Nachrichten v. 4. 9. 1925*

140. Was ist uns Abstammungslehre. *In: Münchner N. Nachrichten v. 29./30. 9. 1925*

141. Erdgeschichte aus unserer bayer. Heimat. *In: Die Propyläen (Beil. d. Münchener Ztg.) 22 (1925). S. 241 u. 251*

142. Die vorweltlichen Flugtiere. *Wie sich ihr Flugvermögen entwickelte. In: Münchner N. Nachrichten v. 24./25. 6. 1926*

143. Welteislehre und Erdgeschichtsforschung. *In Frankfurter Ztg. v. 19. 11. 1926*

144. Astrologie. *In: Münchner N. Nachrichten v. 28. 5. 1927*
145. Erdzeitalter und Folge der Typen. *In: Münchner N. Nachrichten v. 26. 8. 1927*
146. Der Zeitbegriff in der Erdgeschichte. *In: Münchner N. Nachrichten 1929*
147. Das große Sterben vor der Tertiärzeit. *In: Chemnitzer Tageblatt u. Anzeiger v. 7. 6. 1930*
148. Naturgesetz und Menschenleben. *In: Münchner N. Nachrichten v. 10./11. 2. 1931*
149. Gedenken an Max Schlosser. *In: Münchner N. Nachrichten vom 14. 10. 1932*
150. Religiöser Mythus und Abstammungslehre. *In: Die Propyläen (Beil. der Münchener Zeitung) 30 (1933). S. 259*
151. Entstehung des Planetensystems. *In: Die Propyläen (Beilage der Münchener Zeitung) 31 (1934). S. 169*
152. An der Quelle der Märchen, Sagen und Mythen. In: Die Propyläen (Beilage d. Münchener Ztg.) 33 (1936). Nr. 23. S. 177—79
153. Beruhigtes und katastrophales Weltbild. *In: Die Propyläen (Beil. d. Münchener Ztg.) 34 (1937). S. 169*
154. Der Entwicklungsgedanke in der Natur. *In: Magdeburger Zeitung v. 1. 3. 1937 (1938?)*
155. Sagenhafte Weltzeitalter. *In: Münchner N. Nachrichten v. 20. 2. 1942*
156. Über die Entstehung der Kohle. *In: Brüsseler Ztg. v. 21. 4. 1942 (?)*

WERK UND WIRKUNG
Eine Rechenschaft. Aus der nachgelassenen Selbstbiographie
von Edgar Dacqué

Erscheint im Herbst 1948

DIE GEISTIGE MITTE
Umrisse einer abendländischen Kulturmorphologie
von Fr. Adama van Scheltema
190 Seiten 8⁰. 1947. Brosch. DM 6.80

ANBETUNG MIR
Offenbarungsworte aus dem Aschtawakragita
Hrsg. von H. Zimmer. Neuauflage in Vorbereitung

DER SPÄTE RILKE
Von Dieter Bassermann
465 Seiten 8⁰. 1947. Geb. DM 22.—

RELIGIONSPHILOSOPHIE EVANGELISCHER
THEOLOGIE
Von E. Brunner
Neuauflage erscheint Ende 1948

DAS BÜCHLEIN VOM LEBEN NACH DEM TODE
Von G. Th. Fechner
Neuausgabe in Vorbereitung

LEIBNIZ VERLAG MÜNCHEN
bisher R. Oldenbourg Verlag

TALENT UND LEHRE
Beiträge zur Kunsterziehung
Von Egon Kornmann
In Vorbereitung

DIE ENTSTEHUNG DES HISTORISMUS
Von Fr. Meinecke
2. Auflage, 637 S. 8⁰. Lw. DM 22.—

DIE ROMANTISCHE BEWEGUNG
Band I. Der Aufbruch der romantischen Bewegung
Von E. Ruprecht
Erscheint Ende 1948

CLARA
oder Über den Zusammenhang der Natur mit der
Geisterwelt
Von F. W. J. von Schelling
Erscheint Ende 1948

METAPHYSIK DES UNTERGANGS
Kulturkritische Studie über Oswald Spengler
Von Manfred Schröter
Erscheint Ende 1948

MITTLER UND MEISTER
Aufsätze
von H. Uhde-Bernays
Erscheint im Herbst 1948

LEIBNIZ VERLAG MÜNCHEN
bisher R. Oldenbourg Verlag

Von

EDGAR DACQUÉ

erschienen früher im Verlag R. Oldenbourg:

UMWELT, SAGE UND MENSCHHEIT

Eine naturhistorisch-metaphysische Studie

1924

NATUR UND SEELE

Ein Beitrag zur magischen Weltlehre

1926

LEBEN ALS SYMBOL

Metaphysik einer Entwicklungslehre

1928

DIE ERDZEITALTER

1930

VOM SINN DER ERKENNTNIS

Eine Bergwanderung

1931

NATUR UND ERLÖSUNG

Aufsätze

1933

DEUTSCHE NATURANSCHAUUNG

Aufsätze von Hans André, Arm. Müller, Edgar Dacqué

1935

AUS DER URGESCHICHTE DER ERDE
UND DES LEBENS
Tatsachen und Gedanken
1936

DAS VERLORENE PARADIES
Zur Seelengeschichte des Menschen
1938

★

In der Zeitschrift „Corona"
erschienen folgende Aufsätze
von Edgar Dacqué:

VOM SINN DES NATURERKENNENS
Jahrgang 3, Heft 2 und 3

DER GEIST IM GERICHT
Jahrgang 4, Heft 1 und 2

AUSSEN UND INNEN DER ORGANISCHEN
ENTWICKLUNG
Jahrgang 6, Heft 2 und 3

SINN UND WESEN
Jahrgang 7, Heft 1

SEELE VOR GOTT
Jahrgang 7, Heft 5

DIE INNERE BEGEGNUNG
Jahrgang 8, Heft 6

EPOCHEN DER GESCHICHTE
Jahrgang 8, Heft 2

DAS GROSSE TRAUMGESICHT
Jahrgang 9, Heft 5 und 6

Sämtliche Werke und Zeitschriftenhefte sind vergriffen.
Neuauflagen der Werke befinden sich in Vorbereitung.